弹性半导体的多场耦合理论与应用

金 峰 屈毅林 著

科学出版社

北京

内 容 简 介

弹性半导体结构的机械变形–电场–热场–载流子分布等物理场的耦合分析十分复杂。本书基于连续介质力学、连续介质热力学及静电学的基本原理，建立了半导体的连续介质物理模型。以该模型为基础，采用材料力学及板壳力学的建模方法系统地研究了典型弹性半导体结构中的多场耦合问题，包括一维和二维压电半导体结构（挠曲电半导体结构）在静态加载、失稳、振动时的变形及载流子分布等。作为该理论模型的应用，研究了压电半导体材料的变形传感及机械力对电子电路中电流的调控。

本书的读者对象为工学相关专业研究生及科研人员，需要具有一定的专业基础知识，掌握连续介质力学、压电理论、高等材料力学、板壳理论等。

图书在版编目(CIP)数据

弹性半导体的多场耦合理论与应用/金峰, 屈毅林著. —北京: 科学出版社, 2024.2
    ISBN 978-7-03-077356-2

Ⅰ.①弹⋯ Ⅱ.①金⋯ ②屈⋯ Ⅲ.①半导体材料–耦合–研究 Ⅳ.①TN304

中国国家版本馆 CIP 数据核字(2024)第 002058 号

责任编辑: 杨　丹／责任校对: 崔向琳
责任印制: 师艳茹／封面设计: 陈　敬

科 学 出 版 社 出版
北京东黄城根北街 16 号
邮政编码: 100717
http://www.sciencep.com

北京建宏印刷有限公司印刷
科学出版社发行　各地新华书店经销
*
2024 年 2 月第　一　版　开本: 720×1000　1/16
2024 年 10 月第二次印刷　印张: 13
字数: 260 000
定价: 165.00 元
(如有印装质量问题, 我社负责调换)

序

　　二十世纪中叶以来，电子工业得到了巨大的发展，电子技术成为发展最快的高新技术产业之一。半导体器件作为电子工业的基础，在集成电路、通信系统、光伏发电等诸多领域均有广泛的应用。近年来，可穿戴电子设备和压电半导体纳米发电机的出现极大地拓宽了半导体材料的应用范围。新兴的可变形半导体材料有望在柔性显示、纳米能源、医疗卫生等重要领域引发新的突破。同时，新的应用场景和器件设计对半导体的弹性变形–电场–载流子分布等多个物理场的耦合问题的研究也提出了全新的要求。

　　经典的半导体物理教科书以量子力学和固体物理为基础，着重介绍半导体的物理性质与典型的半导体器件，几乎不涉及弹性变形等问题，而可变形半导体的多物理场耦合研究属于连续介质力学与半导体物理的交叉学科。发展有效的可变形半导体的多物理场耦合模型可以为柔性电子器件设计、微型电机–机电系统/纳米机电系统 (MEMS/NEMS) 传感和驱动等器件的设计提供坚实的理论基础和仿真依据。

　　可变形的多场耦合研究领域目前尚在发展初期，存在许多新颖、有趣且富有挑战性的课题。理论方面，完整表征柔性电子器件、纳米发电机和各种 MEMS/NEMS 器件的数学模型至少需要包含以下三个方面的内容：考虑有限变形 (几何非线性) 的运动学描述、力–热–电–载流子分布等多个物理场的场方程描述、满足客观性等要求的热力学自洽的非线性本构关系。由于三维非线性偏微分方程组的初边值问题往往无法获得解析结果，因此建立可靠的数值模型对于工程实践是十分必要的。值得一提的是，当变形、电场、温度的变化、载流子浓度的扰动等均为小量时，非线性方程可以进行线性化，而基于线性化的三维框架可以建立结构理论模型，包括梁、杆的拉伸模型、弯曲模型、扭转模型以及板的弯曲模型等。一维的模型可以由常微分方程组表示，通常可以通过解析的方法进行求解。虽然线性理论的成立条件在工程实践中往往难以满足，但是根据结构理论所获得的多场耦合关系和结果的解析表达式有助于理解耦合问题的物理意义，同时也为新器件的设计提供了潜在思路。

　　金峰教授课题组长期从事固体力学与多物理场耦合的理论和仿真研究，承担了国家自然科学基金、国家重点基础研究发展计划等多项科研项目，取得了丰硕的成果。近年来，他们在弹性半导体领域进行了全面且深入的研究，尤其是针对压电与挠曲电半导体结构的力电耦合问题。金峰教授课题组以上述研究成果为基础，总结写成专著，系统地介绍了弹性半导体的连续介质理论、结构理论及其在电子工业中的应用。《弹性半导体的多场耦合理论与应用》一书逻辑完整，层次清晰，部分内容已在相关学术期刊上发表，获得了学术界的广泛认可。

我很高兴向同行研究人员推荐此书，并作序。

郭万林
南京航空航天大学教授
中国科学院院士
2022 年 11 月

前　言

随着柔性电子学、压电电子学及压电光电子学等领域的蓬勃发展，可变形半导体，尤其是弹性半导体材料中的多物理场耦合问题受到了广泛关注。以压电电子学为例，当具有非中心对称性的材料 (如氧化锌) 发生特定的变形时，由压电效应产生的压电势可显著地影响半导体内部的载流子分布，特别地，压电势可以用于调控界面和结区的载流子传输特性。基于压电电子学的基本原理发展的压电电子学器件为解决微纳机电系统的传感、驱动及能源问题提供了可能性。发展力–电–磁–热–载流子分布等多个物理场耦合问题的数学模型，不但具有重要的理论意义，而且为弹性半导体器件设计提供了有效的工具。

作者团队近年来一直专注于弹性半导体多物理场耦合的理论与应用研究，主要聚焦于以下三个方面：

(1) 基于连续介质力学及电磁学等内容，建立了弹性半导体的连续介质物理理论 (本书第 2 章)。在运动与变形的描述上，采用有限变形理论和两点张量的表示方法。基于连续介质物理基本律，给出了空间描述和物质描述下的场方程，包括质量守恒、动量守恒、动量矩守恒、高斯定律、载流子连续性方程、热力学第一定律及热力学第二定律。基于耗散不等式和 Coleman-Noll 步骤，建立了热力学自洽的半导体的热–电–弹性本构方程。

(2) 以本书建立的三维框架为基础，基于 Mindlin 学派所发展的多物理场耦合结构分析方法，建立了压电半导体和挠曲电半导体的一维及二维结构理论 (本书第 3、4 章)。一维结构理论可用于分析压电及挠曲电半导体杆、梁结构在拉伸、弯曲、厚度剪切、扭转、翘曲、面内剪切等变形时的载流子分布情况。二维结构理论可以用于分析压电及挠曲电半导体薄膜在弯曲、厚度伸缩、二阶剪切等复杂变形时的载流子分布情况。同时，本书还建立了考虑热效应和磁效应的梁、板结构模型，用于分析半导体梁、板结构受到热应力产生的变形、失稳，以及在磁场作用下的多物理场耦合问题 (本书第 5、6 章)。

(3) 以半导体的多物理场耦合结构理论为基础，研究了压电半导体在应变传感、温度传感以及电子电路中电流的机械调控等方面的应用 (第 7 章)。这方面工作的主要原理为：在施加外力或产生温度变化时，由压电效应或热释电效应引起的局部势垒可改变电流的流动，从而将机械变形、温度变化等转化为电学信号。

本书内容是作者团队近年工作成果的总结。感谢国家自然科学基金面上项目

"挠曲电半导体的力学分析及其复合结构设计"(12072253) 和高等学校学科创新引智计划项目 (B06024) 对本书出版的资助。特别感谢郭万林院士为本书作序；感谢压电力学专家杨嘉实教授一直以来对本书作者的关心、支持和帮助；感谢高信林教授、潘尔年教授和 Hiroyuki Hirakata 教授对本书作者研究工作提出宝贵意见；感谢章公也副教授、李东波教授对作者的支持。另外，感谢陈晶博、席勃、鲁双、杨秋锋、樊一鸣、郭子文等研究生在本书撰写期间付出的辛勤劳动。

　　由于作者水平有限，书中难免有疏漏和不足之处，恳请前辈及同仁不吝赐教。

作　者

2023 年 6 月

目　　录

第 1 章 绪　论

电子工业兴起于二十世纪中叶，并迅速发展为当今世界上最大的工业领域之一，二极管、三极管、场效应管等电子元件作为电子工业的基础得到了迅速的发展。晶体管整流、开关、稳压、信号调制等功能的实现均离不开半导体材料特殊的物理性质，这使得半导体材料在电子工业领域扮演着至关重要的角色。除了典型的硅基半导体材料外，还存在具有非中心对称晶体结构的半导体材料，如纤锌矿结构材料，兼具半导体特性和压电性，称为压电半导体。当这类材料受到机械载荷作用时，机械载荷通过压电效应产生压电势，进而显著地影响压电半导体材料中的载流子分布。近年的研究表明：压电半导体器件与硅基技术的有效结合在纳米能源和微纳传感等前沿领域具有独特的应用前景。

本书重点研究半导体材料在机械载荷作用下的多物理场耦合问题及潜在的应用。作为全书的第 1 章，本章的内容主要分为三部分：第一部分 (1.1~1.4 节) 对后续章节涉及的基础知识进行了梳理，包括电介质与半导体的机电耦合理论、非线性电弹性模型、多场耦合结构理论等；第二部分 (1.5 节) 介绍了压电与挠曲电半导体的两个潜在应用；第三部分 (1.6 节) 对全书的逻辑结构与主要讨论内容进行了概括。

1.1　电介质的机电耦合理论

本节主要介绍电介质的机电耦合理论，包括电介质材料的压电效应、挠曲电效应、热应力与热释电效应。本节仅包含线性理论的内容，不包括几何非线性、电磁体力、电磁体力偶、Maxwell 应力、电致伸缩等概念 (非线性电弹性内容在 1.3 节中进行介绍)。另外，作为假设，本书不考虑物质外部的静电场。

1.1.1　压电效应

电弹性材料 (electro-elastic material) 可以实现机械能和电能之间的相互转换，当施加电场时，材料产生特定的机械变形，而当施加机械载荷时，材料则产生特定的电极化 [1]。压电 (piezoelectric) 材料是一种常见的电弹性材料 (严格意义上讲，压电效应指线性的机电耦合效应 [2])。图 1.1 中给出了压电效应的示意图。如图 1.1(a) 所示，当材料受到竖直方向的机械载荷作用时，材料产生了竖直方向的电极化，称为正压电效应 (direct piezoelectric effect)；图 1.1(b) 中，材料

受到竖直方向上的电场作用，同时产生了竖直方向的伸缩变形，称为逆压电效应
(converse piezoelectric effect)。值得注意的是，并非所有材料都存在压电效应 (如
中心对称的晶体没有压电性)；电极化的方向也不一定与载荷方向相同 (电极化方
向可能与加载方向垂直或呈现其他角度，这与材料的晶体结构有关)。宏观上，压
电效应产生的电极化与晶体的微观极化机理有关 (微观机理包括电子极化、离子
极化、取向极化)。作为宏观尺度上的问题分析，不同微观机理所导致的差别可以
忽略不计 [1]。

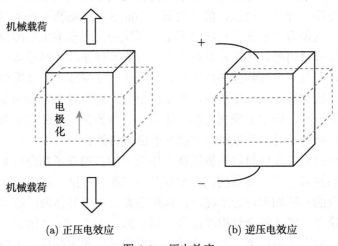

(a) 正压电效应   (b) 逆压电效应
图 1.1   压电效应

　　压电材料在电磁与电子器件领域有着极为广泛的应用，如声表面波 (surface
acoustic wave，SAW) 器件、薄膜体声波谐振器 (film bulk acoustic resonator，
FBAR)、滤波器、变压器、陀螺仪、压电发电机、压力传感器等 [3]。其中，薄膜
体声波谐振器在新一代无线通信系统等领域具有广泛的应用前景 [4]。

　　压电问题的分析涉及弹性动力学与静电学，可以建模为一个偏微分方程组的
初边值问题 (initial-boundary value problem)，包括三组方程 (场方程、本构关系、
梯度关系)、初始条件与边界条件。

　　场方程包括弹性动力学方程与静电学的高斯定律：

$$\nabla \cdot \boldsymbol{T} + \boldsymbol{b} = \rho \ddot{\boldsymbol{u}} \tag{1.1a}$$

$$\nabla \cdot \boldsymbol{D} = \rho_{\mathrm{e}} \tag{1.1b}$$

其中，ρ 为质量密度；ρ_{e} 为自由电荷密度；$\boldsymbol{T}(=\boldsymbol{T}^{\mathrm{T}})$ 为对称的二阶应力张量；$\boldsymbol{b}$
为体力矢量；$\boldsymbol{u}$ 为机械位移矢量；$\boldsymbol{D}$ 为电位移矢量；∇ 为 Nabla 算子 (向量微分
算子)。两个张量之间的点号表示内积，如 $\nabla \cdot \boldsymbol{D} = D_{i,i}$，在张量的指标记法中，

本书使用了爱因斯坦求和约定。字母上方的点号表示对时间求导数，如速度可以表示为位移对时间的一阶导数，即 $\dot{\boldsymbol{u}} = \partial\boldsymbol{u}/\partial t$，加速度可以表示为位移对时间的二阶导数，即 $\ddot{\boldsymbol{u}} = \partial^2\boldsymbol{u}/\partial^2 t$。

压电材料的本构关系可以表示为

$$\begin{cases} \boldsymbol{T} = \boldsymbol{c} : \boldsymbol{S} - \boldsymbol{E} \cdot \boldsymbol{e} \\ \boldsymbol{D} = \boldsymbol{e} : \boldsymbol{S} + \boldsymbol{\varepsilon} \cdot \boldsymbol{E} \end{cases} \tag{1.2}$$

其中，$\boldsymbol{c}$ 为弹性张量；$\boldsymbol{e}$ 为压电张量；$\boldsymbol{\varepsilon}$ 为介电常数；$\boldsymbol{S}(= \boldsymbol{S}^{\mathrm{T}})$ 为应变张量；$\boldsymbol{E}$ 为电场矢量。不同于经典的广义胡克定律 (应力–应变关系)，式 (1.2) 中包含了电场 $\boldsymbol{E}$ 对应力 $\boldsymbol{T}$ 的贡献以及应变 $\boldsymbol{S}$ 对电位移 $\boldsymbol{D}$ 的贡献。

梯度关系可以表示为

$$\begin{cases} \boldsymbol{S} = \dfrac{1}{2}(\boldsymbol{u} \otimes \nabla + \nabla \otimes \boldsymbol{u}) \\ \boldsymbol{E} = -\nabla\varphi \end{cases} \tag{1.3}$$

其中，φ 为静电势。

将式 (1.3) 代入式 (1.2)，可以得到用基本未知量 $\boldsymbol{u}$ 和 φ 表示的本构关系，再将基本未知量表示的本构关系代入场方程 (1.1)，可以得到基本未知量表示的控制方程。根据预先给定的初始条件和边界条件，可以对不同的问题进行研究。

对于数值模型 (如有限单元法) 与稳定性等问题的研究，能量原理起到了重要作用。对于压电电介质材料，其电学焓 (electric enthalpy) 密度 h 可以表示为应变张量 $\boldsymbol{S}$ 和电场 $\boldsymbol{E}$ 的泛函：

$$h(\boldsymbol{S}, \boldsymbol{E}) = \frac{1}{2}\boldsymbol{S} : \boldsymbol{c} : \boldsymbol{S} - \frac{1}{2}\boldsymbol{E} \cdot \boldsymbol{\varepsilon} \cdot \boldsymbol{E} - \boldsymbol{E} \cdot \boldsymbol{e} : \boldsymbol{S} \tag{1.4}$$

则式 (1.2) 中的本构关系可以通过以下方程得到：

$$\begin{cases} \boldsymbol{T} = \dfrac{\partial h(\boldsymbol{S}, \boldsymbol{E})}{\partial \boldsymbol{S}} = \boldsymbol{c} : \boldsymbol{S} - \boldsymbol{E} \cdot \boldsymbol{e} \\ \boldsymbol{D} = -\dfrac{\partial h(\boldsymbol{S}, \boldsymbol{E})}{\partial \boldsymbol{E}} = \boldsymbol{e} : \boldsymbol{S} + \boldsymbol{\varepsilon} \cdot \boldsymbol{E} \end{cases} \tag{1.5}$$

从能量原理出发，利用电学焓的表达式与 Hamilton 变分原理，可以得到压电问题的控制方程和边界条件 [1]。对于以上方程的具体推导过程、物理意义等在参考文献 [1] 中有详细的讨论，在此仅作简单总结。

1.1.2　应变梯度效应与挠曲电效应

不同于压电效应, 应变梯度效应 (strain gradient effect) 和挠曲电效应 (flexoelectric effect) 研究应变梯度产生的机电耦合行为。由于应变梯度效应具有尺度依赖特性 (size-dependent), 因此, 在微纳米尺度的结构中, 应变梯度效应和挠曲电效应十分重要。关于应变梯度理论、偶应力 (couple stress) 理论等广义连续介质力学的早期研究, 可以参考文献 [5]~[14]; 关于挠曲电理论的早期研究可以参考文献 [15]~[18] 以及综述文献 [19]、[20]。

应变梯度效应通常导致结构的刚度变大。例如, 传统 Bernoulli-Euler 梁的弯曲刚度可以表示为 EI (其中, E 和 I 分别为杨氏模量和截面的惯性矩), 而考虑偶应力效应的 Bernoulli-Euler 梁的弯曲刚度可以表示为 $EI + \mu l^2 A$[21,22], 其中 μ 为 Lamé 常数, A 为截面面积, l 为与微结构效应相关的常数。对于宽为 b、高为 h 的矩形截面梁来说, $I = bh^3/12$, $A = bh$, 有

$$\begin{cases} \lim\limits_{h \to 0^+} \left(\dfrac{\mu l^2 A}{EI} \right) = \dfrac{\mu l^2}{E} \lim\limits_{h \to 0^+} \left(\dfrac{h}{h^3/12} \right) = +\infty \\ \lim\limits_{h \to +\infty} \left(\dfrac{\mu l^2 A}{EI} \right) = \dfrac{\mu l^2}{E} \lim\limits_{h \to +\infty} \left(\dfrac{h}{h^3/12} \right) = 0 \end{cases} \tag{1.6}$$

由式 (1.6) 可以看出：当 h 逐渐减小时, 由于 h^3 比 h 减小得更快, 微结构效应引起的附加刚度项 ($\mu l^2 A$) 变得越来越重要, 在临界尺寸以下, 微结构效应对结构的刚度影响十分显著, 甚至起到主导作用[21,22], 而在宏观尺度上, $Ebh^3/12 \gg \mu l^2 bh$, 经典理论与高阶理论预测的结果一致。因此, 微结构效应在宏观尺度问题的研究中通常被忽略。

除了使用应变梯度理论描述微结构效应对结构刚度的影响外, 本书更加关注应变梯度所引起的电极化效应 (即挠曲电效应)。实验表明, 如图 1.2 所示的电介质梁结构在受到机械载荷的作用时, 除了弯曲变形外, 还会产生厚度方向的电极化, 这种弯曲变形引起的电极化现象是最简单的挠曲电现象[15]。由于挠曲电效应

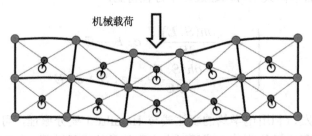

● 负电荷　○ 正电荷　● 净负电荷　— 极化

图 1.2　挠曲电效应

具有尺度依赖特性，其在微纳米尺度的电子器件领域具有十分重要的应用，如挠曲电致动器、传感器、俘能器、发电机、陀螺仪等[23-26]。值得一提的是，挠曲电效应存在于所有的电介质材料中，而 1.1.1 小节提到的压电效应仅存在于非中心对称材料中。因此，挠曲电效应为中心对称材料的机电耦合器件设计提供了物理基础。

与压电问题的分析类似，数学上，应变梯度和挠曲电效应在问题中的研究同样可以建模为偏微分方程组的初边值问题，包括三组方程 (场方程、本构关系、梯度关系)、初始条件与边界条件。

场方程包括弹性动力学方程与静电学的高斯定律：

$$
\begin{cases}
\mathrm{div}[\boldsymbol{T} - \mathrm{div}(\boldsymbol{\tau})] + \boldsymbol{b} = \rho \ddot{\boldsymbol{u}} \\
\mathrm{div}(\boldsymbol{D}) = \rho_{\mathrm{e}}
\end{cases}
\tag{1.7}
$$

其中，$\boldsymbol{\tau}$ 为高阶应力；div 表示散度，如 $\mathrm{div}(\boldsymbol{D}) = \nabla \cdot \boldsymbol{D} = D_{i,i}$，$[\mathrm{div}(\boldsymbol{\tau})]_{ij} = (\boldsymbol{\tau} \cdot \nabla)_{ij} = \tau_{ijk,k}$。

对于中心对称的挠曲电电介质材料，其本构关系可以表示为

$$
\begin{cases}
\boldsymbol{T} = \boldsymbol{c} : \boldsymbol{S} \\
\boldsymbol{\tau} = \boldsymbol{g} \vdots \boldsymbol{\eta} - \boldsymbol{E} \cdot \boldsymbol{f} \\
\boldsymbol{D} = \boldsymbol{\varepsilon} \cdot \boldsymbol{E} + \boldsymbol{f} \vdots \boldsymbol{\eta}
\end{cases}
\tag{1.8}
$$

其中，$\boldsymbol{g}$ 为高阶弹性刚度 (用于描述应变梯度效应)；$\boldsymbol{f}$ 为挠曲电系数；$\boldsymbol{\eta}$ 为应变梯度张量。由于考虑了应变梯度与挠曲电效应，式 (1.8) 中包含了电场 $\boldsymbol{E}$ 对高阶应力 $\boldsymbol{\tau}$ 的贡献以及应变梯度 $\boldsymbol{\eta}$ 对电位移 $\boldsymbol{D}$ 的贡献。

梯度关系可以表示为

$$
\begin{cases}
\boldsymbol{S} = \dfrac{1}{2}(\boldsymbol{u} \otimes \nabla + \nabla \otimes \boldsymbol{u}), \quad \boldsymbol{\eta} = \boldsymbol{S} \otimes \nabla \\
\boldsymbol{E} = -\nabla \varphi
\end{cases}
\tag{1.9}
$$

将式 (1.9) 代入式 (1.8)，可以得到用基本未知量 $\boldsymbol{u}$ 和 φ 表示的本构关系，再将基本未知量表示的本构关系代入场方程 (1.7)，可以得到基本未知量表示的控制方程。根据预先给定的初始条件和边界条件，可以对不同的问题进行研究。通过简单的推导可以看出，挠曲电耦合最终的控制方程中存在位移的四阶导数以及电势的二阶导数，不同于 1.1.1 小节提到的压电弹性理论 (压电理论中仅涉及位移的二阶导数)。

对于中心对称的挠曲电电介质材料，其电学焓密度可以表示为应变张量 $\boldsymbol{S}$、应变梯度张量 $\boldsymbol{\eta}$ 及电场 $\boldsymbol{E}$ 的泛函：

$$h(\boldsymbol{S},\boldsymbol{\eta},\boldsymbol{E}) = \frac{1}{2}\boldsymbol{S}:\boldsymbol{c}:\boldsymbol{S} + \frac{1}{2}\boldsymbol{\eta}\vdots\boldsymbol{g}\vdots\boldsymbol{\eta} - \frac{1}{2}\boldsymbol{E}\cdot\boldsymbol{\varepsilon}\cdot\boldsymbol{E} - \boldsymbol{E}\cdot\boldsymbol{f}\vdots\boldsymbol{\eta} \tag{1.10}$$

式 (1.8) 中挠曲电电介质的本构关系可以通过以下方程得到：

$$\begin{cases} \boldsymbol{T} = \dfrac{\partial h(\boldsymbol{S},\boldsymbol{\eta},\boldsymbol{E})}{\partial \boldsymbol{S}} = \boldsymbol{c}:\boldsymbol{S} \\[2mm] \boldsymbol{\tau} = \dfrac{\partial h(\boldsymbol{S},\boldsymbol{\eta},\boldsymbol{E})}{\partial \boldsymbol{\eta}} = \boldsymbol{g}\vdots\boldsymbol{\eta} - \boldsymbol{E}\cdot\boldsymbol{f} \\[2mm] \boldsymbol{D} = -\dfrac{\partial h(\boldsymbol{S},\boldsymbol{\eta},\boldsymbol{E})}{\partial \boldsymbol{E}} = \boldsymbol{f}\vdots\boldsymbol{\eta} + \boldsymbol{\varepsilon}\cdot\boldsymbol{E} \end{cases} \tag{1.11}$$

式 (1.8)、式 (1.10) 和式 (1.11) 中，由于中心对称性的限制，不存在应变梯度与应变的耦合效应以及压电效应，在对称性较低的晶体材料中，压电效应与挠曲电效应同时存在，在临界尺度以下，挠曲电效应可能成为机电耦合的主导因素[20]。

1.1.3 热弹性与热释电效应

分析机电耦合问题时，内部或外部热源的影响常常使材料或结构的温度发生改变，温度的改变对机电耦合行为的影响十分显著，因此不可忽略。例如，对于 1.1.1 小节提到的压电电介质材料，当温度发生变化时，电介质内部的应力与电极化均可能因温度的变化而发生改变，这类问题称为热压电问题，在考虑机电耦合的同时，还需要考虑热传导、热应力、热释电等效应[1,27,28]。

考虑温度效应的压电弹性体的场方程包括弹性动力学方程、静电学的高斯定律及热传导方程：

$$\begin{cases} \nabla\cdot\boldsymbol{T} + \boldsymbol{b} = \rho\ddot{\boldsymbol{u}} \\ \nabla\cdot\boldsymbol{D} = \rho_{\mathrm{e}} \\ -\nabla\cdot\boldsymbol{q} + \gamma = \vartheta_0\dot{\eta} \end{cases} \tag{1.12}$$

其中，$\boldsymbol{q}$ 为热流；γ 为体热源；ϑ_0 为参考温度；η 为熵密度。

热压电问题的本构关系可以表示为

$$\begin{cases} \boldsymbol{T} = \boldsymbol{c}:\boldsymbol{S} - \boldsymbol{E}\cdot\boldsymbol{e} - \boldsymbol{\lambda}\theta \\ \boldsymbol{D} = \boldsymbol{e}:\boldsymbol{S} + \boldsymbol{\varepsilon}\cdot\boldsymbol{E} + \boldsymbol{p}\theta \\ \eta = \boldsymbol{\lambda}:\boldsymbol{S} + \boldsymbol{p}\cdot\boldsymbol{E} + \dfrac{c}{\vartheta_0}\theta \end{cases} \tag{1.13}$$

其中，$\boldsymbol{\lambda}$ 为热弹性张量；$\boldsymbol{p}$ 为热释电矢量；c 为热容；θ 为温差，即 $\theta = \vartheta - \vartheta_0$，$\vartheta$ 为热力学温度。热流密度可以表示为

$$\boldsymbol{q} = -\boldsymbol{k} \cdot \nabla \theta \tag{1.14}$$

其中，$\boldsymbol{k}$ 为热传导系数。

将式 (1.3) 代入式 (1.13)，可以得到用基本未知量 $\boldsymbol{u}$、φ、θ 表示的本构关系，再将基本未知量表示的本构关系式 (1.13) 和热流密度式 (1.14) 代入场方程 (1.12)，可以得到基本未知量表示的控制方程。

如果研究的问题与时间无关，控制方程可以简化为

$$\nabla \cdot [\boldsymbol{c} : (\nabla \otimes \boldsymbol{u}) + (\nabla \varphi) \cdot \boldsymbol{e}] = -\boldsymbol{b} + \nabla \cdot (\boldsymbol{\lambda} \theta) \tag{1.15a}$$

$$\nabla \cdot [-\boldsymbol{\varepsilon} \cdot (\nabla \varphi) + \boldsymbol{e} : (\nabla \otimes \boldsymbol{u})] = \rho_{\mathrm{e}} - \nabla \cdot (\boldsymbol{p} \theta) \tag{1.15b}$$

$$\nabla \cdot (-\boldsymbol{k} \cdot \nabla \theta) = \gamma \tag{1.15c}$$

式 (1.15c) 中不包含位移 $\boldsymbol{u}$ 与电势 φ，在热学边界不存在热–力–电耦合的情况下，压电问题和热传导问题可以解耦。即先通过式 (1.15c) 和对应的热传导问题的边界条件求解出温差 θ，再将温差代入式 (1.15a) 和式 (1.15b) 对位移 $\boldsymbol{u}$ 和电势 φ 进行求解。从式 (1.15a) 和式 (1.15b) 可以看出：当温差已知时，温差对弹性体的平衡方程产生的影响可以等效为附加体力，而对静电学高斯定律的影响可以等效为附加自由电荷。

考虑热效应的电学焓可以表示为

$$h(\boldsymbol{S}, \boldsymbol{E}, \theta) = \frac{1}{2} \boldsymbol{S} : \boldsymbol{c} : \boldsymbol{S} - \frac{1}{2} \boldsymbol{E} \cdot \boldsymbol{\varepsilon} \cdot \boldsymbol{E} - \frac{1}{2} \frac{c}{\vartheta_0} \theta^2$$
$$- \theta \boldsymbol{\lambda} : \boldsymbol{S} - \theta \boldsymbol{p} \cdot \boldsymbol{E} - \boldsymbol{E} \cdot \boldsymbol{e} : \boldsymbol{S} \tag{1.16}$$

则式 (1.13) 可以表示为

$$\begin{cases} \boldsymbol{T} = \dfrac{\partial(\boldsymbol{S}, \boldsymbol{E}, \theta)}{\partial \boldsymbol{S}} = \boldsymbol{c} : \boldsymbol{S} - \boldsymbol{E} \cdot \boldsymbol{e} - \boldsymbol{\lambda} \theta \\[3mm] \boldsymbol{D} = -\dfrac{\partial(\boldsymbol{S}, \boldsymbol{E}, \theta)}{\partial \boldsymbol{E}} = \boldsymbol{e} : \boldsymbol{S} + \boldsymbol{\varepsilon} \cdot \boldsymbol{E} + \boldsymbol{p} \theta \\[3mm] \eta = -\dfrac{\partial(\boldsymbol{S}, \boldsymbol{E}, \theta)}{\partial \theta} = \boldsymbol{\lambda} : \boldsymbol{S} + \boldsymbol{p} \cdot \boldsymbol{E} + \dfrac{c}{\vartheta_0} \theta \end{cases} \tag{1.17}$$

不同于 1.1.1 小节和 1.1.2 小节讨论的问题，本小节中给出的热压电问题包含能量的耗散，控制方程无法通过变分原理得到，具体的模型建立过程可参考文献 [1] 与文献 [28]。

1.2　半导体的机电耦合理论

半导体材料不同于电介质 (绝缘体) 材料, 其内部存在可以自由移动的载流子 (空穴与电子)。文献 [29] 中介绍了多种半导体理论模型, 本书使用半导体的漂移–扩散模型 (drift-diffusion model) 描述半导体中载流子与电场的相互作用 [30−32]。1.2.1 小节介绍了经典的半导体漂移–扩散模型 (针对刚性半导体)。1.2.2~1.2.4 小节分别介绍了压电半导体、挠曲电半导体和热电半导体的模型, 为分析可变形半导体的热–力–电–载流子分布等多物理场之间的耦合问题提供了理论框架。

1.2.1　半导体中的漂移–扩散电流

对于刚性 (不可变形) 的半导体材料, 场方程包括静电学的高斯定律、空穴的连续性方程、电子的连续性方程 (电荷守恒方程):

$$\begin{cases} \nabla \cdot \boldsymbol{D} = \rho_{\mathrm{e}} \\ \nabla \cdot \boldsymbol{J}^p = -q\dot{p} \\ \nabla \cdot \boldsymbol{J}^n = q\dot{n} \end{cases} \tag{1.18}$$

其中, p 为空穴浓度; n 为电子浓度; q 为元电荷; $\boldsymbol{J}^n$ 为电子形成的电流密度; $\boldsymbol{J}^p$ 为空穴形成的电流密度。在以上的方程中, 并未考虑电子与空穴的复合和再生。

式 (1.18) 中自由电荷的表达式为

$$\rho_{\mathrm{e}} = q(p - n + N_{\mathrm{D}}^+ - N_{\mathrm{A}}^-) \tag{1.19}$$

其中, N_{D}^+ 和 N_{A}^- 分别为供体 (donor) 和受体 (accepter) 的掺杂浓度。

电位移、电子形成的电流密度以及空穴形成的电流密度可以分别表示为

$$\boldsymbol{D} = \boldsymbol{\varepsilon} \cdot \boldsymbol{E} \tag{1.20a}$$

$$\boldsymbol{J}^p = qp\boldsymbol{\mu}^p \cdot \boldsymbol{E} - q\boldsymbol{D}^p \cdot \nabla p \tag{1.20b}$$

$$\boldsymbol{J}^n = qn\boldsymbol{\mu}^n \cdot \boldsymbol{E} + q\boldsymbol{D}^n \cdot \nabla n \tag{1.20c}$$

其中, $\boldsymbol{\mu}^n$ 和 $\boldsymbol{\mu}^p$ 分别为电子和空穴的迁移率; $\boldsymbol{D}^n$ 和 $\boldsymbol{D}^p$ 分别为电子和空穴的扩散常数。从式 (1.20b) 和式 (1.20c) 可以看出, 电子和空穴的运动受到电场的作用 (即漂移电流) 以及浓度梯度的影响 (即扩散电流)。对于导体材料, 通常不考虑扩散电流。

为了方便, 引入以下记号:

$$\Delta p = p - p_0, \quad \Delta n = n - n_0, \quad p_0 = N_{\mathrm{A}}^-, \quad n_0 = N_{\mathrm{D}}^+ \tag{1.21}$$

对于小浓度扰动的情况，式 (1.20b) 和式 (1.20c) 可以近似表示为

$$\begin{cases} \boldsymbol{J}^p = qp_0\boldsymbol{\mu}^p \cdot \boldsymbol{E} - q\boldsymbol{D}^p \cdot \nabla(\Delta p) \\ \boldsymbol{J}^n = qn_0\boldsymbol{\mu}^n \cdot \boldsymbol{E} + q\boldsymbol{D}^n \cdot \nabla(\Delta n) \end{cases} \tag{1.22}$$

将式 (1.19)、式 (1.20a) 与式 (1.22) 代入式 (1.18)，并且将静电场 $\boldsymbol{E}$ 表示为静电势 φ 的负梯度，可以得到刚性半导体的控制方程：

$$\begin{cases} \nabla \cdot [\boldsymbol{\varepsilon} \cdot (-\nabla\varphi)] = q(\Delta p - \Delta n) \\ \nabla \cdot [qp_0\boldsymbol{\mu}^p \cdot (-\nabla\varphi) - q\boldsymbol{D}^p \cdot \nabla(\Delta p)] = -q\dfrac{\partial}{\partial t}(\Delta p) \\ \nabla \cdot [qn_0\boldsymbol{\mu}^n \cdot (-\nabla\varphi) + q\boldsymbol{D}^n \cdot \nabla(\Delta n)] = q\dfrac{\partial}{\partial t}(\Delta n) \end{cases} \tag{1.23}$$

根据方程 (1.23) 以及相应的初始条件和边界条件，可以确定刚性半导体中的电势与载流子浓度分布情况。

1.2.2　半导体中的压电效应

压电性不仅存在于电介质材料中，而且存在于半导体材料中。在特定外力的作用下，压电半导体 (piezoelectric semiconductor) 材料内部产生电极化，同时，压电半导体材料中的载流子会在电场的作用下重新分布。

结合 1.1.1 小节 (压电电介质) 和 1.2.1 小节 (刚性绝缘体) 的唯象理论，可以对压电半导体的行为进行描述，其中，场方程包括弹性动力学方程、静电学的高斯定律、空穴的连续性方程、电子的连续性方程：

$$\begin{cases} \nabla \cdot \boldsymbol{T} + \boldsymbol{b} = \rho\ddot{\boldsymbol{u}} \\ \nabla \cdot \boldsymbol{D} = q(\Delta p - \Delta n) \\ \nabla \cdot \boldsymbol{J}^p = -q\dfrac{\partial}{\partial t}(\Delta p) \\ \nabla \cdot \boldsymbol{J}^n = q\dfrac{\partial}{\partial t}(\Delta n) \end{cases} \tag{1.24}$$

在载流子浓度发生小扰动的情况下，压电半导体的本构关系为

$$\begin{cases} \boldsymbol{T} = \boldsymbol{c} : \boldsymbol{S} - \boldsymbol{E} \cdot \boldsymbol{e} \\ \boldsymbol{D} = \boldsymbol{e} : \boldsymbol{S} + \boldsymbol{\varepsilon} \cdot \boldsymbol{E} \\ \boldsymbol{J}^p = qp_0\boldsymbol{\mu}^p \cdot \boldsymbol{E} - q\boldsymbol{D}^p \cdot \nabla(\Delta p) \\ \boldsymbol{J}^n = qn_0\boldsymbol{\mu}^n \cdot \boldsymbol{E} + q\boldsymbol{D}^n \cdot \nabla(\Delta n) \end{cases} \tag{1.25}$$

压电半导体理论的几何关系与式 (1.3) 一致。将式 (1.3) 代入式 (1.25) 可以得到基本未知量 u、φ、Δn、Δp 表示的本构关系，将其代入式 (1.24) 可以得到基本未知量表示的控制方程，通过给定的初始条件和边界条件，可以对所研究的问题进行分析。

近年来，科研工作者们对压电半导体的多场耦合问题进行了广泛的研究，包括压电半导体杆的拉伸[33]、压电电介质与非压电半导体复合杆的拉伸[34]、压电电介质与非压电半导体复合杆的扭转[35]、压电半导体矩形截面杆的扭转与面内剪切[36]、压电半导体悬臂梁的弯曲[37]、压电电介质与非压电半导体复合梁的弯曲与剪切[38]、压电半导体板的厚度伸缩[39]、压电电介质与非压电半导体复合板的弯曲与厚度剪切[40] 等。美国内布拉斯加大学林肯分校的压电力学专家杨嘉实教授在 2020 年出版的专著 *Analysis of Piezoelectric Semiconductor Structures* 中对压电半导体结构的多场耦合分析做了全面的介绍[31]。

1.2.3　半导体中的挠曲电效应

类似 1.2.2 小节中讨论的压电半导体行为，在挠曲电半导体 (flexoelectric semiconductor) 中，外力产生的挠曲电电极化可以调控半导体中的载流子分布[41-44]。挠曲电效应为中心对称半导体中载流子的机械调控提供了物理学基础。由于挠曲电效应具有尺度依赖特性，在宏观尺度上，应变梯度较小，无法实现可观的调控。

结合 1.1.2 小节和 1.2.1 小节的唯象理论，可以对挠曲电半导体的行为进行描述。挠曲电半导体机电耦合问题的场方程包括弹性动力学方程、静电学的高斯定律、空穴的连续性方程、电子的连续性方程：

$$\begin{cases} \mathrm{div}[\boldsymbol{T} - \mathrm{div}(\boldsymbol{\tau})] + \boldsymbol{b} = \rho\ddot{\boldsymbol{u}} \\ \mathrm{div}(\boldsymbol{D}) = q(\Delta p - \Delta n) \\ \mathrm{div}(\boldsymbol{J}^p) = -q\dfrac{\partial}{\partial t}(\Delta p) \\ \mathrm{div}(\boldsymbol{J}^n) = q\dfrac{\partial}{\partial t}(\Delta n) \end{cases} \tag{1.26}$$

在载流子浓度发生小扰动的情况下，挠曲电半导体的本构关系为

$$\begin{cases} \boldsymbol{T} = \boldsymbol{c} : \boldsymbol{S} \\ \boldsymbol{\tau} = \boldsymbol{g} \vdots \boldsymbol{\eta} - \boldsymbol{E} \cdot \boldsymbol{f} \\ \boldsymbol{D} = \boldsymbol{f} \vdots \boldsymbol{\eta} + \boldsymbol{\varepsilon} \cdot \boldsymbol{E} \\ \boldsymbol{J}^p = qp_0\boldsymbol{\mu}^p \cdot \boldsymbol{E} - q\boldsymbol{D}^p \cdot \nabla(\Delta p) \\ \boldsymbol{J}^n = qn_0\boldsymbol{\mu}^n \cdot \boldsymbol{E} + q\boldsymbol{D}^n \cdot \nabla(\Delta n) \end{cases} \tag{1.27}$$

挠曲电半导体的几何关系与式 (1.9) 一致。将式 (1.9) 代入式 (1.27) 可以得到基本未知量 u、φ、Δn、Δp 表示的本构关系,将其代入式 (1.26) 可以得到基本未知量表示的控制方程。

基于以上的理论框架,已有的研究包括挠曲电电介质与非挠曲电半导体复合梁的弯曲 [45]、挠曲电半导体矩形截面杆的扭转与翘曲 [46]、挠曲电半导体梁的屈曲 [47]、挠曲电半导体板的弯曲与屈曲 [48] 等。目前,挠曲电半导体的研究仍处于起始阶段,其应用有待进一步探索。

1.2.4 半导体中的热电效应

与 1.1.3 小节讨论的内容类似,当压电半导体材料的温度发生变化时,温度的改变会引起应力与电极化的改变,从而对载流子的分布产生影响。热电半导体 (thermoelectric semiconductor) 的场方程包括弹性动力学方程、静电学的高斯定律、热传导方程、空穴的连续性方程、电子的连续性方程 [31]:

$$
\begin{cases}
\nabla \cdot \boldsymbol{T} + \boldsymbol{b} = \rho \ddot{\boldsymbol{u}} \\
\nabla \cdot \boldsymbol{D} = q(\Delta p - \Delta n) \\
-\nabla \cdot \boldsymbol{q} + \gamma = \vartheta_0 \dot{\eta} \\
\nabla \cdot \boldsymbol{J}^p = -q \frac{\partial}{\partial t}(\Delta p) \\
\nabla \cdot \boldsymbol{J}^n = q \frac{\partial}{\partial t}(\Delta n)
\end{cases}
\tag{1.28}
$$

应力、电位移、熵密度的表达式与式 (1.13) 一致。考虑热电效应的热流与电流的表达式为

$$
\begin{cases}
\boldsymbol{q} = -\boldsymbol{k} \cdot \nabla \theta + \boldsymbol{k}^{\mathrm{E}} \cdot \boldsymbol{E} \\
\boldsymbol{J}^n = q n_0 \boldsymbol{\mu}^n \cdot \boldsymbol{E} + q \boldsymbol{D}^n \cdot \nabla(\Delta n) + \boldsymbol{\sigma}^{\mathrm{T}n} \cdot \nabla \theta \\
\boldsymbol{J}^p = q p_0 \boldsymbol{\mu}^p \cdot \boldsymbol{E} - q \boldsymbol{D}^p \cdot \nabla(\Delta p) - \boldsymbol{\sigma}^{\mathrm{T}p} \cdot \nabla \theta
\end{cases}
\tag{1.29}
$$

其中,$\boldsymbol{k}^{\mathrm{E}}$、$\boldsymbol{\sigma}^{\mathrm{T}n}$、$\boldsymbol{\sigma}^{\mathrm{T}p}$ 为热电常数 (thermoelectric constant)。

基于以上的理论框架,已有的研究包括压电半导体杆局部温度变化引起的载流子重分布 [49]、压电电介质与非压电半导体复合梁中热效应引起的载流子重分布 [50]、压电电介质与非压电半导体复合梁的热屈曲 [51]、压电半导体薄膜中局部温度变化引起的电势垒与载流子重分布 [52]、压电半导体板在温度变化下的拉伸与弯曲 [53]。当温度效应引起非均匀变形时,非均匀变形产生的挠曲电效应同样可以用于载流子分布的调控 [54]。

1.3 电介质与半导体的非线性电弹性模型

1.1 节和 1.2 节中介绍的线性理论 (压电效应与挠曲电效应) 常用于分析晶体材料在小变形情况下的机电耦合问题，是一种线性近似理论，对于在静电力 (Maxwell 应力) 作用下产生较大变形问题的分析，如介电高弹体的失稳分析 [55-57]、微型电机–机电系统 (MEMS) 陀螺仪的分析设计 [58-60] 等，则不再适用。此时，需要建立基于有限变形理论，同时考虑静电力效应的非线性电弹性模型 [61-70]。在发展非线性电弹性理论时，通常需要预先给定电体力、电体力偶、电功率的数学表达式。为了理解相关表达式的物理含义，本节采用 Tiersten 建立的混合物连续介质模型 (combined continuum model) 对电体力、电体力偶、电功率的表达式进行推导 [69,70]。

1.3.1 电介质的非线性电弹性模型

本小节基于 Tiersten 提出的二重连续介质模型对电体力、电体力偶、电功率的表达式进行推导 [65]。值得注意的是，文献 [65] 将基本定律分别用于晶格连续介质 (lattice continuum) 和电子连续介质 (electronic charge continuum)，通过引入局部电场 (local electric field) 描述两种连续介质之间的电学相互作用；文献 [69] 使用了 "整体法"，在不引入局部电场的情况下，将基本定律直接用于二重连续介质，得到了相同的结果。本小节以文献 [69] 中的 "整体法" 为基础进行推导。

二重连续介质模型如图 1.3 所示，在参考构型中，晶格连续介质的物质点记为 X，变形后，物质点 X 占据空间点 x，晶格连续介质的位移为 u。电子连续介质的参考构型与晶格连续介质的参考构型重合，电子连续介质在当前构型上的空间点记为 y。在当前构型中，允许电子连续介质相对于晶格连续介质产生无穷小位移 w，则电子连续介质的总位移可以记为 $u + w$。晶格连续介质的质量密度

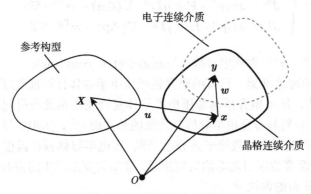

图 1.3   二重连续介质模型

为 ρ，忽略电子连续介质的质量；晶格连续介质的电荷密度为 ρ^{L}，电子连续介质的电荷密度为 ρ^{E} (负值)。在参考构型上，二重连续介质呈电中性。

首先，给出该模型的一个重要假设：同一个物质点 $\boldsymbol{X}$ 表示的晶格连续介质和电子连续介质在当前构型具有相同的体积，则

$$\frac{\mathrm{d}v}{\mathrm{d}V} = \mathrm{div}(\boldsymbol{u}) = \mathrm{div}(\boldsymbol{u} + \boldsymbol{w}) \quad \Rightarrow \quad \mathrm{div}(\boldsymbol{w}) = 0 \tag{1.30}$$

由于在参考构型上，二重连续介质呈现电中性，则有

$$\tilde{\rho}^{\mathrm{L}}(\boldsymbol{X}) + \tilde{\rho}^{\mathrm{E}}(\boldsymbol{X}) = 0 \tag{1.31}$$

同一个物质点 $\boldsymbol{X}$ 所在的区域内不存在净电荷，因此有

$$\rho^{\mathrm{L}}(\boldsymbol{x}) + \rho^{\mathrm{E}}(\boldsymbol{x} + \boldsymbol{w}) = 0 \tag{1.32}$$

此时，极化 (电偶极子密度) 可以表示为

$$\boldsymbol{P} = \rho^{\mathrm{L}}(\boldsymbol{x})(-\boldsymbol{w}) = \rho^{\mathrm{E}}(\boldsymbol{x} + \boldsymbol{w})\boldsymbol{w} = \rho^{\mathrm{E}}(\boldsymbol{x})\boldsymbol{w} + o(\boldsymbol{w}) \tag{1.33}$$

静电场由静电势的梯度确定，有 $\boldsymbol{E} \otimes \nabla = (\boldsymbol{E} \otimes \nabla)^{\mathrm{T}}$，其一阶 Taylor 展开式可以写为

$$\boldsymbol{E}(\boldsymbol{y}) = \boldsymbol{E}(\boldsymbol{x} + \boldsymbol{w}) = \boldsymbol{E}(\boldsymbol{x}) + [\boldsymbol{E}(\boldsymbol{x}) \otimes \nabla] \cdot \boldsymbol{w} + o(\boldsymbol{w}) \tag{1.34}$$

根据动量定理、动量矩定理、能量守恒，对于任意的空间区域 P_t，有

$$\frac{\mathrm{D}}{\mathrm{D}t} \int_{P_t} (\rho\boldsymbol{v})\mathrm{d}V = \int_{\partial P_t} (\boldsymbol{t})\mathrm{d}a + \int_{P_t} \{\boldsymbol{b} + \rho^{\mathrm{L}}(\boldsymbol{x})\boldsymbol{E}(\boldsymbol{x})$$
$$+ [\rho^{\mathrm{E}}(\boldsymbol{x} + \boldsymbol{w})\boldsymbol{E}(\boldsymbol{x} + \boldsymbol{w})]\}\mathrm{d}V \tag{1.35a}$$

$$\frac{\mathrm{D}}{\mathrm{D}t} \int_{P_t} [\boldsymbol{x} \times (\rho\boldsymbol{v})]\mathrm{d}V = \int_{\partial P_t} (\boldsymbol{x} \times \boldsymbol{t})\mathrm{d}a + \int_{P_t} \{\boldsymbol{x} \times \boldsymbol{b} + \boldsymbol{x} \times [\rho^{\mathrm{L}}(\boldsymbol{x})\boldsymbol{E}(\boldsymbol{x})]$$
$$+ (\boldsymbol{x} + \boldsymbol{w}) \times [\rho^{\mathrm{E}}(\boldsymbol{x} + \boldsymbol{w})\boldsymbol{E}(\boldsymbol{x} + \boldsymbol{w})]\}\mathrm{d}V \tag{1.35b}$$

$$\frac{\mathrm{D}}{\mathrm{D}t} \int_{P_t} \left[\rho\left(e + \frac{1}{2}\dot{\boldsymbol{u}} \cdot \dot{\boldsymbol{u}}\right)\right]\mathrm{d}V = \int_{\partial P_t} (\boldsymbol{t} \cdot \dot{\boldsymbol{u}})\mathrm{d}a + \int_{P_t} \{\boldsymbol{b} \cdot \dot{\boldsymbol{u}} + \rho^{\mathrm{L}}(\boldsymbol{x})\boldsymbol{E}(\boldsymbol{x}) \cdot \dot{\boldsymbol{u}}$$
$$+ [\rho^{\mathrm{E}}(\boldsymbol{x} + \boldsymbol{w})\boldsymbol{E}(\boldsymbol{x} + \boldsymbol{w})] \cdot (\dot{\boldsymbol{u}} + \dot{\boldsymbol{w}})\}\mathrm{d}V \tag{1.35c}$$

根据式 (1.32)、式 (1.33)、式 (1.34) 以及电场梯度张量的对称性，式 (1.35a) 中，库仑力的表达式可以进一步化简为

$$\rho^{\mathrm{L}}(\boldsymbol{x})\boldsymbol{E}(\boldsymbol{x}) + [\rho^{\mathrm{E}}(\boldsymbol{x} + \boldsymbol{w})\boldsymbol{E}(\boldsymbol{x} + \boldsymbol{w})]$$

$$= \rho^{L}(\boldsymbol{x})\boldsymbol{E}(\boldsymbol{x}) + \rho^{E}(\boldsymbol{x}+\boldsymbol{w})\{\boldsymbol{E}(\boldsymbol{x}) + [\boldsymbol{E}(\boldsymbol{x}) \otimes \nabla] \cdot \boldsymbol{w}\} + o(\boldsymbol{w})$$

$$= [\rho^{L}(\boldsymbol{x}) + \rho^{E}(\boldsymbol{x}+\boldsymbol{w})] + [\boldsymbol{E}(\boldsymbol{x}) \otimes \nabla] \cdot [\rho^{E}(\boldsymbol{x}+\boldsymbol{w})\boldsymbol{w}] + o(\boldsymbol{w})$$

$$= (\boldsymbol{E}(\boldsymbol{x}) \otimes \nabla) \cdot [\rho^{E}(\boldsymbol{x})\boldsymbol{w}] + o(\boldsymbol{w})$$

$$\cong \boldsymbol{P} \cdot (\boldsymbol{E} \otimes \nabla)^{\mathrm{T}} = \boldsymbol{P} \cdot (\boldsymbol{E} \otimes \nabla) \tag{1.36}$$

根据式 (1.32)、式 (1.33)、式 (1.34)，式 (1.35b) 中，库仑力产生的矩可以进一步表示为

$$\boldsymbol{x} \times [\rho^{L}(\boldsymbol{x})\boldsymbol{E}(\boldsymbol{x})] + (\boldsymbol{x}+\boldsymbol{w}) \times [\rho^{E}(\boldsymbol{x}+\boldsymbol{w})\boldsymbol{E}(\boldsymbol{x}+\boldsymbol{w})]$$

$$= \boldsymbol{x} \times [\rho^{L}(\boldsymbol{x})\boldsymbol{E}(\boldsymbol{x})] + \boldsymbol{x} \times [\rho^{E}(\boldsymbol{x}+\boldsymbol{w})\boldsymbol{E}(\boldsymbol{x}+\boldsymbol{w})] + \boldsymbol{w} \times [\rho^{E}(\boldsymbol{x}+\boldsymbol{w})\boldsymbol{E}(\boldsymbol{x}+\boldsymbol{w})]$$

$$= \boldsymbol{x} \times [\rho^{L}(\boldsymbol{x})\boldsymbol{E}(\boldsymbol{x})] + \boldsymbol{x} \times \rho^{E}(\boldsymbol{x}+\boldsymbol{w})\boldsymbol{E}(\boldsymbol{x}) + \boldsymbol{x} \times \rho^{E}(\boldsymbol{x}+\boldsymbol{w})[\boldsymbol{E}(\boldsymbol{x}) \otimes \nabla] \cdot \boldsymbol{w}$$

$$\quad + \boldsymbol{w} \times [\rho^{E}(\boldsymbol{x}+\boldsymbol{w})\boldsymbol{E}(\boldsymbol{x}+\boldsymbol{w})] + o(\boldsymbol{w})$$

$$= \boldsymbol{x} \times [\rho^{L}(\boldsymbol{x}) + \rho^{E}(\boldsymbol{x}+\boldsymbol{w})]\boldsymbol{E}(\boldsymbol{x}) + \boldsymbol{x} \times \{\boldsymbol{P}(\boldsymbol{x}) \cdot [\boldsymbol{E}(\boldsymbol{x}) \otimes \nabla]\}$$

$$\quad + \{[\rho^{E}(\boldsymbol{x})\boldsymbol{w}] \times \boldsymbol{E}(\boldsymbol{x})\} + o(\boldsymbol{w})$$

$$\cong \boldsymbol{x} \times [\boldsymbol{P} \cdot (\boldsymbol{E} \otimes \nabla)] + \boldsymbol{P} \times \boldsymbol{E} \tag{1.37}$$

根据式 (1.32)、式 (1.33)、式 (1.34)，式 (1.35c) 中，库仑力的功率可以进一步表示为

$$\rho^{L}(\boldsymbol{x})\boldsymbol{E}(\boldsymbol{x}) \cdot \dot{\boldsymbol{u}} + [\rho^{E}(\boldsymbol{x}+\boldsymbol{w})\boldsymbol{E}(\boldsymbol{x}+\boldsymbol{w})] \cdot (\dot{\boldsymbol{u}}+\dot{\boldsymbol{w}})$$

$$= \rho^{L}(\boldsymbol{x})\boldsymbol{E}(\boldsymbol{x}) \cdot \dot{\boldsymbol{u}} + [\rho^{E}(\boldsymbol{x}+\boldsymbol{w})\boldsymbol{E}(\boldsymbol{x}+\boldsymbol{w})] \cdot \dot{\boldsymbol{u}} + [\rho^{E}(\boldsymbol{x}+\boldsymbol{w})\boldsymbol{E}(\boldsymbol{x}+\boldsymbol{w})] \cdot \dot{\boldsymbol{w}}$$

$$= [\rho^{L}(\boldsymbol{x}) + \rho^{E}(\boldsymbol{x}+\boldsymbol{w})]\boldsymbol{E}(\boldsymbol{x}) \cdot \dot{\boldsymbol{u}} + \rho^{E}(\boldsymbol{x}+\boldsymbol{w})[\boldsymbol{E}(\boldsymbol{x}) \otimes \nabla] \cdot \boldsymbol{w}] \cdot \dot{\boldsymbol{u}}$$

$$\quad + [\rho^{E}(\boldsymbol{x}+\boldsymbol{w})\boldsymbol{E}(\boldsymbol{x}+\boldsymbol{w})] \cdot \dot{\boldsymbol{w}} + o(\boldsymbol{w})$$

$$= [\boldsymbol{E}(\boldsymbol{x}) \otimes \nabla] \cdot [\rho^{E}(\boldsymbol{x})\boldsymbol{w}] \cdot \dot{\boldsymbol{u}} + [\rho^{E}(\boldsymbol{x}+\boldsymbol{w})\boldsymbol{E}(\boldsymbol{x}+\boldsymbol{w})] \cdot \dot{\boldsymbol{w}} + o(\boldsymbol{w})$$

$$\cong \boldsymbol{P} \cdot (\boldsymbol{E} \otimes \nabla) \cdot \dot{\boldsymbol{u}} + (\rho^{E}\boldsymbol{E}) \cdot \dot{\boldsymbol{w}}$$

$$= \boldsymbol{P} \cdot (\boldsymbol{E} \otimes \nabla) \cdot \dot{\boldsymbol{u}} + \overline{(\rho^{E}\boldsymbol{E} \cdot \boldsymbol{w})} - \overline{(\rho^{E}\boldsymbol{E})} \cdot \boldsymbol{w}$$

$$= \boldsymbol{P} \cdot (\boldsymbol{E} \otimes \nabla) \cdot \dot{\boldsymbol{u}} + \overline{(\boldsymbol{E} \cdot \boldsymbol{P})} - \dot{\rho}^{E}\boldsymbol{E} \cdot \boldsymbol{w} - \dot{\boldsymbol{E}} \cdot \boldsymbol{P}$$

$$= \boldsymbol{P} \cdot (\boldsymbol{E} \otimes \nabla) \cdot \dot{\boldsymbol{u}} + (\dot{\boldsymbol{P}} - \dot{\rho}^{E}\boldsymbol{w}) \cdot \boldsymbol{E}$$

$$
= \boldsymbol{P} \cdot (\boldsymbol{E} \otimes \nabla) \cdot \dot{\boldsymbol{u}} + \overline{[(\rho\boldsymbol{\pi})} - \left(\frac{\dot{\rho}^{\mathrm{E}}}{\rho^{\mathrm{E}}}\right)(\rho^{\mathrm{E}}\boldsymbol{w})] \cdot \boldsymbol{E}
$$

$$
= \boldsymbol{P} \cdot (\boldsymbol{E} \otimes \nabla) \cdot \dot{\boldsymbol{u}} + [(\dot{\rho}\boldsymbol{\pi} + \rho\dot{\boldsymbol{\pi}}) - \dot{\rho}\boldsymbol{\pi}] \cdot \boldsymbol{E}
$$

$$
= \boldsymbol{P} \cdot (\boldsymbol{E} \otimes \nabla) \cdot \dot{\boldsymbol{u}} + \rho\dot{\boldsymbol{\pi}} \cdot \boldsymbol{E} \tag{1.38}
$$

在式 (1.38) 的推导中，$\boldsymbol{\pi}$ 的定义为

$$
\boldsymbol{\pi} = \boldsymbol{P}/\rho \tag{1.39}
$$

同时使用了以下关系式：

$$
\dot{\rho} + \rho\,\mathrm{div}(\dot{\boldsymbol{u}}) = 0, \quad \dot{\rho}^{\mathrm{E}} + \rho^{\mathrm{E}}\mathrm{div}(\dot{\boldsymbol{u}}) = 0, \quad \frac{\dot{\rho}}{\rho} = \frac{\dot{\rho}^{\mathrm{E}}}{\rho^{\mathrm{E}}} \tag{1.40}
$$

根据式 (1.36)、式 (1.37)、式 (1.38)，式 (1.35) 可以重新写为

$$
\frac{\mathrm{D}}{\mathrm{D}t}\int_{P_t}(\rho\boldsymbol{v})\mathrm{d}V = \int_{\partial P_t}\boldsymbol{t}\,\mathrm{d}a + \int_{P_t}(\boldsymbol{b} + \boldsymbol{f}^{\mathrm{e}})\mathrm{d}V \tag{1.41a}
$$

$$
\frac{\mathrm{D}}{\mathrm{D}t}\int_{P_t}[\boldsymbol{x}\times(\rho\boldsymbol{v})]\mathrm{d}V = \int_{\partial P_t}(\boldsymbol{x}\times\boldsymbol{t})\mathrm{d}a + \int_{P_t}[\boldsymbol{x}\times(\boldsymbol{b} + \boldsymbol{f}^{\mathrm{e}}) + \boldsymbol{C}^{\mathrm{e}}]\mathrm{d}V \tag{1.41b}
$$

$$
\frac{\mathrm{D}}{\mathrm{D}t}\int_{P_t}\left[\rho\left(e + \frac{1}{2}\dot{\boldsymbol{u}}\cdot\dot{\boldsymbol{u}}\right)\right]\mathrm{d}V = \int_{\partial P_t}(\boldsymbol{t}\cdot\dot{\boldsymbol{u}})\mathrm{d}a + \int_{P_t}[(\boldsymbol{b} + \boldsymbol{f}^{\mathrm{e}})\cdot\dot{\boldsymbol{u}} + w^{\mathrm{e}}]\mathrm{d}V \tag{1.41c}
$$

式 (1.41) 中，电体力 $\boldsymbol{f}^{\mathrm{e}}$、电体力偶 $\boldsymbol{C}^{\mathrm{e}}$、电功率 w^{e} 的表达式分别为

$$
\boldsymbol{f}^{\mathrm{e}} = \boldsymbol{P} \cdot (\boldsymbol{E} \otimes \nabla), \quad \boldsymbol{C}^{\mathrm{e}} = \boldsymbol{P} \times \boldsymbol{E}, \quad w^{\mathrm{e}} = \rho\dot{\boldsymbol{\pi}} \cdot \boldsymbol{E} \tag{1.42}
$$

由此可见，电体力、电体力偶、电功率的表达式均为非线性，在小扰动的线性理论中被作为高阶项省略。Tiersten 提出的混合物连续介质模型为唯象理论中使用的电体力表达式提供了数学基础，对于建立非线性电弹性理论有重要意义 [65]。

1.3.2 半导体的非线性电弹性模型

以电介质的混合物连续介质模型为基础，Tiersten 等还建立了电磁介质和半导体的混合物连续介质模型 [66,68]。在半导体的混合物连续介质模型中，包括晶格连续介质、束缚电子连续介质、掺杂连续介质、自由电子连续介质以及空穴连续介质。其中，掺杂连续介质与晶格连续介质刚性绑定，束缚电子连续介质与晶格连续介质之间允许发生无穷小位移，用于解释电极化，自由电子连续介质和空穴连续介质可在晶格连续介质中运动。基于 Tiersten 的混合物连续介质模型发展的连续介质理论可用于解释多种物理现象 [71-73]。

1.4   弹性板与弹性杆的多场耦合结构理论

1.1 节和 1.2 节介绍了电介质与半导体的三维理论，对于具有任意边界的三维结构来说，求得问题的解是十分困难的。然而，许多常用的器件可以被视为二维结构 (如薄膜体声波谐振器) 或者一维结构 (如纳米发电机)。在求解难度方面，相较于直接求解三维偏微分方程组，求解简化的一维常微分方程组和二维偏微分方程组更加简单。因此，建立有效的针对纤维结构的一维模型和针对薄膜结构的二维模型十分必要。在二十世纪中叶，Mindlin 等针对一维和二维结构的多场耦合问题建立了一系列低维方程，这种方法被称为结构理论 (structural theory)。结构理论不仅能将复杂的三维偏微分方程组转化为一维的常微分方程组或者二维的偏微分方程组，还具有相当高的精度。结构理论为器件的多物理场耦合分析提供了有效的方法，本节将对 Mindlin 等所做研究工作的方法进行回顾。

1.4.1   弹性板的多场耦合结构理论

经典的 Kirchhoff-Love 板模型在土木工程、航空航天等领域已经得到了广泛的使用。基于 Kirchhoff-Love 假设的板模型在分析薄板弯曲时十分有效，但由于缺乏对厚度剪切 (thickness-shear)、厚度伸缩 (thickness-stretch)、厚度扭转 (thickness-twist) 等高阶厚度变形的描述 (图 1.4)，Kirchhoff-Love 板模型无法用于分析许多重要问题，如石英晶体谐振器的高频振动模态 (厚度模态)。

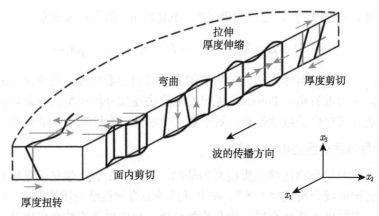

图 1.4   板中的直峰波

Mindlin 等对弹性板结构的振动问题进行了系统的研究 [74-91]。例如，Mindlin 在 1951 年发表的论文中 [74,75]，将 Timoshenko 梁模型推广到二维，考虑了板在弯曲时的剪切变形和转动惯量，成为分析含剪切变形的板结构的重要基础，被称为 Mindlin 板理论或一阶剪切变形理论 (first-order shear deformation theory, FSDT)。考虑一阶剪切变形的 Mindlin 板理论的位移场可以表示为

$$
\begin{cases}
u_1(\boldsymbol{x},t) = x_3 u_1^{(1)}(x_1, x_2, t) \\
u_2(\boldsymbol{x},t) = x_3 u_2^{(1)}(x_1, x_2, t) \\
u_3(\boldsymbol{x},t) = u_3^{(0)}(x_1, x_2, t)
\end{cases}
\tag{1.43}
$$

其中，$u_1^{(1)}$、$u_2^{(1)}$、$u_3^{(0)}$ 为板的面内坐标 x_1 和 x_2 以及时间 t 的函数，与 x_3 无关，其分别表示 x_1 方向的厚度剪切变形、x_2 方向的厚度剪切变形和弯曲变形。如果给方程 (1.43) 附加以下限制，则 Mindlin 板理论将退化为 Kirchhoff-Love 板理论的位移假设:

$$
u_1^{(1)} = -u_{3,1}^{(0)}, \quad u_2^{(1)} = -u_{3,2}^{(0)}
\tag{1.44}
$$

除了对厚度剪切变形的研究外，Kane 和 Mindlin 还对传统的拉伸理论进行了推广 [80]。由于 Poisson 效应，在板发生面内拉伸变形时，会伴随着厚度收缩，因此，考虑拉伸模态和一阶厚度伸缩模态的位移场可以表示为

$$
\begin{cases}
u_1(\boldsymbol{x},t) = u_1^{(0)}(x_1, x_2, t) \\
u_2(\boldsymbol{x},t) = u_2^{(0)}(x_1, x_2, t) \\
u_3(\boldsymbol{x},t) = x_3 u_3^{(1)}(x_1, x_2, t)
\end{cases}
\tag{1.45}
$$

其中，$u_1^{(0)}$、$u_2^{(0)}$、$u_3^{(1)}$ 分别表示 x_1 方向的面内拉伸变形、x_2 方向的面内拉伸变形、一阶厚度伸缩变形。包含厚度伸缩变形的一阶拉伸理论由于缺乏对二阶剪切变形 (对称剪切变形) 的描述，所预测的色散关系 (dispersion relation) 与三维理论所预测的结果相比缺乏空间分支。Mindlin 与 Medick 对式 (1.45) 中的位移场进行了修正，在考虑厚度伸缩变形的同时，考虑了二阶剪切变形 [83]:

$$
\begin{cases}
u_1(\boldsymbol{x},t) = u_1^{(0)}(x_1, x_2, t) + x_3^2 u_1^{(2)}(x_1, x_2, t) \\
u_2(\boldsymbol{x},t) = u_2^{(0)}(x_1, x_2, t) + x_3^2 u_2^{(2)}(x_1, x_2, t) \\
u_3(\boldsymbol{x},t) = x_3 u_3^{(1)}(x_1, x_2, t)
\end{cases}
\tag{1.46}
$$

基于式 (1.46) 中的位移场发展的二阶拉伸理论与三维理论预测的色散关系相比具有足够的精度。

为了建立一般性的二维理论，描述更多的变形模式和耦合关系，可以将三维理论中的位移场对厚度坐标作 Taylor 展开 [78]:

$$
\begin{cases}
u_1(\boldsymbol{x},t) = \displaystyle\sum_{n=0}^{\infty} x_3^n u_1^{(n)}(x_1,x_2,t) \\[2mm]
u_2(\boldsymbol{x},t) = \displaystyle\sum_{n=0}^{\infty} x_3^n u_2^{(n)}(x_1,x_2,t) \\[2mm]
u_3(\boldsymbol{x},t) = \displaystyle\sum_{n=0}^{\infty} x_3^n u_3^{(n)}(x_1,x_2,t)
\end{cases}
\tag{1.47}
$$

式中，$u_i^{(n)}$ 表示 x_i 方向上的 n 阶位移分量。表 1.1 给出了零、一、二阶位移分量的物理意义及几何示意图。

表 1.1   位移分量的物理意义及几何示意图

位移分量	物理意义	几何示意图
$u_1^{(0)}$	x_1 方向的面内拉伸	
$u_2^{(0)}$	x_2 方向的面内拉伸	
$u_3^{(0)}$	弯曲	
$u_1^{(1)}$	x_1 方向的厚度剪切	

续表

位移分量	物理意义	几何示意图
$u_2^{(1)}$	x_2 方向的厚度剪切	
$u_3^{(1)}$	对称的厚度伸缩	
$u_1^{(2)}$	x_1 方向的二阶 (对称) 剪切	
$u_2^{(2)}$	x_2 方向的二阶 (对称) 剪切	
$u_3^{(2)}$	二阶 (反对称) 厚度伸缩	

通过以下步骤，可以推导出关于位移分量 $u_i^{(n)}$ 的场方程。

(1) 根据式 (1.1a)，写出运动方程的弱形式：

$$\int_V [(T_{ij,j} + b_i - \rho \ddot{u}_i)\dot{u}_i] \mathrm{d}V = 0 \tag{1.48}$$

(2) 将式 (1.48) 中的体积分转化为面积分和沿着厚度的定积分 (假设板的厚度为 $2h$)，即 $\mathrm{d}V = \mathrm{d}x_3 \mathrm{d}A$，并将式 (1.47) 代入式 (1.48)：

$$\sum_{r=0}^{\infty} \int_A \left\{ \left[\int_{-h}^{h} \left[\left(T_{ij,j} + b_i - \rho \sum_{s=0}^{\infty} x_3^s \ddot{u}_i^{(s)} \right) x_3^r \right] \mathrm{d}x_3 \right] \dot{u}_i^{(r)} \right\} \mathrm{d}A = 0 \qquad (1.49)$$

(3) 对式 (1.49) 进行积分:

$$\int_{-h}^{h} [(T_{ij,j}) x_3^r] \mathrm{d}x_3 = \int_{-h}^{h} [(T_{i\alpha,\alpha} + T_{i3,3}) x_3^r] \mathrm{d}x_3$$

$$= \int_{-h}^{h} [(T_{i\alpha} x_3^r)_{,\alpha} + (T_{i3} x_3^r)_{,3} - r T_{i3} x_3^{r-1}] \mathrm{d}x_3$$

$$= T_{i\alpha,\alpha}^{(r)} - r T_{i3}^{(r-1)} + T_i^{(r)} \qquad (1.50\text{a})$$

$$\int_{-h}^{h} (b_i x_3^r) \mathrm{d}x_3 = b_i^{(r)} \qquad (1.50\text{b})$$

$$\int_{-h}^{h} (\rho x_3^{r+s}) \mathrm{d}x_3 = m^{(r+s)} \qquad (1.50\text{c})$$

其中, 指标 α 的取值范围是 $1\sim2$; r 阶内力 $T_{ij}^{(r)}$ 与面力 $T_i^{(r)}$ 的定义分别为

$$T_{ij}^{(r)} = \int_{-h}^{h} (T_{ij} x_3^r) \mathrm{d}x_3, \quad T_i^{(r)} = [T_{i3} x_3^r]_{-h}^{h} \qquad (1.51)$$

(4) 基于式 (1.50) 的结果与 $\dot{u}_i^{(r)}$ 的任意性, 可以得到关于 $u_i^{(n)}$ 的场方程:

$$T_{i\alpha,\alpha}^{(r)} - r T_{i3}^{(r-1)} + T_i^{(r)} + b_i^{(r)} = \sum_{s=0}^{\infty} m^{(r+s)} \ddot{u}_i^{(s)} \qquad (1.52)$$

式中, 由于 $T_{ij,3}^{(r)} = 0$, 因此式 (1.52) 中的第一项可以改写为 $T_{ij,j}^{(r)}$。关于 Mindlin 建立的二维问题的几何关系、本构关系、初始条件、边界条件等在文献 [78] 中有详细的讨论, 在此不再赘述。

Mindlin 等进一步建立了压电板的高阶理论 [93-102], 类似地, 可以将电势展开成板厚度坐标的幂级数, 有

$$\varphi(\boldsymbol{x}, t) = \sum_{n=0}^{\infty} x_3^n \varphi^{(n)}(x_1, x_2, t) \qquad (1.53)$$

表 1.2 给出了零、一、二阶电势分量的物理意义及沿厚度方向分布示意图。

表 1.2 电势分量的物理意义及沿着厚度分布的示意图

电势分量	物理意义	厚度方向电势分布示意图
$\varphi^{(0)}$	描述面内电势分布 (沿着厚度方向不发生变化)	
$\varphi^{(1)}$	沿着厚度方向的反对称分布	
$\varphi^{(2)}$	沿着厚度方向的对称分布	

对于二维热压电问题，温度变化也可展开成式 (1.53) 的形式[103]。除了式 (1.47)、式 (1.53) 中给出的幂级数展开方法外，还可以使用三角级数[91]、Legendre 多项式等方法[92] 对基本未知量进行展开。文献 [92] 对压电板的高阶理论进行了综述。

1.4.2 弹性杆的多场耦合结构理论

对于杆的一维模型，位移场可以展开成宽度和高度坐标的双重幂级数[104–107]，有

$$
\begin{cases}
u_1(\boldsymbol{x},t) = \displaystyle\sum_{m=0}^{\infty}\sum_{n=0}^{\infty} x_2^m x_3^n u_1^{(m,n)}(x_1,t) \\[2mm]
u_2(\boldsymbol{x},t) = \displaystyle\sum_{m=0}^{\infty}\sum_{n=0}^{\infty} x_2^m x_3^n u_2^{(m,n)}(x_1,t) \\[2mm]
u_3(\boldsymbol{x},t) = \displaystyle\sum_{m=0}^{\infty}\sum_{n=0}^{\infty} x_2^m x_3^n u_3^{(m,n)}(x_1,t)
\end{cases}
\tag{1.54}
$$

电势函数也可以展开成类似的形式[104]：

$$
\varphi(\boldsymbol{x},t) = \sum_{m=0}^{\infty}\sum_{n=0}^{\infty} x_2^m x_3^n \varphi^{(m,n)}(x_1,t)
\tag{1.55}
$$

文献 [104]~[107] 对弹性杆与压电杆结构的一维模型进行了详细的讨论。特别的，对于扭转与翘曲问题，其位移场展开式可以写为

$$
\begin{cases}
u_1(\boldsymbol{x},t) = x_2 x_3 u_1^{(1,1)}(x_1,t) \\
u_2(\boldsymbol{x},t) = x_3 u_1^{(0,1)}(x_1,t) \\
u_3(\boldsymbol{x},t) = x_2 u_1^{(1,0)}(x_1,t)
\end{cases}
\tag{1.56}
$$

其中，$u_1^{(1,1)}$ 可用来描述翘曲变形。

1.5 弹性半导体的传感原理

1.2 节介绍了弹性半导体的多场耦合理论, 1.4 节介绍了基于三维框架的结构理论, 这些数学模型为半导体器件的分析与设计提供了有效的工具。作为理论的应用, 本节介绍半导体的机械传感、热传感以及电子电路中电流的机械调控。

在介绍应用之前, 对压电半导体、挠曲电半导体、热电半导体中的电流绕流机理进行解释。在无外部电源的情况下, 压电半导体、挠曲电半导体、热电半导体薄膜结构在局部施加机械载荷或发生温度变化时, 三类薄膜结构分别在压电效应、挠曲电效应、热应力及热释电效应的作用下产生极化电荷, 继而形成局部势垒 (potential barrier) 或势阱 (potential well), 如图 1.5 所示。在加载区域内部, 形成局部势垒的同时, 电子受到电场力的作用, 在加载区域内聚集, 而空穴受到反方向电场力的作用, 远离加载区域 [39,40]。由于没有外接电源, 此时的薄膜结构中仅发生载流子的重新分布现象而不产生净电流。

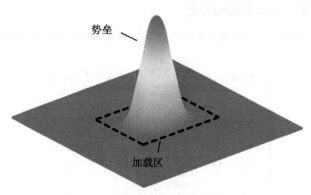

势垒

加载区

图 1.5   半导体薄膜中的局部电势垒

当半导体薄膜连接电源且无加载时, 薄膜中存在均匀电流。与此同时, 当薄膜的局部施加机械力或发生温度变化时, 薄膜的局部产生如图 1.5 所示的势垒, 载流子的运动将发生改变, 不再保持均匀。空穴形成的电流被势垒所阻挡, 即 "绕开" 了电势垒, 如图 1.6 所示。当加载区域逐渐增大时, 势垒的宽度和高度逐渐增加, 电流最终会被完全阻挡。

以上提到的现象为传感与电子电路的机械调控提供了有效的理论基础 [108−111]。例如, 对于一个两侧通电的压电半导体薄膜, 通过测量电流的变化, 可以得到机械变形的大小、温度的变化等, 这种耦合机理可用于设计变形传感器与温度传感器。另外, 通过施加不同大小的机械载荷对半导体薄膜中的电流进行调控可作为开关器件的工作原理。

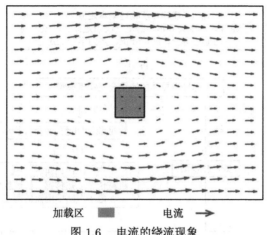

加载区 ▉   电流 ➡️

图 1.6　电流的绕流现象

1.6　本书主要内容

1.1～1.5 节介绍了弹性半导体的基本模型、结构理论及其应用背景。本节主要对本书后续章节的基本逻辑和主要内容进行概述 (图 1.7)。

第 2 章建立了弹性半导体的连续介质物理模型。首先，基于连续介质物理基本定律，如质量守恒、电荷守恒、静电学高斯定律、动量定理、动量矩定理、能量守恒、热力学第二定律，建立了空间形式与物质形式的弹性半导体的场方程 (1)；然后，基于 Coleman-Noll 过程以及客观性等要求，建立了热力学自洽的本构关系，为分析弹性半导体的多场耦合问题奠定了理论基础。

第 2 章建立的非线性偏微分方程组通常难以获得解析解，对于理解弹性半导体多场耦合问题的物理意义造成了不小的困难。在小变形及小载流子扰动的情况下，非线性方程可以进行线性化 (2)。据此，第 3～6 章中介绍了线性化的连续介质物理模型，包括压电半导体模型 (3)、挠曲电半导体模型 (4)、热电半导体模型 (5) 以及含有压磁效应的挠曲电半导体复合结构 (简称压磁复合结构) 模型 (6)。

第 3 章中，以线性化的压电半导体模型为基础，建立了压电半导体纤维结构的一维结构理论 (7) 与压电半导体薄膜结构的二维结构理论 (8)。一维结构理论可用于分析压电半导体纤维结构在拉伸、弯曲、剪切、扭转、翘曲、失稳等问题中的载流子分布情况 (9)。二维结构理论可用于分析压电半导体薄膜结构在拉伸、厚度伸缩、弯曲、剪切、失稳等问题中的载流子分布情况 (10)。同时，本章的线性化理论也可用于分析压电电介质与非压电半导体复合结构的力电耦合问题。第 4 章中，基于三维的挠曲电半导体理论，建立了一维与二维的结构理论，用于分析纤维及薄膜结构中挠曲电极化对载流子分布的影响。第 5 章和第 6 章中，分别研究了温度变化 (11) 或外加磁场 (12) 时，半导体结构中载流子重分布的问题。根

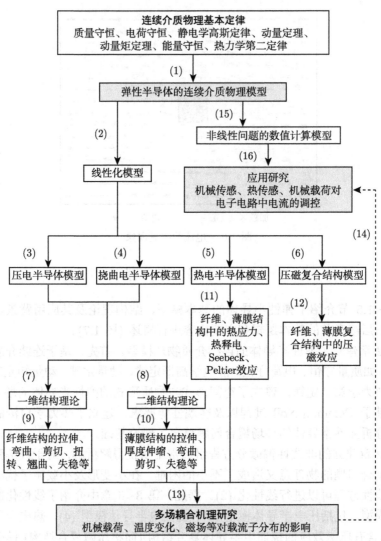

图 1.7   本书的基本逻辑和主要内容

据上述线性化模型得到的解析表达式对于理解压电、挠曲电、热电半导体 (复合结构) 问题的多场耦合机理具有重要意义 (13)。

第 3~6 章研究的物理机理可以为器件设计提供思路 (14)。值得一提的是，在真实器件的分析与设计中，常常伴随着非线性效应，如柔性电子的大变形问题 (几何非线性)、较大的载流子浓度扰动 (物理非线性) 等。此时，线性化理论将不再适用，而非线性方程的解析表达式通常也无法获得，因此发展非线性问题的数值计算模型十分重要。第 7 章基于有限单元法建立了考虑非线性漂移电流的压电半

导体数值计算模型 (15)。作为数值计算模型的应用，研究了温差及机械载荷等引起的电流变化 (16)。第 7 章的研究内容为变形传感器、温度传感器、开关器件的设计提供了理论与仿真基础。

第 8 章对全书的内容进行了总结，并对未来的研究提出了展望。

参 考 文 献

[1] YANG J. An Introduction to the Theory of Piezoelectricity[M]. New York: Springer, 2005.

[2] YANG J. A review of a few topics in piezoelectricity[J]. Applied Mechanics Reviews, 2006, 59(6): 335-345.

[3] YANG J. Analysis of Piezoelectric Devices[M]. Singapore: World Scientific, 2006.

[4] ZHANG Y, CHEN D. Multilayer Integrated Film Bulk Acoustic Resonators[M]. New York: Springer Science & Business Media, 2012.

[5] MINDLIN R D, TIERSTEN H F. Effects of couple-stresses in linear elasticity[J]. Archive for Rational Mechanics and Analysis, 1962, 11(1): 415-448.

[6] KOITER W T. Couple-stresses in the theory of elasticity[J]. Proceedings Series B, Physical Sciences, 1964, B67: 17-44.

[7] TOUPIN R. Elastic materials with couple-stresses[J]. Archive for Rational Mechanics and Analysis, 1962, 11(1): 385-414.

[8] MINDLIN R D. Influence of couple-stresses on stress concentrations[J]. Experimental Mechanics, 1963, 3: 1-7.

[9] MINDLIN R D. Stress functions for a cosserat continuum[J]. International Journal of Solids and Structures, 1965, 1(3): 265-271.

[10] MINDLIN R D. Micro-structure in linear elasticity[J]. Archive for Rational Mechanics and Analysis, 1964, 16: 51-78.

[11] MINDLIN R D, ESHEL N N. On first strain-gradient theories in linear elasticity[J]. International Journal of Solids and Structures, 1968, 4(1): 109-124.

[12] MINDLIN R D. Second gradient of strain and surface-tension in linear elasticity[J]. International Journal of Solids and Structures, 1965, 1(4): 417-438.

[13] GERMAIN P. The method of virtual power in the mechanics of continuous media, I: Second-gradient theory[J]. Mathematics and Mechanics of Complex Systems, 2020, 8(2): 153-190.

[14] GERMAIN P. The method of virtual power in continuum mechanics. Part 2: microstructure[J]. SIAM Journal on Applied Mathematics, 1973, 25(3): 556-575.

[15] SAHIN E, DOST S. A strain-gradients theory of elastic dielectrics with spatial dispersion[J]. International Journal of Engineering Science, 1988, 26(12): 1231-1245.

[16] TAGANTSEV A K. Piezoelectricity and flexoelectricity in crystalline dielectrics[J]. Physical Review B, 1986, 34(8): 5883-5889.

[17] TAGANTSEV A K. Theory of flexoelectric effect in crystals[J]. Soviet Journal of Experimental and Theoretical Physics, 1985, 61(6): 1246-1254.

[18] MA W, CROSS L E. Flexoelectricity of barium titanate[J]. Applied Physics Letters, 2006, 88(23): 232902.

[19] WANG B, GU Y, ZHANG S, et al. Flexoelectricity in solids: Progress, challenges, and perspectives[J]. Progress in Materials Science, 2019, 106: 100570.

[20] ZUBKO P, CATALAN G, TAGANTSEV A K. Flexoelectric effect in solids[J]. Annual Review of Materials Research, 2013, 43: 387-421.

[21] PARK S K, GAO X L. Bernoulli-Euler beam model based on a modified couple stress theory[J]. Journal of Micromechanics and Microengineering, 2006, 16: 2355-2359.

[22] MA H M, GAO X L, REDDY J N. A microstructure-dependent Timoshenko beam model based on a modified couple stress theory[J]. Journal of the Mechanics and Physics of Solids, 2008, 56(12): 3379-3391.

[23] BHASKAR U K, BANERJEE N, ABDOLLAHI A, et al. A flexoelectric microelectromechanical system on silicon[J]. Nature Nanotechnology, 2016, 11: 263-266.

[24] ZHOU Z D, YANG C P, SU Y X, et al. Electromechanical coupling in piezoelectric nanobeams due to the flexoelectric effect[J]. Smart Materials and Structures, 2017, 26: 095025.

[25] DENG Q, KAMMOUN M, ERTURK A, et al. Nanoscale flexoelectric energy harvesting[J]. International Journal of Solids and Structures, 2014, 51(18): 3218-3225.

[26] QU Y, JIN F, YANG J. Vibrating flexoelectric micro-beams as angular rate sensors[J]. Micromachines, 2022, 13(8): 1243.

[27] MINDLIN R D. Equations of high frequency vibrations of thermopiezoelectric crystal plates[J]. International Journal of Solids and Structures, 1974, 10(6): 625-637.

[28] GURTIN M E, FRIED E, ANAND L. The Mechanics and Thermodynamics of Continua[M]. New York: Cambridge University Press, 2010.

[29] JÜNGEL A. Quasi-hydrodynamic Semiconductor Equations[M]. Switzerland: Birkhäuser Basel, 2001.

[30] SZE S M, NG K K. Physics of Semiconductor Devices[M]. New Jersey: John Wiley & Sons, 2007.

[31] NEAMEN D A. Semiconductor Physics and Devices: Basic Principles[M]. New York: McGraw-Hill, 2012.

[32] YANG J. Analysis of Piezoelectric Semiconductor Structures[M]. New York: Springer, 2020.

[33] ZHANG C, WANG X, CHEN W, et al. An analysis of the extension of a ZnO piezoelectric semiconductor nanofiber under an axial force[J]. Smart Materials and Structures, 2017, 26: 025030.

[34] CHENG R, ZHANG C, CHEN W, et al. Piezotronic effects in the extension of a composite fiber of piezoelectric dielectrics and nonpiezoelectric semiconductors[J]. Journal of Applied Physics, 2018, 124(6): 064506.

[35] GUO Y, ZHANG C, CHEN W, et al. Interaction between torsional deformation and mobile charges in a composite rod of piezoelectric dielectrics and nonpiezoelectric semiconductors[J]. Mechanics of Advanced Materials and Structures, 2020, 29(10): 1449-1455.

[36] QU Y, JIN F, YANG J. Torsion of a piezoelectric semiconductor rod of cubic crystals with consideration of warping and in-plane shear of its rectangular cross section[J]. Mechanics of Materials, 2022, 172: 104407.

[37] ZHANG C, WANG X, CHEN W, et al. Bending of a cantilever piezoelectric semiconductor fiber under an end force[M]//Generalized Models and Non-classical Approaches in Complex Materials 2. Cham: Springer, 2018.

[38] FANG K, QIAN Z, YANG J. Piezopotential in a composite cantilever of piezoelectric dielectrics and nonpiezoelectric semiconductors produced by shear force through e_{15}[J]. Materials Research Express, 2019, 6(11): 115917.

[39] QU Y, JIN F, YANG J. Stress-induced electric potential barriers in thickness-stretch deformations of a piezoelectric semiconductor plate[J]. Acta Mechanica, 2021, 232: 4533-4543.

[40] QU Y, JIN F, YANG J. Electromechanical interactions in a composite plate with piezoelectric dielectric and nonpiezoelectric semiconductor layers[J]. Acta Mechanica, 2022, 233: 3795-3812.

[41] WANG K F, WANG B L. Electrostatic potential in a bent piezoelectric nanowire with consideration of size-dependent piezoelectricity and semiconducting characterization[J]. Nanotechnology, 2018, 29(25): 255405.

[42] WANG L, LIU S, FENG X, et al. Flexoelectronics of centrosymmetric semiconductors[J]. Nature Nanotechnology, 2020, 15(8): 661-667.

[43] SUN L, ZHU L, ZHANG C, et al. Mechanical manipulation of silicon-based schottky diodes via flexo-

electricity[J]. Nano Energy, 2021, 83: 105855.

[44] SUN L, JAVVAJI B, ZHANG C, et al. Effect of flexoelectricity on a bilayer molybdenum disulfide schottky contact[J]. Nano Energy, 2022, 102: 107701.

[45] QU Y, JIN F, YANG J. Effects of mechanical fields on mobile charges in a composite beam of flexoelectric dielectrics and semiconductors[J]. Journal of Applied Physics, 2020, 127(19): 194502.

[46] QU Y, JIN F, YANG J. Torsion of a flexoelectric semiconductor rod with a rectangular cross section[J]. Archive of Applied Mechanics, 2021, 91: 2027-2038.

[47] QU Y, JIN F, YANG J. Buckling of flexoelectric semiconductor beams[J]. Acta Mechanica, 2021, 232: 2623-2633.

[48] QU Y, JIN F, YANG J. Bending of a flexoelectric semiconductor plate[J]. Acta Mechanica Solida Sinica, 2022, 35: 434-445.

[49] CHENG R, ZHANG C, CHEN W, et al. Electrical behaviors of a piezoelectric semiconductor fiber under a local temperature change[J]. Nano Energy, 2019, 66: 104081.

[50] LUO Y, ZHANG C, CHEN W, et al. Thermally induced electromechanical fields in unimorphs of piezoelectric dielectrics and nonpiezoelectric semiconductors[J]. Integrated Ferroelectrics, 2020, 211(1): 117-131.

[51] ZHANG G Y, GUO Z W, QU Y L, et al. A new model for thermal buckling of an anisotropic elastic composite beam incorporating piezoelectric, flexoelectric and semiconducting effects[J]. Acta Mechanica, 2022, 233: 1719-1738.

[52] QU Y, JIN F, YANG J. Temperature-induced potential barriers in piezoelectric semiconductor films through pyroelectric and thermoelastic couplings and their effects on currents[J]. Journal of Applied Physics, 2022, 131(9): 094502.

[53] QU Y, JIN F, YANG J. Temperature effects on mobile charges in thermopiezoelectric semiconductor plates[J]. International Journal of Applied Mechanics, 2021, 13(3): 2150037.

[54] QU Y L, ZHANG G Y, GAO X L, et al. A new model for thermally induced redistributions of free carriers in centrosymmetric flexoelectric semiconductor beams[J]. Mechanics of Materials, 2022, 171: 104328.

[55] O'HALLORAN A, O'MALLEY F, MCHUGH P. A review on dielectric elastomer actuators, technology, applications, and challenges[J]. Journal of Applied Physics, 2008, 104(7): 071101.

[56] SUO Z. Theory of dielectric elastomers[J]. Acta Mechanica Solida Sinica, 2010, 23(6): 549-578.

[57] LU T, MA C, Wang T. Mechanics of dielectric elastomer structures: A review[J]. Extreme Mechanics Letters, 2020, 38: 100752.

[58] BATUR C, SREERAMREDDY T, KHASAWNEH Q. Sliding mode control of a simulated MEMS gyroscope[J]. ISA Transactions, 2006, 45(1): 99-108.

[59] GUO Z, CHENG F, LI B, et al. Research development of silicon MEMS gyroscopes: A review[J]. Microsystem Technologies, 2015, 21: 2053-2066.

[60] PIYABONGKARN D, RAJAMANI R, GREMINGER M. The development of a MEMS gyroscope for absolute angle measurement[J]. IEEE Transactions on Control Systems Technology, 2005, 13(2): 185-195.

[61] ERINGEN A C, MAUGIN G A. Electrodynamics of Continua I: Foundations and Solid Media[M]. New York: Springer-Verlag, 1990.

[62] ERINGEN A C, MAUGIN G A. Electrodynamics of Continua II: Fluids and Complex Media[M]. New York: Springer-Verlag, 1990.

[63] TIERSTEN H F. Coupled magnetomechanical equations for magnetically saturated insulators[J]. Journal of Mathematical Physics, 1964, 5(9): 1298-1318.

[64] TIERSTEN H F. Variational principle for saturated magnetoelastic insulators[J]. Journal of Mathematical Physics, 1965, 6(5): 779-787.

[65] TIERSTEN H F. On the nonlinear equations of thermoelectroelasticity[J]. International Journal of Engineering Science, 1971, 9(7): 587-604.

[66] TIERSTEN H F, TSAI C F. On the interaction of the electromagnetic field with heat conducting deformable insulators[J]. Journal of Mathematical Physics, 1972, 13(3): 361-378.

[67] MCCARTHY M F, TIERSTEN H F. On integral forms of the balance laws for deformable semiconductors[J]. Archive for Rational Mechanics and Analysis, 1978, 68: 27-36.

[68] DE LORENZI H G, TIERSTEN H F. On the interaction of the electromagnetic field with heat conducting deformable semiconductors[J]. Journal of Mathematical Physics, 1975, 16(4): 938-957.

[69] YANG J. On the derivation of electric body force, couple and power in an electroelastic body[J]. Acta Mechanica Solida Sinica, 2015, 28(6): 613-617.

[70] YANG J. Differential derivation of momentum and energy equations in electroelasticity[J]. Acta Mechanica Solida Sinica, 2017, 30(1): 21-26.

[71] ANCONA M G, TIERSTEN H F. Fully macroscopic description of bounded semiconductors with an application to the Si-SiO$_2$ interface[J]. Physical Review B, 1980, 22(12): 6104-6119.

[72] ANCONA M G, TIERSTEN H F. Fully macroscopic description of electrical conduction in metal-insulator-semiconductor structures[J]. Physical Review B, 1983, 27(12): 7018-7045.

[73] ANCONA M G, TIERSTEN H F. Macroscopic physics of the silicon inversion layer[J]. Physical Review B, 1987, 35(15): 7959-7965.

[74] MINDLIN R D. Thickness-shear and flexural vibrations of crystal plates[J]. Journal of Applied Physics, 1951, 22(3): 316-323.

[75] MINDLIN R D. Influence of rotatory inertia and shear on flexural motions of isotropic, elastic plates[J]. Journal of Applied Mechanics, 1951, 18(1): 31-38.

[76] MINDLIN R D, DERESIEWICZ H. Thickness-shear and flexural vibrations of a circular disk[J]. Journal of Applied Physics, 1954, 25(10): 1329-1332.

[77] MINDLIN R D, FORRAY M. Thickness-shear and flexural vibrations of contoured crystal plates[J]. Journal of Applied Physics, 1954, 25(1): 12-20.

[78] MINDLIN R D. An Introduction to the Mathematical Theory of Vibrations of Elastic Plates[M]. Singapore: World Scientific, 2006.

[79] MINDLIN R D, DERESIEWICZ H. Thickness-shear and flexural vibrations of rectangular crystal plates[J]. Journal of Applied Physics, 1955, 26(12): 1435-1442.

[80] KANE T R, MINDLIN R D. High-frequency extensional vibrations of plates[J]. Journal of Applied Mechanics, 1956, 23(2): 277-283.

[81] MINDLIN R D. Simple modes of vibration of crystals[J]. Journal of Applied Physics, 1956, 27(12): 1462-1466.

[82] MINDLIN R D, SCHACKNOW A, DERESIEWICZ H. Flexural vibrations of rectangular plates[J]. Journal of Applied Mechanics, 1956, 23(3): 430-436.

[83] MINDLIN R D, MEDICK M A. Extensional vibrations of elastic plates[J]. Journal of Applied Mechanics, 1959, 26(4): 561-569.

[84] MINDLIN R D. High frequency vibrations of crystal plates[J]. Quarterly of Applied Mathematics, 1961, 19: 51-61.

[85] KAUL R K, MINDLIN R D. Frequency spectrum of a monoclinic crystal plate[J]. The Journal of the Acoustical Society of America, 1962, 34(12): 1902-1910.

[86] MINDLIN R D. Thickness-twist vibrations of an infinite, monoclinic, crystal plate[J]. International Journal of Solids and Structures, 1965, 1(2): 141-145.

[87] MINDLIN R D, LEE P C Y. Thickness-shear and flexural vibrations of partially plated, crystal plates[J]. International Journal of Solids and Structures, 1966, 2(1): 125-139.

[88] MINDLIN R D, SPENCER W J. Anharmonic, thickness-twist overtones of thickness-shear and flexural

vibrations of rectangular, *AT*-cut quartz plates[J]. The Journal of the Acoustical Society of America, 1967, 42(6): 1268-1277.

[89] MINDLIN R D. Thickness-twist vibrations of a quartz strip[J]. International Journal of Solids and Structures, 1971, 7(1): 1-4.

[90] MINDLIN R D. Third overtone quartz resonator[J]. International Journal of Solids and Structures, 1982, 18(9): 809-817.

[91] LEE P C Y. An accurate two-dimensional theory of vibrations of isotropic, elastic plates[J]. Acta Mechanica Solida Sinica, 2011, 24(2): 125-134.

[92] WANG J, YANG J. Higher-order theories of piezoelectric plates and applications[J]. Applied Mechanics Reviews, 2000, 53(4): 87-99.

[93] MINDLIN R D. Forced thickness-shear and flexural vibrations of piezoelectric crystal plates[J]. Journal of Applied Physics, 1952, 23(1): 83-88.

[94] MINDLIN R D, DERESIEWICZ H. Thickness-shear vibrations of piezoelectric crystal plates with incomplete electrodes[J]. Journal of Applied Physics, 1954, 25(1): 21-24.

[95] TIERSTEN H F, MINDLIN R D. Forced vibrations of piezoelectric crystal plates[J]. Quarterly of Applied Mathematics, 1962, 20(2): 107-119.

[96] TIERSTEN H F. Linear Piezoelectric Plate Vibrations: Elements of the Linear Theory of Piezoelectricity and the Vibrations of Piezoelectric Plates[M]. New York: Springer Science & Business Media, 1969.

[97] MINDLIN R D. High frequency vibrations of piezoelectric crystal plates[J]. International Journal of Solids and Structures, 1972, 8(7): 895-906.

[98] MINDLIN R D. Coupled piezoelectric vibrations of quartz plates[J]. International Journal of Solids and Structures, 1974, 10(4): 453-459.

[99] MINDLIN R D. Frequencies of piezoelectrically forced vibrations of electroded, doubly rotated, quartz plates[J]. International Journal of Solids and Structures, 1984, 20(2): 141-157.

[100] LEE P C Y, SYNGELLAKIS S, HOU J P. A two-dimensional theory for high-frequency vibrations of piezoelectric crystal plates with or without electrodes[J]. Journal of Applied Physics, 1987, 61(4): 1249-1262.

[101] LEE P C Y, YU J D, LIN W S. A new two-dimensional theory for vibrations of piezoelectric crystal plates with electroded faces[J]. Journal of Applied Physics, 1998, 83(3): 1213-1223.

[102] TIERSTEN H F. A derivation of two-dimensional equations for the vibration of electroded piezoelectric plates using an unrestricted thickness expansion of the electric potential[C]. Proceedings of the 2001 IEEE International Frequency Control Symposium and PDA Exhibition (Cat. No.01CH37218), 2001: 571-579.

[103] MINDLIN R D. Equations of high frequency vibrations of thermopiezoelectric crystal plates[J]. International Journal of Solids and Structures, 1974, 10(6): 625-637.

[104] YANG J S. The Mechanics of Piezoelectric Structures[M]. Singapore: World Scientific, 2006.

[105] MINDLIN R D. Solution of St. Venant's torsion problem by power series[J]. International Journal of Solids and Structures, 1975, 11(3): 321-328.

[106] MINDLIN R D. Low frequency vibrations of elastic bars[J]. International Journal of Solids and Structures, 1976, 12(1): 27-49.

[107] BLEUSTEIN J L, STANLEY R M. A dynamical theory of torsion[J]. International Journal of Solids and Structures, 1970, 6(5): 569-586.

[108] LUO Y, ZHANG C, CHEN W, et al. An analysis of PN junctions in piezoelectric semiconductors[J]. Journal of Applied Physics, 2017, 122(20): 204502.

[109] HUANG H, QIAN Z, YANG J. I-V characteristics of a piezoelectric semiconductor nanofiber under local tensile/compressive stress[J]. Journal of Applied Physics, 2019, 126(16): 164902.

[110] LIANG C, ZHANG C, CHEN W, et al. Effects of magnetic fields on PN junctions in piezomagnetic-piezoelectric semiconductor composite fibers[J]. International Journal of Applied Mechanics, 2020, 12(8): 2050085.

[111] YANG G, YANG L, DU J, et al. PN junctions with coupling to bending deformation in composite piezoelectric semiconductor fibers[J]. International Journal of Mechanical Sciences, 2020, 173(1): 105421.

第 2 章　弹性半导体的连续介质理论

本章基于连续介质力学、连续介质热力学以及静电学的基本原理，建立了半导体的电弹性模型。首先，对连续介质的运动进行描述；其次，建立空间与物质构型的守恒律与热力学定律，基于热力学第一与第二定律，导出弹性半导体的耗散不等式；最后，基于 Coleman-Noll 提出的分析方法，建立热力学自洽的本构关系。

本章中关于弹性半导体连续介质理论的工作主要参考了文献 [1]。当忽略半导体效应时，本章的工作可以退化为电介质的连续介质理论 [2]。本章作为全书的理论基础，主要关注于具有普适性的非线性模型，后续章节则进一步讨论线性问题的结构理论及其应用。除第 7 章外，其余章节的内容均可自成体系，因此，对非线性理论不感兴趣的读者可以直接跳过第 2 章的内容。

2.1　半导体连续介质运动的描述

考虑一个弹性半导体 B (图 2.1)，其参考构型为 B_0，当前构型为 B_t (t 时刻)，$\boldsymbol{X}$ 指物质点。弹性半导体 B 的运动由一个一一对应的映射来描述，即 $\boldsymbol{x} = \boldsymbol{\chi}(\boldsymbol{X}, t)$，其中 $\boldsymbol{x}$ 指 t 时刻物质点 $\boldsymbol{X}$ 所占据的空间位置。

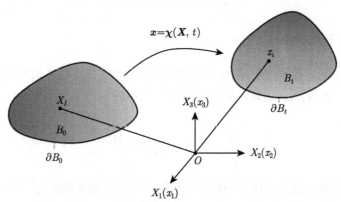

图 2.1　弹性半导体的参考构型 (B_0) 与当前构型 (B_t)

根据运动的定义，变形梯度张量 $\boldsymbol{F}$、右 Cauchy-Green 张量 $\boldsymbol{C}$ 以及 Green-St.

Venant 应变 $\boldsymbol{G}$ 可以分别表示为

$$\boldsymbol{F}(\boldsymbol{X},t) = \mathrm{Grad}(\boldsymbol{\chi}), \quad \boldsymbol{C}(\boldsymbol{X},t) = \boldsymbol{F}^{\mathrm{T}} \cdot \boldsymbol{F}, \quad \boldsymbol{G}(\boldsymbol{X},t) = \frac{1}{2}(\boldsymbol{C} - \boldsymbol{I}) \tag{2.1}$$

式中，$\boldsymbol{I}$ 为二阶单位张量；Grad 表示物质梯度，即对物质坐标 X_J 的梯度。例如，变形梯度的指标形式可以写为 $F_{iJ} = \chi_{i,J}$。向量之间的点积用符号 "·" 表示，如 $(\boldsymbol{F}^{\mathrm{T}} \cdot \boldsymbol{F})_{IJ} = F_{iI}F_{iJ}$。为了保证变形梯度张量的可逆性，需要保证 $j = \det(\boldsymbol{F}) > 0$。

物质点 $\boldsymbol{X}$ 的速度和加速度矢量可以表示为

$$\boldsymbol{v}(\boldsymbol{x},t) = \dot{\boldsymbol{x}} \equiv \frac{\mathrm{D}(\boldsymbol{x})}{\mathrm{D}t}, \quad \boldsymbol{a}(\boldsymbol{x},t) = \ddot{\boldsymbol{x}} \equiv \frac{\mathrm{D}^2(\boldsymbol{x})}{\mathrm{D}t^2} \tag{2.2}$$

其中，$\mathrm{D}^n(\boldsymbol{x})/\mathrm{D}t^n$ 表示空间点 $\boldsymbol{x}$ 的 n 阶物质时间导数。

速度梯度张量 $\boldsymbol{L}$、形变率张量 $\boldsymbol{d}$、旋转张量 $\boldsymbol{\omega}$ 可以分别表示为空间点 $\boldsymbol{x}$ 和时间 t 的函数：

$$\begin{cases} \boldsymbol{L}(\boldsymbol{x},t) = \mathrm{grad}(\boldsymbol{v}), \quad \boldsymbol{d}(\boldsymbol{x},t) = \dfrac{1}{2}[\mathrm{grad}(\boldsymbol{v}) + \mathrm{grad}(\boldsymbol{v})^{\mathrm{T}}] \\[2mm] \boldsymbol{\omega}(\boldsymbol{x},t) = \dfrac{1}{2}[\mathrm{grad}(\boldsymbol{v}) - \mathrm{grad}(\boldsymbol{v})^{\mathrm{T}}] \end{cases} \tag{2.3}$$

其中，grad 表示空间梯度，即对当前坐标 x_j 的梯度，如 $[\mathrm{grad}(\boldsymbol{v})]_{ij} = v_{i,j}$。

2.2　空间描述的守恒律与热力学

2.2.1　质量守恒方程

考虑一个物质集合 P，在 t_0 时刻的参考构型为 P_0，在 t 时刻的当前构型为 P_t，即 $P_t = \boldsymbol{\chi}(P_0,t)$。因此，质量守恒可以表示为

$$\int_{P_t} (\rho)\mathrm{d}v = \int_{P_0} (\tilde{\rho})\mathrm{d}V \tag{2.4}$$

其中，ρ 为当前构型上的质量密度；$\tilde{\rho}$ 为参考构型上的质量密度；$\mathrm{d}v$ 和 $\mathrm{d}V$ 分别表示当前和参考构型上的体积微元。借助于体积微元的变换规律，即 $\mathrm{d}v = j\mathrm{d}V$，以及 P_t 的任意性，可以得到

$$j\rho = \tilde{\rho} \tag{2.5}$$

2.2.2 电荷守恒方程

当前构型上单位质量的电子和空穴的数目记为 n 和 p，j^n 和 j^p 表示粒子流的密度 (并非电流密度，空穴电流和电子电流密度可以分别表示为 $J^p = qj^p$ 及 $J^n = -qj^n$，其中 q 为元电荷)。载流子的连续性方程可以表示为

$$\begin{cases} \dfrac{\mathrm{D}}{\mathrm{D}t} \displaystyle\int_{P_t} (\rho n)\mathrm{d}v = -\int_{\partial P_t} (j^n \cdot n)\mathrm{d}a \\[3mm] \dfrac{\mathrm{D}}{\mathrm{D}t} \displaystyle\int_{P_t} (\rho p)\mathrm{d}v = -\int_{\partial P_t} (j^p \cdot n)\mathrm{d}a \end{cases} \tag{2.6}$$

其中，n 为单位外法向矢量；$\mathrm{d}a$ 为当前构型中的面积微元。此处忽略了由热场、磁场、机械力诱导的载流子的产生与复合。根据散度定理及 P_t 的任意性，式 (2.6) 的局部形式可以表示为

$$\rho \dot{n} = -\mathrm{div}(j^n), \quad \rho \dot{p} = -\mathrm{div}(j^p) \tag{2.7}$$

式中，div 表示空间散度，如 $\mathrm{div}(j^n) = j^n_{i,i}$。

2.2.3 静电学方程

当存在载流子和掺杂时，静电学方程可表示为

$$\int_{\partial P_t} (D \cdot n)\mathrm{d}a = q \int_{P_t} \rho(p - n + N_\mathrm{D}^+ - N_\mathrm{A}^-)\mathrm{d}v \tag{2.8}$$

式中，D 为电位移矢量；N_D^+ 和 N_A^- 分别为当前构型上单位质量的供体和受体密度。对式 (2.8) 应用散度定理并考虑 P_t 的任意性，可以得到静电方程的微分形式：

$$\mathrm{div}(D) = q\rho(p - n + N_\mathrm{D}^+ - N_\mathrm{A}^-) \tag{2.9}$$

在静电学中，引入静电势 φ，可以确定电场矢量 E，即 $E = -\mathrm{grad}\varphi$。

2.2.4 动量与动量矩定理

物质集合 P 在 t 时刻占据空间区域 P_t，由动量定理，有

$$\frac{\mathrm{D}}{\mathrm{D}t} \int_{P_t} (\rho v)\mathrm{d}v = \int_{\partial P_t} (\sigma \cdot n)\mathrm{d}a + \int_{P_t} (\rho f + f^\mathrm{e})\mathrm{d}v \tag{2.10}$$

式中，σ 为 Cauchy 应力张量；体力部分包括机械体力 ρf 和静电体力 f^e。其中，静电体力可以表示为

$$f^\mathrm{e} = \rho^\mathrm{e} E + P \cdot \mathrm{grad}(E), \quad \rho^\mathrm{e} = q\rho(p - n + N_\mathrm{D}^+ - N_\mathrm{A}^-) \tag{2.11}$$

式中，$\boldsymbol{P}$ 为单位体积的电极化。

通过引入二阶 Maxwell 应力张量，静电体力可以表示为

$$\boldsymbol{f}^{\mathrm{e}} = \mathrm{div}(\boldsymbol{\sigma}^{\mathrm{M}}), \quad \boldsymbol{\sigma}^{\mathrm{M}} = \boldsymbol{E} \otimes \boldsymbol{D} - \frac{\epsilon_0}{2}(\boldsymbol{E} \cdot \boldsymbol{E})\boldsymbol{I} \tag{2.12}$$

其中，ϵ_0 为真空中的介电常数；"$\otimes$" 表示张量积，如 $(\boldsymbol{E} \otimes \boldsymbol{D})_{ij} = E_i D_j$。根据散度定理以及 P_t 的任意性，式 (2.10) 的微分形式为

$$\rho \dot{\boldsymbol{v}} = \mathrm{div}(\boldsymbol{\sigma} + \boldsymbol{\sigma}^{\mathrm{M}}) + \rho \boldsymbol{f} \tag{2.13}$$

类似地，动量矩定理可以表示为

$$\frac{\mathrm{D}}{\mathrm{D}t} \int_{P_t} [\boldsymbol{r} \times (\rho \boldsymbol{v})] \mathrm{d}v = \int_{\partial P_t} [\boldsymbol{r} \times (\boldsymbol{\sigma} \cdot \boldsymbol{n})] \mathrm{d}a + \int_{P_t} [\boldsymbol{r} \times (\rho \boldsymbol{f} + \boldsymbol{f}^{\mathrm{e}}) + \boldsymbol{c}^{\mathrm{e}}] \mathrm{d}v \tag{2.14}$$

其中，$\boldsymbol{r}$ 为位置向量；体力偶的表达式为 $\boldsymbol{c}^{\mathrm{e}} = \boldsymbol{P} \times \boldsymbol{E}$。利用散度定理和式 (2.13)，动量矩定理的局部形式可以写成

$$(\boldsymbol{\sigma}^{\mathrm{S}} + \boldsymbol{\sigma}^{\mathrm{SM}})^{\mathrm{T}} = \boldsymbol{\sigma}^{\mathrm{S}} + \boldsymbol{\sigma}^{\mathrm{SM}} \quad \text{或} \quad (\boldsymbol{\sigma}^{\mathrm{S}})^{\mathrm{T}} = \boldsymbol{\sigma}^{\mathrm{S}} \tag{2.15}$$

其中，$\boldsymbol{\sigma}^{\mathrm{S}}$ 和 $\boldsymbol{\sigma}^{\mathrm{SM}}$ 分别为弹性应力张量和 Maxwell 应力张量的对称部分：

$$\boldsymbol{\sigma}^{\mathrm{S}} = \boldsymbol{\sigma} + \boldsymbol{E} \otimes \boldsymbol{P}, \quad \boldsymbol{\sigma}^{\mathrm{SM}} = \epsilon_0 \left[\boldsymbol{E} \otimes \boldsymbol{E} - \frac{1}{2}(\boldsymbol{E} \cdot \boldsymbol{E})\boldsymbol{I} \right] \tag{2.16}$$

2.2.5　热力学第一定律

系统的能量守恒方程 (热力学第一定律) 可以表示为

$$\frac{\mathrm{D}}{\mathrm{D}t} \left\{ \int_{P_t} \left[\rho \left(e + \frac{1}{2} \boldsymbol{v}^2 \right) \right] \mathrm{d}v - \int_{P_t} \left(\frac{\epsilon_0}{2} \boldsymbol{E} \cdot \boldsymbol{E} \right) \mathrm{d}v + \int_{P_t} (\rho^{\mathrm{e}} \varphi - \boldsymbol{E} \cdot \boldsymbol{P}) \mathrm{d}v \right\}$$

$$= \int_{P_t} (\rho \boldsymbol{f} \cdot \boldsymbol{v}) \mathrm{d}v + \int_{\partial P_t} (\boldsymbol{t} \cdot \boldsymbol{v}) \mathrm{d}a + \int_{\partial P_t} [(\boldsymbol{D} \cdot \boldsymbol{n}) \dot{\varphi}] \mathrm{d}a - \int_{\partial P_t} (\boldsymbol{q} \cdot \boldsymbol{n}) \mathrm{d}a + \int_{P_t} (\gamma) \mathrm{d}v$$

$$- \int_{\partial P_t} (\mu^n \boldsymbol{j}^n \cdot \boldsymbol{n}) \mathrm{d}a - \int_{\partial P_t} (\mu^p \boldsymbol{j}^p \cdot \boldsymbol{n}) \mathrm{d}a \tag{2.17}$$

式中，$\boldsymbol{t}$ 为面力；μ^n 和 μ^p 分别为电子和空穴的电化学势；$\boldsymbol{q}$ 为热流矢量；γ 为体热源；e 和 $\boldsymbol{v}^2/2$ 分别为当前构型上单位质量的内能和动能密度；$\epsilon_0 \boldsymbol{E} \cdot \boldsymbol{E}/2$ 是静电能。式 (2.17) 左侧的剩余两项分别表示自由电荷和极化电荷的电势能。等式右侧包括体力和面力的机械功率等外界对 P_t 的能量输入。

利用 Cauchy 公式和散度定理, 以及式 (2.7)、式 (2.9)、式 (2.13) 和式 (2.15), 可以得到局部形式的能量守恒:

$$\rho\dot{e} = \boldsymbol{\sigma} : \boldsymbol{L} + \rho\boldsymbol{E} \cdot \dot{\boldsymbol{\pi}} - \mathrm{div}(\boldsymbol{q}) + \gamma$$
$$+ (\mu^n + q\varphi)\rho\dot{n} + (\mu^p - q\varphi)\rho\dot{p} - \boldsymbol{j}^n \cdot \mathrm{grad}(\mu^n) - \boldsymbol{j}^p \cdot \mathrm{grad}(\mu^p) \qquad (2.18)$$

式 (2.17) 与式 (2.18) 的具体含义及推导过程可参考附录 A。如果忽略电化学势有关的项, 式 (2.18) 将退化为弹性电介质的能量守恒方程。

2.2.6 热力学第二定律

热力学第二定律可以由 Clausius-Duhem 不等式表示, 有

$$\frac{\mathrm{D}}{\mathrm{D}t}\int_{P_t}(\rho\eta)\mathrm{d}v \geqslant \int_{P_t}\left(\frac{\gamma}{\vartheta}\right)\mathrm{d}v - \int_{\partial P_t}\left[\left(\frac{\boldsymbol{q}}{\vartheta}\right)\cdot\boldsymbol{n}\right]\mathrm{d}a \qquad (2.19)$$

式中, η 为单位质量的熵密度。式 (2.19) 对任意 P_t 成立, 则其局部形式可以表示为

$$\rho\vartheta\dot{\eta} \geqslant -\mathrm{div}(\boldsymbol{q}) + \gamma + \frac{1}{\vartheta}\boldsymbol{q} \cdot \mathrm{grad}(\vartheta) \qquad (2.20)$$

2.2.7 耗散不等式

将式 (2.18) 代入式 (2.20), 有

$$\rho(\dot{e} - \vartheta\dot{\eta}) - \boldsymbol{\sigma} : \boldsymbol{L} - \rho\boldsymbol{E} \cdot \dot{\boldsymbol{\pi}} - (\mu^n + q\varphi)\rho\dot{n} - (\mu^p - q\varphi)\rho\dot{p}$$
$$+ \boldsymbol{j}^n \cdot \mathrm{grad}(\mu^n) + \boldsymbol{j}^p \cdot \mathrm{grad}(\mu^p) + \frac{1}{\vartheta}\boldsymbol{q} \cdot \mathrm{grad}(\vartheta) \leqslant 0 \qquad (2.21)$$

根据 Legendre 变换, 引入自由能函数密度 f 和电吉布斯函数密度 g, 有

$$f = e - \vartheta\eta \qquad (2.22a)$$

$$g = f - \boldsymbol{E} \cdot \boldsymbol{\pi} \qquad (2.22b)$$

将式 (2.22b) 代入式 (2.21), 可以得到弹性半导体的耗散不等式:

$$\rho\dot{g} + \rho\vartheta\eta - \boldsymbol{\sigma} : \boldsymbol{L} + \boldsymbol{P} \cdot \dot{\boldsymbol{E}} - (\mu^n + q\varphi)\rho\dot{n} - (\mu^p - q\varphi)\rho\dot{p}$$
$$+ \boldsymbol{j}^n \cdot \mathrm{grad}(\mu^n) + \boldsymbol{j}^p \cdot \mathrm{grad}(\mu^p) + \frac{1}{\vartheta}\boldsymbol{q} \cdot \mathrm{grad}(\vartheta) \equiv -\delta \leqslant 0 \qquad (2.23)$$

式 (2.23) 中忽略电学效应和扩散过程可以得到经典连续介质力学中的耗散不等式。

2.3　物质描述的守恒律与热力学

2.2 节中已经推导出了力学、静电学以及热力学的场方程，包括质量守恒 (式 (2.5))、载流子的连续性方程 (式 (2.7))、静电学方程 (式 (2.9))、动量定理 (式 (2.13))、动量矩定理 (式 (2.15))、能量守恒 (式 (2.18))、Clausius-Duhem 不等式 (式 (2.20)) 以及耗散不等式 (式 (2.23))。它们与空间坐标 x 的导数有关，由于空间坐标往往是未知的，因此本节将给出用物质坐标 X 表示的场方程。

2.3.1　变量的物质形式

物质形式的基本定律可以通过体积微元的变换规律和 Nanson 公式 (面积微元的变换规律) 得到，即

$$\mathrm{d}\boldsymbol{a} = j\boldsymbol{F}^{-\mathrm{T}} \cdot \mathrm{d}\boldsymbol{A} \quad \text{或} \quad \mathrm{d}a_i = jF_{Ji}^{-1}\mathrm{d}A_J \tag{2.24}$$

其中，$\mathrm{d}a_i$ 和 $\mathrm{d}A_J$ 分别为当前构型和参考构型上的有向面积微元。

为了方便得到基本律的物质形式，此处首先给出所涉及变量的物质描述形式。对于物质形式的变量，包括内能密度 $\tilde{e}$、自由能密度 $\tilde{f}$、电吉布斯函数密度 $\tilde{g}$、电子浓度 $\tilde{n}$、空穴浓度 $\tilde{p}$、电离的施主浓度 $\tilde{N}_\mathrm{D}^+$、电离的受主浓度 $\tilde{N}_\mathrm{A}^-$，有

$$\begin{cases} \tilde{e} = \tilde{\rho}e, \quad \tilde{f} = \tilde{\rho}f, \quad \tilde{g} = \tilde{\rho}g, \quad \tilde{\eta} = \tilde{\rho}\eta \\ \tilde{n} = \tilde{\rho}n, \quad \tilde{p} = \tilde{\rho}p, \quad \tilde{N}_\mathrm{D}^+ = \tilde{\rho}N_\mathrm{D}^+, \quad \tilde{N}_\mathrm{A}^- = \tilde{\rho}N_\mathrm{A}^- \end{cases} \tag{2.25}$$

需要说明的是，温度 ϑ、电势 φ、电化学势 μ^n 和 μ^p 不是密度相关的量，在空间描述到物质描述的变换中保持不变。

电位移 $\tilde{\boldsymbol{D}}$、电场 $\tilde{\boldsymbol{E}}$、电极化 $\tilde{\boldsymbol{P}}$ 的物质形式可以分别表示为

$$\tilde{\boldsymbol{D}} = j\boldsymbol{F}^{-1} \cdot \boldsymbol{D}, \quad \tilde{\boldsymbol{E}} = j\boldsymbol{C}^{-1} \cdot \boldsymbol{W}, \quad \tilde{\boldsymbol{P}} = j\boldsymbol{F}^{-1} \cdot \boldsymbol{P} \tag{2.26}$$

其中，$\boldsymbol{W} = -\mathrm{Grad}(\varphi)$ 是静电势的物质梯度。

类似地，热流密度 $\tilde{\boldsymbol{q}}$、电子流密度 $\tilde{\boldsymbol{j}}^n$、空穴流密度 $\tilde{\boldsymbol{j}}^p$ 的物质形式可以分别表示为

$$\tilde{\boldsymbol{q}} = j\boldsymbol{F}^{-1} \cdot \boldsymbol{q}, \quad \tilde{\boldsymbol{j}}^n = j\boldsymbol{F}^{-1} \cdot \boldsymbol{j}^n, \quad \tilde{\boldsymbol{j}}^p = j\boldsymbol{F}^{-1} \cdot \boldsymbol{j}^p \tag{2.27}$$

第一类 Piola-Kirchhoff 应力 $\boldsymbol{S}$、第二类 Piola-Kirchhoff 应力 $\boldsymbol{T}$ 可以分别表示为

$$\boldsymbol{S} = j\boldsymbol{\sigma} \cdot \boldsymbol{F}^{-\mathrm{T}} \tag{2.28a}$$

$$\boldsymbol{T} = j\boldsymbol{F}^{-1} \cdot \boldsymbol{\sigma} \cdot \boldsymbol{F}^{-\mathrm{T}} \tag{2.28b}$$

由式 (2.28a)，两点形式的 Maxwell 应力、弹性应力、对称的 Maxwell 应力可以分别表示为

$$\boldsymbol{S}^\mathrm{M} = j\boldsymbol{\sigma}^\mathrm{M} \cdot \boldsymbol{F}^{-\mathrm{T}}, \quad \boldsymbol{S}^\mathrm{S} = j\boldsymbol{\sigma}^\mathrm{S} \cdot \boldsymbol{F}^{-\mathrm{T}}, \quad \boldsymbol{S}^\mathrm{SM} = j\boldsymbol{\sigma}^\mathrm{SM} \cdot \boldsymbol{F}^{-\mathrm{T}} \tag{2.29}$$

由式 (2.28b)，物质形式的 Maxwell 应力、弹性应力、对称的 Maxwell 应力可以分别表示为

$$T^{\mathrm{M}} = j \boldsymbol{F}^{-1} \cdot \boldsymbol{\sigma}^{\mathrm{M}} \cdot \boldsymbol{F}^{-\mathrm{T}}, \quad T^{\mathrm{S}} = j \boldsymbol{F}^{-1} \cdot \boldsymbol{\sigma}^{\mathrm{S}} \cdot \boldsymbol{F}^{-\mathrm{T}}, \quad T^{\mathrm{SM}} = j \boldsymbol{F}^{-1} \cdot \boldsymbol{\sigma}^{\mathrm{SM}} \cdot \boldsymbol{F}^{-\mathrm{T}} \quad (2.30)$$

2.3.2 场方程的物质形式

根据 2.3.1 小节给出的变换关系，本小节将给出物质坐标 $\boldsymbol{X}$ 描述的基本律。

基于式 (2.6)、式 (2.24)、式 (2.25) 和式 (2.27)，载流子连续性方程的物质形式可以表示为

$$\dot{n} = - \operatorname{Div}\left(\tilde{\boldsymbol{j}}^n \right) \quad (2.31\text{a})$$

$$\dot{p} = - \operatorname{Div}\left(\tilde{\boldsymbol{j}}^p \right) \quad (2.31\text{b})$$

其中，Div 表示物质散度，即在参考构型中关于物质点 $\boldsymbol{X}$ 的散度，如 $\operatorname{Div}(\tilde{\boldsymbol{j}}^n) = \tilde{j}^n_{J,J}$。

根据式 (2.8)、式 (2.24)、式 (2.25) 和式 (2.26)，静电学方程的物质形式可以表示为

$$\operatorname{Div}(\tilde{\boldsymbol{D}}) = q(\tilde{p} - \tilde{n} + \tilde{N}_{\mathrm{D}}^+ - \tilde{N}_{\mathrm{A}}^-) \quad (2.32)$$

类似地，根据式 (2.10)、式 (2.28) 和式 (2.29)，运动方程的物质形式可以表示为

$$\tilde{\rho}\ddot{\boldsymbol{\chi}} = \operatorname{Div}\left(\boldsymbol{S} + \boldsymbol{S}^{\mathrm{M}} \right) + \tilde{\rho}\boldsymbol{f} \quad (2.33)$$

热力学第一定律 (2.18) 和第二定律 (2.20) 的物质形式可以分别表示为

$$\dot{\tilde{e}} = \boldsymbol{S}^{\mathrm{S}} : \dot{\boldsymbol{F}} + \boldsymbol{W} \cdot \dot{\boldsymbol{P}} - \operatorname{Div}(\tilde{\boldsymbol{q}}) + j\gamma$$
$$+ (\mu^n + q\varphi)\dot{\tilde{n}} + (\mu^p - q\varphi)\dot{\tilde{p}} - \tilde{\boldsymbol{j}}^n \cdot \operatorname{Grad}(\mu^n) - \tilde{\boldsymbol{j}}^p \cdot \operatorname{Grad}(\mu^p) \quad (2.34)$$

和

$$\vartheta\dot{\tilde{\eta}} \geqslant -\operatorname{Div}(\tilde{\boldsymbol{q}}) + j\gamma + \frac{1}{\vartheta}\tilde{\boldsymbol{q}} \cdot \operatorname{Grad}(\vartheta) \quad (2.35)$$

推导式 (2.34) 时，使用了以下等式：

$$\boldsymbol{\sigma} : \boldsymbol{L} + \rho\boldsymbol{E} \cdot \dot{\boldsymbol{\pi}} = \frac{1}{j}(\boldsymbol{S}^{\mathrm{S}} : \dot{\boldsymbol{F}} + \boldsymbol{W} \cdot \dot{\boldsymbol{P}}) = \frac{1}{j}(\boldsymbol{T}^{\mathrm{S}} : \dot{\boldsymbol{G}} + \boldsymbol{W} \cdot \dot{\boldsymbol{P}}) \quad (2.36)$$

式 (2.36) 表明：变形梯度与两点弹性应力共轭，而不是与总应力或 Cauchy 应力共轭。

结合式 (2.34) 和式 (2.35)，有

$$\dot{e} - \vartheta\dot{\tilde{\eta}} - \boldsymbol{S}^{\mathrm{S}} : \dot{\boldsymbol{F}} - \boldsymbol{W} \cdot \dot{\boldsymbol{P}} - (\mu^n + q\varphi)\dot{\tilde{n}} - (\mu^p - q\varphi)\dot{\tilde{p}}$$

$$+ \tilde{\boldsymbol{j}}^n \cdot \mathrm{Grad}(\mu^n) + \tilde{\boldsymbol{j}}^p \cdot \mathrm{Grad}(\mu^p) + \frac{1}{\vartheta}\tilde{\boldsymbol{q}} \cdot \mathrm{Grad}(\vartheta) \leqslant 0 \tag{2.37}$$

参考构型下的电吉布斯函数密度可以表示为

$$\tilde{g} = \tilde{\rho}(e - \vartheta\eta - \boldsymbol{E} \cdot \boldsymbol{\pi}) = \tilde{e} - \vartheta\tilde{\eta} - \boldsymbol{W} \cdot \tilde{\boldsymbol{P}} \tag{2.38}$$

将式 (2.38) 代入式 (2.37)，可以得到物质形式的耗散不等式：

$$\dot{\tilde{g}} + \tilde{\eta}\dot{\vartheta} - \boldsymbol{S}^{\mathrm{S}} : \dot{\boldsymbol{F}} + \tilde{\boldsymbol{P}} \cdot \dot{\boldsymbol{W}} - (\mu^n + q\varphi)\dot{\tilde{n}} - (\mu^p - q\varphi)\dot{\tilde{p}}$$

$$+ \tilde{\boldsymbol{j}}^n \cdot \mathrm{Grad}(\mu^n) + \tilde{\boldsymbol{j}}^p \cdot \mathrm{Grad}(\mu^p) + \frac{1}{\vartheta}\tilde{\boldsymbol{q}} \cdot \mathrm{Grad}(\vartheta) \equiv -j\delta \leqslant 0 \tag{2.39}$$

式 (2.39) 中，使用了两点弹性应力，可以通过如下的关系式得到使用第二类 Piola-Kirchhoff 弹性应力表示的耗散不等式：

$$\boldsymbol{\sigma}^{\mathrm{S}} : \boldsymbol{d} = \frac{1}{j}\boldsymbol{S}^{\mathrm{S}} : \dot{\boldsymbol{F}} = \frac{1}{j}\boldsymbol{T}^{\mathrm{S}} : \dot{\boldsymbol{G}} \quad \text{或} \quad \sigma^{\mathrm{S}}_{ij}d_{ij} = \frac{1}{j}S^{\mathrm{S}}_{iJ}\dot{F}_{iJ} = \frac{1}{j}T^{\mathrm{S}}_{IJ}\dot{G}_{IJ} \tag{2.40}$$

2.4　热力学推论与本构方程

根据 Coleman-Noll 的分析方法，本节将给出热力学自洽的本构关系。

耗散不等式的指标形式为

$$\dot{\tilde{g}} + \tilde{\eta}\dot{\vartheta} - T^{\mathrm{S}}_{IJ}\dot{G}_{IJ} + \tilde{P}_I\dot{W}_I - (\mu^n + q\varphi)\dot{\tilde{n}} - (\mu^p - q\varphi)\dot{\tilde{p}}$$

$$+ \tilde{j}^n_I \mu^n_{,I} + \tilde{j}^p_I \mu^p_{,I} + \frac{1}{\vartheta}\tilde{q}_I\vartheta_{,I} \leqslant 0 \tag{2.41}$$

式 (2.41) 是建立热力学自洽本构方程的基础。

2.4.1　热力学限制条件

基于连续介质力学中分析本构关系的基本原理，电吉布斯函数密度、熵密度、电化学势、电极化、弹性应力有以下形式：

$$\begin{cases} \tilde{g} = \tilde{g}(\tilde{n}, \tilde{p}, \vartheta, \psi, W_I, \vartheta_{,I}, G_{IJ}) \\ \tilde{\eta} = \tilde{\eta}(\tilde{n}, \tilde{p}, \vartheta, \psi, W_I, \vartheta_{,I}, G_{IJ}) \\ \mu^n = \mu^n(\tilde{n}, \tilde{p}, \vartheta, \psi, W_I, \vartheta_{,I}, G_{IJ}) \\ \mu^p = \mu^p(\tilde{n}, \tilde{p}, \vartheta, \psi, W_I, \vartheta_{,I}, G_{IJ}) \\ \tilde{P}_I = \tilde{P}_I(\tilde{n}, \tilde{p}, \vartheta, \psi, W_I, \vartheta_{,I}, G_{IJ}) \\ T^{\mathrm{S}}_{IJ} = T^{\mathrm{S}}_{IJ}(\tilde{n}, \tilde{p}, \vartheta, \psi, W_I, \vartheta_{,I}, G_{IJ}) \end{cases} \tag{2.42}$$

可以证明，式 (2.42) 满足客观性原理。将式 (2.42) 代入式 (2.41)，得到

$$
\left(\frac{\partial \tilde{g}}{\partial \vartheta} + \tilde{\eta}\right)\dot{\vartheta} + \left(\frac{\partial \tilde{g}}{\partial G_{IJ}} - T_{IJ}^S\right)\dot{G}_{IJ} + \left(\frac{\partial \tilde{g}}{\partial W_I} + \tilde{P}_I\right)\dot{W}_I
$$

$$
+ \frac{\partial \tilde{g}}{\partial \vartheta_{,I}}\dot{\vartheta}_{,I} + \frac{\partial \tilde{g}}{\partial \psi}\dot{\varphi} + \left[\frac{\partial \tilde{g}}{\partial \tilde{n}} - (\mu^n + q\varphi)\right]\dot{\tilde{n}} + \left[\frac{\partial \tilde{g}}{\partial \tilde{p}} - (\mu^p - q\varphi)\right]\dot{\tilde{p}}
$$

$$
+ \tilde{j}_I^n \mu_{,I}^n + \tilde{j}_I^p \mu_{,I}^p + \frac{1}{\vartheta}\tilde{q}_I\vartheta_{,I} \leqslant 0 \tag{2.43}
$$

由式 (2.43)，可以得到以下结论。

(1) 电吉布斯函数密度与温度梯度和电势无关，即

$$
\tilde{g} = \tilde{g}(\tilde{n}, \tilde{p}, \vartheta, W_I, G_{IJ}) \tag{2.44}
$$

(2) 电吉布斯函数密度可以通过以下状态关系确定熵密度、电极化、弹性应力：

$$
\tilde{\eta} = -\frac{\partial \tilde{g}}{\partial \vartheta}, \quad \tilde{P}_I = -\frac{\partial \tilde{g}}{\partial W_I}, \quad T_{IJ}^S = \frac{\partial \tilde{g}}{\partial G_{IJ}} \tag{2.45}
$$

(3) 电化学势可以通过电吉布斯函数和静电势来确定：

$$
\mu^n = \psi_c^n - q\varphi, \quad \mu^p = \psi_c^p + q\varphi \tag{2.46}
$$

其中，两个化学势 ψ_c^n 和 ψ_c^p 的定义为

$$
\psi_c^n = \frac{\partial \tilde{g}}{\partial \tilde{n}}, \quad \psi_c^p = \frac{\partial \tilde{g}}{\partial \tilde{p}} \tag{2.47}
$$

(4) 根据式 (2.44)~式 (2.47)，可以得到约化的耗散不等式 (reduced dissipation inequality)，为

$$
\tilde{j}_I^n \mu_{,I}^n + \tilde{j}_I^p \mu_{,I}^p + \frac{1}{\vartheta}\tilde{q}_I\vartheta_{,I} \leqslant 0 \tag{2.48}
$$

2.4.2 弹性半导体的吉布斯关系和热传导方程

根据式 (2.44)~式 (2.46)，可以得到第一吉布斯关系：

$$
\dot{g} = -\tilde{\eta}\dot{\vartheta} + (\mu^n + q\varphi)\dot{\tilde{n}} + (\mu^p - q\varphi)\dot{\tilde{p}} - \tilde{P}_I\dot{W}_I + T_{IJ}^S\dot{G}_{IJ} \tag{2.49}
$$

结合式 (2.38) 和式 (2.49)，可以得到第二吉布斯关系：

$$
\dot{e} = \vartheta\dot{\tilde{\eta}} + (\mu^n + q\varphi)\dot{\tilde{n}} + (\mu^p - q\varphi)\dot{\tilde{p}} + W_I\dot{\tilde{P}}_I + T_{IJ}^S\dot{G}_{IJ} \tag{2.50}
$$

根据能量守恒方程 (2.34) 与第二吉布斯关系, 可以得到熵平衡 (entropy balance) 方程:

$$\vartheta\dot{\tilde{\eta}} = -\mathrm{Div}(\tilde{\boldsymbol{q}}) + j\gamma - \tilde{\boldsymbol{j}}^n \cdot \mathrm{Grad}(\mu^n) - \tilde{\boldsymbol{j}}^p \cdot \mathrm{Grad}(\mu^p) \tag{2.51}$$

式 (2.51) 是弹性半导体的热传导方程。等式右侧的最后两项表示电流产生的体热源 (Joule 热效应)。将式 (2.46) 代入式 (2.51) 的热源项, 有

$$- \tilde{\boldsymbol{j}}^n \cdot \mathrm{Grad}(\mu^n) - \tilde{\boldsymbol{j}}^p \cdot \mathrm{Grad}(\mu^p)$$
$$= q(\tilde{\boldsymbol{j}}^p - \tilde{\boldsymbol{j}}^n) \cdot \boldsymbol{W} - [\tilde{\boldsymbol{j}}^n \cdot \mathrm{Grad}(\psi_{\mathrm{c}}^n) + \tilde{\boldsymbol{j}}^p \cdot \mathrm{Grad}(\psi_{\mathrm{c}}^p)] \tag{2.52}$$

等式右边的第一项类似于导体中的 Joule 热效应, 第二项与扩散效应有关。

2.4.3　本构方程

对式 (2.42) 求物质时间导数, 有

$$\dot{T}_{IJ}^{\mathrm{S}} = c_{IJ}^n \dot{\tilde{n}} + c_{IJ}^p \dot{\tilde{p}} - \lambda_{IJ}\dot{\vartheta} - d_{KIJ}\dot{W}_K + c_{IJKL}\dot{G}_{KL} \tag{2.53a}$$

$$\dot{\tilde{P}}_I = e_I^n \dot{\tilde{n}} + e_I^p \dot{\tilde{p}} + h_I\dot{\vartheta} + \chi_{IJ}\dot{W}_J + d_{IJK}\dot{G}_{JK} \tag{2.53b}$$

$$\dot{\psi}_{\mathrm{c}}^n = \left(\frac{\Lambda^n}{\tilde{n}}\right)\dot{\tilde{n}} - \alpha^n\dot{\vartheta} - e_I^n\dot{W}_I + c_{IJ}^n\dot{G}_{IJ} \tag{2.53c}$$

$$\dot{\psi}_{\mathrm{c}}^p = \left(\frac{\Lambda^p}{\tilde{p}}\right)\dot{\tilde{p}} - \alpha^p\dot{\vartheta} - e_I^p\dot{W}_I + c_{IJ}^p\dot{G}_{IJ} \tag{2.53d}$$

$$\dot{\tilde{\eta}} = \alpha^n\dot{\tilde{n}} + \alpha^p\dot{\tilde{p}} + \left(\frac{c}{\vartheta}\right)\dot{\vartheta} + h_I\dot{W}_I + \lambda_{IJ}\dot{G}_{IJ} \tag{2.53e}$$

其中, c_{IJ}^n (c_{IJ}^p) 为电子 (空穴) 的化学–应力模量; λ_{IJ} 为温度–应力模量; d_{IJK} 为电场–应力模量; c_{IJKL} 为弹性张量; e_I^n (e_I^p) 为电子 (空穴) 的化学–极化张量; h_I 为温度–极化张量; χ_{IJ} 为电导率; $\Lambda^n(\Lambda^p)$ 为电子 (空穴) 的化学模量; α^n (α^p) 为电子 (空穴) 的温度–化学常数。材料系数满足以下 Maxwell 关系:

$$\begin{cases} \dfrac{\partial\psi_{\mathrm{c}}^n}{\partial\tilde{p}} = \dfrac{\partial\psi_{\mathrm{c}}^p}{\partial\tilde{n}}, \quad \dfrac{\partial\psi_{\mathrm{c}}^n}{\partial\vartheta} = -\dfrac{\partial\tilde{\eta}}{\partial\tilde{n}}, \quad \dfrac{\partial\psi_{\mathrm{c}}^n}{\partial W_I} = -\dfrac{\partial\tilde{P}_I}{\partial\tilde{n}}, \quad \dfrac{\partial\psi_{\mathrm{c}}^n}{\partial G_{IJ}} = \dfrac{\partial T_{IJ}^{\mathrm{S}}}{\partial\tilde{n}} \\[2mm] \dfrac{\partial\psi_{\mathrm{c}}^p}{\partial\vartheta} = -\dfrac{\partial\tilde{\eta}}{\partial\tilde{p}}, \quad \dfrac{\partial\psi_{\mathrm{c}}^p}{\partial W_I} = -\dfrac{\partial\tilde{P}_I}{\partial\tilde{p}}, \quad \dfrac{\partial\psi_{\mathrm{c}}^p}{\partial G_{IJ}} = \dfrac{\partial T_{IJ}^{\mathrm{S}}}{\partial\tilde{p}}, \quad \dfrac{\partial\tilde{\eta}}{\partial W_I} = \dfrac{\partial\tilde{P}_I}{\partial\vartheta} \\[2mm] \dfrac{\partial\tilde{\eta}}{\partial G_{IJ}} = -\dfrac{\partial T_{IJ}^{\mathrm{S}}}{\partial\vartheta}, \quad \dfrac{\partial\tilde{P}_I}{\partial G_{JK}} = -\dfrac{\partial T_{JK}^{\mathrm{S}}}{\partial W_I} \end{cases} \tag{2.54}$$

对于电介质材料，式 (2.53) 可简化为

$$\begin{cases} \dot{T}^S_{IJ} = c_{IJKL}\dot{G}_{KL} - d_{KIJ}\dot{W}_K - \lambda_{IJ}\dot{\vartheta} \\ \dot{\tilde{P}}_I = \chi_{IJ}\dot{W}_J + d_{IJK}\dot{G}_{JK} + h_I\dot{\vartheta} \\ \dot{\tilde{\eta}} = \dfrac{c}{\vartheta}\dot{\vartheta} + h_I\dot{W}_I + \lambda_{IJ}\dot{G}_{IJ} \end{cases} \qquad (2.55)$$

2.4.4 菲克定律

约化的耗散不等式 (2.48) 可以进一步改写为

$$\{\boldsymbol{J}^*\}^{\mathrm{T}}\{\boldsymbol{G}^*\} \leqslant 0 \qquad (2.56)$$

其中，广义通量向量和广义梯度向量为

$$\begin{cases} \{\boldsymbol{J}^*\} = \{\tilde{j}^n_1, \tilde{j}^n_2, \tilde{j}^n_3, \tilde{j}^p_1, \tilde{j}^p_2, \tilde{j}^p_3, \tilde{q}_1, \tilde{q}_2, \tilde{q}_3\}^{\mathrm{T}} \\ \{\boldsymbol{G}^*\} = \left\{\mu^n_{,1}, \mu^n_{,2}, \mu^n_{,3}, \mu^p_{,1}, \mu^p_{,2}, \mu^p_{,3}, \dfrac{\vartheta_{,1}}{\vartheta}, \dfrac{\vartheta_{,2}}{\vartheta}, \dfrac{\vartheta_{,3}}{\vartheta}\right\}^{\mathrm{T}} \end{cases} \qquad (2.57)$$

根据菲克定律，有

$$\{\boldsymbol{J}^*\} = -\{\boldsymbol{M}^*\}\{\boldsymbol{G}^*\} \qquad (2.58)$$

其中，$\{\boldsymbol{M}^*\}$ 为一个半正定矩阵：

$$\{\boldsymbol{M}^*\}_{9\times9} = \left\{ \begin{array}{ccc} [\boldsymbol{M}^{11}]_{3\times3} & [\boldsymbol{M}^{12}]_{3\times3} & [\boldsymbol{M}^{13}]_{3\times3} \\ [\boldsymbol{M}^{21}]_{3\times3} & [\boldsymbol{M}^{22}]_{3\times3} & [\boldsymbol{M}^{23}]_{3\times3} \\ [\boldsymbol{M}^{31}]_{3\times3} & [\boldsymbol{M}^{32}]_{3\times3} & [\boldsymbol{M}^{33}]_{3\times3} \end{array} \right\} \qquad (2.59)$$

将式 (2.58) 代入式 (2.56)，有

$$-\{\boldsymbol{G}^*\}^{\mathrm{T}}\{\boldsymbol{M}^*\}\{\boldsymbol{G}^*\} \leqslant 0 \qquad (2.60)$$

2.4.5 漂移–扩散电流、傅里叶热传导及热电效应

在后续的讨论中，本书假设耦合系数 α^n、α^p、e^n_I、e^p_I、e^n_{IJ}、e^p_{IJ} 均为零，则式 (2.53c) 和式 (2.53d) 简化为

$$\dot{\psi}^n_c = \frac{\varLambda^n}{\tilde{n}}\dot{\tilde{n}}, \quad \dot{\psi}^p_c = \frac{\varLambda^p}{\tilde{p}}\dot{\tilde{p}} \qquad (2.61)$$

基于式 (2.61), 有

$$
\begin{cases}
\operatorname{grad}(\psi_{\mathrm{c}}^n) = \dfrac{\partial \psi_{\mathrm{c}}^n(\tilde{n})}{\partial \tilde{n}} \operatorname{grad}(\tilde{n}) = \dfrac{\Lambda^n}{\tilde{n}} \operatorname{grad}(\tilde{n}) \\[3mm]
\operatorname{grad}(\psi_{\mathrm{c}}^p) = \dfrac{\partial \psi_{\mathrm{c}}^p(\tilde{n})}{\partial \tilde{p}} \operatorname{grad}(\tilde{p}) = \dfrac{\Lambda^p}{\tilde{p}} \operatorname{grad}(\tilde{p})
\end{cases}
\tag{2.62}
$$

为了说明矩阵 $\{\boldsymbol{M}^*\}$ 的物理意义, 首先考虑以下形式:

$$
\{\boldsymbol{M}^*\}_{9\times 9} = \left\{
\begin{array}{ccc}
(\tilde{n}/q)[\boldsymbol{M}^n]_{3\times 3} & 0 & 0 \\
0 & (\tilde{p}/q)[\boldsymbol{M}^p]_{3\times 3} & 0 \\
0 & 0 & \vartheta[\boldsymbol{K}]_{3\times 3}
\end{array}
\right\}
\tag{2.63}
$$

其中, $\{\boldsymbol{M}^n\}$ 和 $\{\boldsymbol{M}^p\}$ 分别为电子和空穴的迁移率张量; $\{\boldsymbol{K}\}$ 为傅里叶定律中的热导率张量。将式 (2.63) 代入式 (2.58), 有

$$
\tilde{j}_I^n = -D_{IJ}^n(\tilde{n},_J) - \tilde{n} M_{IJ}^n(W_J)
\tag{2.64a}
$$

$$
\tilde{j}_I^p = -D_{IJ}^p(\tilde{p},_J) + \tilde{p} M_{IJ}^p(W_J)
\tag{2.64b}
$$

$$
\tilde{q}_I = -K_{IJ}(\vartheta,_J)
\tag{2.64c}
$$

其中, $D_{IJ}^n = (\Lambda^n M_{IJ}^n)/q$ $(D_{IJ}^p = (\Lambda^p M_{IJ}^p)/q)$, 为电子 (空穴) 的扩散系数。式 (2.64a) 和式 (2.64b) 为半导体的非线性漂移–扩散电流方程, 其中所有材料系数都是应变、温度等的函数。式 (2.64c) 为傅里叶热传导定律。注意, 在式 (2.63) 给出的 $\{\boldsymbol{M}^*\}$ 矩阵中, 不涉及热流和电流之间的相互作用。

然后, 将式 (2.59) 中的矩阵 $\{\boldsymbol{M}^*\}$ 表示为如下形式:

$$
\{\boldsymbol{M}^*\}_{9\times 9} = \left\{
\begin{array}{ccc}
(\tilde{n}/q)[\boldsymbol{M}^n]_{3\times 3} & 0 & (\vartheta\tilde{n})[\boldsymbol{S}^n]_{3\times 3} \\
0 & (\tilde{p}/q)[\boldsymbol{M}^p]_{3\times 3} & (\vartheta\tilde{p})[\boldsymbol{S}^p]_{3\times 3} \\
0 & 0 & \vartheta[\boldsymbol{K}]_{3\times 3}
\end{array}
\right\}
\tag{2.65}
$$

其中, $\boldsymbol{S}^n$ 和 $\boldsymbol{S}^p$ 分别为电子和空穴的 Seebeck 系数。将式 (2.65) 代入式 (2.58), 有

$$
\tilde{j}_I^n = -D_{IJ}^n(\tilde{n},_J) - \tilde{n} M_{IJ}^n(W_J) - \tilde{n} S_{IJ}^n(\vartheta,_J)
\tag{2.66a}
$$

$$
\tilde{j}_I^p = -D_{IJ}^p(\tilde{p},_J) + \tilde{p} M_{IJ}^p(W_J) - \tilde{p} S_{IJ}^p(\vartheta,_J)
\tag{2.66b}
$$

式 (2.66a) 和式 (2.66b) 中, 温度梯度可以产生电流, 即 Seebeck 效应。当扩散效应, 即 D_{IJ}^n 和 D_{IJ}^p 被忽略时, 式 (2.66) 退化为导体中的 Seebeck 效应。

如果将矩阵 $\{\boldsymbol{M}^*\}$ 进一步表示为以下形式：

$$\{\boldsymbol{M}^*\}_{9\times 9} = \left\{ \begin{array}{ccc} (\tilde{n}/q)[\boldsymbol{M}^n]_{3\times 3} & 0 & (\vartheta\tilde{n})[\boldsymbol{S}^n]_{3\times 3} \\ 0 & (\tilde{p}/q)[\boldsymbol{M}^p]_{3\times 3} & (\vartheta\tilde{p})[\boldsymbol{S}^p]_{3\times 3} \\ (\vartheta\tilde{n})[\boldsymbol{P}^n]_{3\times 3} & (\vartheta\tilde{p})[\boldsymbol{P}^p]_{3\times 3} & \vartheta[\boldsymbol{K}]_{3\times 3} \end{array} \right\} \tag{2.67}$$

其中，$\boldsymbol{P}^n$ ($\boldsymbol{P}^p$) 为电子 (空穴) 的 Peltier 张量。此处考虑一种中心对称材料。此时，二阶张量中只有一个独立的元素，将式 (2.67) 代入式 (2.58)，经过一系列代数推导，有

$$\tilde{j}_I^n = -\frac{\tilde{n}}{q}M_{11}^n(\mu_{,I}^n) - \tilde{n}S_{11}^n(\vartheta_{,I}) \tag{2.68a}$$

$$\tilde{j}_I^p = -\frac{\tilde{p}}{q}M_{11}^p(\mu_{,I}^p) - \tilde{p}S_{11}^p(\vartheta_{,I}) \tag{2.68b}$$

$$\tilde{q}_I = -\bar{K}_{11}\vartheta_{,I} + q\vartheta\bar{P}_{11}^n\tilde{j}_I^n + q\vartheta\bar{P}_{11}^p\tilde{j}_I^p \tag{2.68c}$$

其中，等效的热传导系数和 Peltier 系数的定义为

$$\bar{K}_{11} = K_{11} - q\vartheta\left(\tilde{n}\frac{S_{11}^n P_{11}^n}{M_{11}^n} + \tilde{p}\frac{S_{11}^p P_{11}^p}{M_{11}^p}\right), \quad \bar{P}_{11}^n = \frac{P_{11}^n}{M_{11}^n}, \quad \bar{P}_{11}^p = \frac{P_{11}^p}{M_{11}^p} \tag{2.69}$$

式 (2.68c) 中，给出了热通量与电流之间的关系，即 Peltier 效应，可见与导体中的 Peltier 效应类似。如果材料矩阵是各向异性的，等效的热传导系数与等效的 Peltier 系数可以通过类似的方法推导得到。

本小节讨论了子矩阵 $\{\boldsymbol{M}^{11}\}$、$\{\boldsymbol{M}^{13}\}$、$\{\boldsymbol{M}^{22}\}$、$\{\boldsymbol{M}^{23}\}$、$\{\boldsymbol{M}^{31}\}$、$\{\boldsymbol{M}^{32}\}$ 和 $\{\boldsymbol{M}^{33}\}$ 的物理意义。由于前文中假定电子和空穴互不影响，因此表示电子电流和空穴电流之间耦合效应的子矩阵 $\{\boldsymbol{M}^{12}\}$ 和 $\{\boldsymbol{M}^{21}\}$ 应为零矩阵。

2.5 边值问题的总结与线性化

本节将对可变形半导体热-电-弹性多场耦合问题的场方程、本构关系、梯度关系及边界条件进行总结，再将非线性有限变形理论的边值问题进行线性化，得到线性理论。

2.5.1 边值问题总结

基本未知量包括三个位移分量、一个静电势、一个温度场、两个载流子浓度。相应的场方程包括运动学方程、静电学方程、热传导方程以及载流子的连续性方程：

$$\begin{cases} \tilde{\rho}\ddot{\boldsymbol{u}} = \text{Div}(\boldsymbol{S}^{\text{S}} + \boldsymbol{S}^{\text{SM}}) + \tilde{\rho}\boldsymbol{f} \\ \text{Div}(\tilde{\boldsymbol{D}}) = q(\tilde{p} - \tilde{n} + \tilde{N}_{\text{D}}^{+} - \tilde{N}_{\text{A}}^{-}) \\ \vartheta\dot{\tilde{\eta}} = -\text{Div}(\tilde{\boldsymbol{q}}) + j\gamma - \tilde{\boldsymbol{j}}^{n} \cdot \text{Grad}(\mu^{n}) - \tilde{\boldsymbol{j}}^{p} \cdot \text{Grad}(\mu^{p}) \\ \dot{\tilde{n}} = -\text{Div}(\tilde{\boldsymbol{j}}^{n}) \\ \dot{\tilde{p}} = -\text{Div}(\tilde{\boldsymbol{j}}^{p}) \end{cases} \tag{2.70}$$

式 (2.70) 中, 两点弹性应力张量包含六个分量, 物质电极化包含三个分量, 热流包含三个分量, 电子和空穴的粒子流矢量共包含六个分量, 它们由本构方程确定:

$$\begin{cases} \boldsymbol{T}^{\text{S}} = \boldsymbol{T}^{\text{S}}(\tilde{n}, \tilde{p}, \vartheta, \boldsymbol{W}, \boldsymbol{G}) \\ \tilde{\boldsymbol{P}} = \tilde{\boldsymbol{P}}(\tilde{n}, \tilde{p}, \vartheta, \boldsymbol{W}, \boldsymbol{G}) \\ \tilde{\eta} = \tilde{\eta}(\tilde{n}, \tilde{p}, \vartheta, \boldsymbol{W}, \boldsymbol{G}) \\ \psi_{\text{c}}^{n} = \psi_{\text{c}}^{n}(\tilde{n}, \tilde{p}, \vartheta, \boldsymbol{W}, \boldsymbol{G}) \\ \psi_{\text{c}}^{p} = \psi_{\text{c}}^{p}(\tilde{n}, \tilde{p}, \vartheta, \boldsymbol{W}, \boldsymbol{G}) \\ \{\boldsymbol{J}^{*}\} = -\{\boldsymbol{M}^{*}\}\{\boldsymbol{G}^{*}\} \end{cases} \tag{2.71}$$

其中, Green-St. Venant 应变张量和位移的关系、物质电场与静电势的关系可以由以下的梯度关系决定:

$$\boldsymbol{G} = \frac{1}{2}[\text{Grad}\boldsymbol{u} + (\text{Grad}\boldsymbol{u})^{\text{T}} + (\text{Grad}\boldsymbol{u})^{\text{T}} \cdot \text{Grad}\boldsymbol{u}], \quad \boldsymbol{W} = -\text{Grad}(\varphi) \tag{2.72}$$

此时, 共给出了 37 个方程, 对应 37 个未知量。值得注意的是, 角动量守恒方程可以由两点弹性应力的对称性自动满足。因此, 此处未给出角动量守恒方程。当前构型的质量密度可以由参考构型的质量密度和位移场决定, 在边值问题的定义中也无需给出质量守恒方程。

以上场方程相应的边界条件为

$$\begin{cases} [\boldsymbol{S}(\boldsymbol{X}) + \boldsymbol{S}^{\text{M}}(\boldsymbol{X})] \cdot \boldsymbol{N}(\boldsymbol{X}) = \boldsymbol{t}_{N}(\boldsymbol{X}), \quad \boldsymbol{X} \in \partial_{t}B_{0} \\ \boldsymbol{u}(\boldsymbol{X}) = \boldsymbol{u}_{D}(\boldsymbol{X}), \quad \boldsymbol{X} \in \partial_{u}B_{0} \\ \tilde{\boldsymbol{q}}(\boldsymbol{X}) \cdot \boldsymbol{N}(\boldsymbol{X}) = \tilde{\boldsymbol{q}}_{N}(\boldsymbol{X}), \quad \boldsymbol{X} \in \partial_{q}B_{0} \\ \vartheta(\boldsymbol{X}) = \vartheta_{D}(\boldsymbol{X}), \quad \boldsymbol{X} \in \partial_{\vartheta}B_{0} \\ \tilde{\boldsymbol{D}}(\boldsymbol{X}) \cdot \boldsymbol{N}(\boldsymbol{X}) = 0, \quad \tilde{\boldsymbol{j}}^{n}(\boldsymbol{X}) \cdot \boldsymbol{N}(\boldsymbol{X}) = 0, \\ \quad \tilde{\boldsymbol{j}}^{p}(\boldsymbol{X}) \cdot \boldsymbol{N}(\boldsymbol{X}) = 0, \quad \boldsymbol{X} \in \partial_{I}B_{0} \\ \varphi(\boldsymbol{X}) = \varphi_{D}(\boldsymbol{X}), \quad \tilde{n}(\boldsymbol{X}) = \tilde{n}_{D}(\boldsymbol{X}), \quad \tilde{p}(\boldsymbol{X}) = \tilde{p}_{D}(\boldsymbol{X}), \quad \boldsymbol{X} \in \partial_{O}B_{0} \end{cases} \tag{2.73}$$

其中, $\partial_{t}B_{0}$ 和 $\partial_{u}B_{0}$ 分别表示面力边界和位移边界; $\partial_{O}B_{0}$ 表示 Ohm 接触, 电势和载流子浓度是给定的; $\partial_{I}B_{0}$ 表示绝缘边界, 电位移与粒子流的法向分量是给定的；在 $\partial_q B_0$ 处，热流的法向分量被给定；在 $\partial_\vartheta B_0$ 处，温度的值被给定。对于以上的边界区域，有 $\partial_t B_0 \cup \partial_u B_0 = \partial_q B_0 \cup \partial_\vartheta B_0 = \partial_I B_0 \cup \partial_O B_0 = \partial B_0$ 以及 $\partial_t B_0 \cap \partial_u B_0 = \partial_q B_0 \cap \partial_\vartheta B_0 = \partial_I B_0 \cap \partial_O B_0 = \varnothing$。

2.5.2 线性化

当以下条件满足时，非线性问题可以近似处理为线性问题：

(1) 参考构型为自然构型；

(2) 应变、电场、温度变化以及载流子浓度扰动均为小量。

基于以上假设，有

$$F_{iK} \cong \delta_{iK}, \quad F_{Ik}^{-1} \cong \delta_{Ik}, \quad j \cong 1, \quad G_{IJ} = \frac{1}{2}(u_{I,J} + u_{J,I}), \quad \frac{\mathrm{D}}{\mathrm{D}t} \cong \frac{\partial}{\partial t} \quad (2.74)$$

根据式 (2.74)，式 (2.26)~式 (2.30) 可以写为

$$\begin{cases} \tilde{D}_I \cong D_i \delta_{iI}, \quad \tilde{E}_I = E_i \delta_{iI} = W_I, \quad \tilde{P}_I = P_i \delta_{iI} \\ \tilde{q}_I = q_i \delta_{iI}, \quad \tilde{j}_I^n = j_i^n \delta_{iI}, \quad \tilde{j}_I^p = j_i^p \delta_{iI} \\ S_{iJ} = S_{iJ}^{\mathrm{S}} = \sigma_{ij} \delta_{jJ} = \sigma_{ij}^{\mathrm{S}} \delta_{jJ}, \quad S_{iJ}^{\mathrm{M}} = S_{iJ}^{\mathrm{SM}} = 0 \\ T_{IJ} = T_{iJ}^{\mathrm{S}} = \sigma_{ij} \delta_{iI} \delta_{jJ} = \sigma_{ij}^{\mathrm{S}} \delta_{iI} \delta_{jJ}, \quad T_{IJ}^{\mathrm{M}} = T_{IJ}^{\mathrm{SM}} = 0 \end{cases} \quad (2.75)$$

利用式 (2.74)，并忽略式 (2.70) 中的非线性项，可以得到相应的线性化场方程：

$$\begin{cases} \tilde{\rho} \ddot{u}_I = T_{IJ,J} + \tilde{f}_I \\ \tilde{D}_{I,I} = q(\Delta \tilde{p} - \Delta \tilde{n}) \\ \vartheta_{\mathrm{R}} \dot{\tilde{\eta}} = -\tilde{q}_{I,I} + \gamma \\ \dfrac{\partial}{\partial t}(\Delta \tilde{n}) = -\tilde{j}_{I,I}^n \\ \dfrac{\partial}{\partial t}(\Delta \tilde{p}) = -\tilde{j}_{I,I}^p \end{cases} \quad (2.76)$$

其中，T_{IJ} 为对称的应力张量；$\tilde{f}_I = \tilde{\rho} f_i \delta_{iI}$，为参考构型单位体积的体力；$\vartheta_{\mathrm{R}}$ 为参考温度，温度改变的定义为 $\Delta \vartheta = \vartheta - \vartheta_{\mathrm{R}}$；$\Delta \tilde{n} = \tilde{n} - \tilde{N}_{\mathrm{D}}^+$，$\Delta \tilde{p} = \tilde{p} - \tilde{N}_{\mathrm{A}}^-$，分别为电子和空穴的浓度扰动。

将物质形式的弹性应力、电极化、本征化学势以及熵密度进行一阶 Taylor 展开，有

$$T_{IJ} \cong T_{IJ}|_0 + \left. \frac{\partial T_{IJ}}{\partial \tilde{n}} \right|_0 (\tilde{n} - \tilde{N}_{\mathrm{D}}^+) + \left. \frac{\partial T_{IJ}}{\partial \tilde{p}} \right|_0 (\tilde{p} - \tilde{N}_{\mathrm{A}}^-)$$

$$+ \left.\frac{\partial T_{IJ}}{\partial \vartheta}\right|_0 (\vartheta - \vartheta_{\mathrm{R}}) + \left.\frac{\partial T_{IJ}}{\partial W_K}\right|_0 W_K + \left.\frac{\partial T_{IJ}}{\partial G_{KL}}\right|_0 G_{KL}$$

$$= T_{IJ}|_0 + c_{IJ}^n|_0 (\Delta \tilde{n}) + c_{IJ}^p|_0 (\Delta \tilde{p})$$

$$- \lambda_{IJ}|_0 (\Delta \vartheta) - d_{KIJ}|_0 W_K + c_{IJKL}|_0 G_{KL} \tag{2.77a}$$

$$\tilde{P}_I \cong \left.\tilde{P}_I\right|_0 + \left.\frac{\partial \tilde{P}_I}{\partial \tilde{n}}\right|_0 (\tilde{n} - \tilde{N}_{\mathrm{D}}^+) + \left.\frac{\partial \tilde{P}_I}{\partial \tilde{p}}\right|_0 (\tilde{p} - \tilde{N}_{\mathrm{A}}^-)$$

$$+ \left.\frac{\partial \tilde{P}_I}{\partial \vartheta}\right|_0 (\vartheta - \vartheta_{\mathrm{R}}) + \left.\frac{\partial \tilde{P}_I}{\partial W_K}\right|_0 W_K + \left.\frac{\partial \tilde{P}_I}{\partial G_{JK}}\right|_0 G_{KL}$$

$$= \left.\tilde{P}_I\right|_0 + e_I^p|_0 (\Delta \tilde{p}) + e_I^n|_0 (\Delta \tilde{n}) + h_I|_0 (\Delta \vartheta)$$

$$+ \chi_{IJ}|_0 W_J + d_{IJK}|_0 G_{JK} \tag{2.77b}$$

$$\psi_{\mathrm{c}}^n \cong \psi_{\mathrm{c}}^n|_0 + \left.\frac{\partial \psi_{\mathrm{c}}^n}{\partial \tilde{n}}\right|_0 (\tilde{n} - \tilde{N}_{\mathrm{D}}^+) + \left.\frac{\partial \psi_{\mathrm{c}}^n}{\partial \vartheta}\right|_0 (\vartheta - \vartheta_{\mathrm{R}}) + \left.\frac{\partial \psi_{\mathrm{c}}^n}{\partial W_K}\right|_0 W_K + \left.\frac{\partial \psi_{\mathrm{c}}^n}{\partial G_{IJ}}\right|_0 G_{IJ}$$

$$= \psi_{\mathrm{c}}^n|_0 + \left.\left(\frac{\Lambda^n}{\tilde{n}}\right)\right|_0 (\Delta \tilde{n}) - \alpha^n|_0 (\Delta \vartheta) - e_I^n|_0 W_I + c_{IJ}^n|_0 G_{IJ} \tag{2.77c}$$

$$\psi_{\mathrm{c}}^p \cong \psi_{\mathrm{c}}^p|_0 + \left.\frac{\partial \psi_{\mathrm{c}}^p}{\partial \tilde{p}}\right|_0 (\tilde{p} - \tilde{N}_{\mathrm{A}}^-) + \left.\frac{\partial \psi_{\mathrm{c}}^p}{\partial \vartheta}\right|_0 (\vartheta - \vartheta_{\mathrm{R}}) + \left.\frac{\partial \psi_{\mathrm{c}}^p}{\partial W_K}\right|_0 W_K + \left.\frac{\partial \psi_{\mathrm{c}}^p}{\partial G_{IJ}}\right|_0 G_{IJ}$$

$$= \psi_{\mathrm{c}}^p|_0 + \left.\left(\frac{\Lambda^p}{\tilde{p}}\right)\right|_0 (\Delta \tilde{p}) - \alpha^p|_0 (\Delta \vartheta) - e_I^p|_0 W_I + c_{IJ}^p|_0 G_{IJ} \tag{2.77d}$$

$$\tilde{\eta} \cong \tilde{\eta}|_0 + \left.\frac{\partial \tilde{\eta}}{\partial \tilde{n}}\right|_0 (\tilde{n} - \tilde{N}_{\mathrm{D}}^+) + \left.\frac{\partial \tilde{\eta}}{\partial \tilde{p}}\right|_0 (\tilde{p} - \tilde{N}_{\mathrm{A}}^-)$$

$$+ \left.\frac{\partial \tilde{\eta}}{\partial \vartheta}\right|_0 (\vartheta - \vartheta_{\mathrm{R}}) + \left.\frac{\partial \tilde{\eta}}{\partial W_K}\right|_0 W_K + \left.\frac{\partial \tilde{\eta}}{\partial G_{IJ}}\right|_0 G_{IJ}$$

$$= \tilde{\eta}|_0 + \alpha^n|_0 (\Delta \tilde{n}) + \alpha^p|_0 (\Delta \tilde{p}) + \left.\left(\frac{c}{\vartheta}\right)\right|_0 (\Delta \vartheta) + h_I|_0 W_I + \lambda_{IJ}|_0 G_{IJ} \tag{2.77e}$$

其中，$(\cdot)|_0 = (\cdot)|_{\boldsymbol{G}=0, \boldsymbol{W}=0, \Delta \tilde{n}=0, \Delta \tilde{p}=0, \Delta \vartheta=0}$。由于参考构型处于自然状态，式 (2.77) 中的残余应力、残余电极化等均为零。

在线性化方程 (2.77) 中，$c_{IJKL}|_0$ 是经典的弹性常数；$\lambda_{IJ}|_0$ 是热弹性系数；$d_{IJK}|_0$ 是压电常数；$h_I|_0$ 是热电系数；介电常数为 $\varepsilon_{IJ}|_0 = \epsilon_0 \delta_{IJ} + \chi_{IJ}|_0$。

将电吉布斯函数密度进行二阶 Taylor 展开，有

$$\tilde{g} \cong \frac{1}{2} c_{IJKL}|_0 G_{IJ} G_{KL} + \frac{1}{2} \left.\frac{\Lambda^n}{\tilde{n}}\right|_0 (\Delta \tilde{n})^2 + \frac{1}{2} \left.\frac{\Lambda^p}{\tilde{p}}\right|_0 (\Delta \tilde{p})^2 + (\Delta \tilde{n}) c_{IJ}^n|_0 G_{IJ}$$

$$+ \left(\Delta \tilde{p}\right) \left. c_{IJ}^p \right|_0 G_{IJ} - \frac{1}{2} \left. \chi_{IJ} \right|_0 W_I W_J - \left. d_{IJK} \right|_0 W_I G_{JK}$$

$$- \left(\Delta \tilde{n}\right) \left. e_I^n \right|_0 W_I - \left(\Delta \tilde{p}\right) \left. e_I^p \right|_0 W_I$$

$$- \left(\Delta \vartheta\right) \left. h_I \right|_0 W_I - \frac{1}{2} \left. \frac{c}{\vartheta} \right|_0 \left(\Delta \vartheta\right)^2 - \left. \alpha^n \right|_0 \left(\Delta \tilde{n}\right)\left(\Delta \vartheta\right)$$

$$- \left. \alpha^p \right|_0 \left(\Delta \tilde{p}\right)\left(\Delta \vartheta\right) - \left(\Delta \vartheta\right) \left. \lambda_{IJ} \right|_0 G_{IJ} \tag{2.78}$$

根据式 (2.77) 和式 (2.78)，线性理论中的状态关系可以写为

$$T_{IJ}^S = \frac{\partial \tilde{g}}{\partial G_{IJ}}, \quad \tilde{P}_I = -\frac{\partial \tilde{g}}{\partial W_I}, \quad \tilde{\eta} = -\frac{\partial \tilde{g}}{\partial (\Delta \vartheta)}, \quad \psi_c^n = \frac{\partial \tilde{g}}{\partial (\Delta \tilde{n})}, \quad \psi_c^p = \frac{\partial \tilde{g}}{\partial (\Delta \tilde{p})} \tag{2.79}$$

同样地，对于粒子流和热流，线性近似的表达式为

$$\tilde{j}_I^n = - \left. D_{IJ}^n \right|_0 (\Delta \tilde{n})_{,J} - \tilde{N}_{\mathrm{D}}^+ \left. M_{IJ}^n \right|_0 (W_J) - \tilde{N}_{\mathrm{D}}^+ \left. S_{IJ}^n \right|_0 (\Delta \vartheta)_{,J} \tag{2.80a}$$

$$\tilde{j}_I^p = - \left. D_{IJ}^p \right|_0 (\Delta \tilde{p})_{,J} + \tilde{N}_{\mathrm{A}}^- \left. M_{IJ}^p \right|_0 (W_J) - \tilde{N}_{\mathrm{A}}^- \left. S_{IJ}^p \right|_0 (\Delta \vartheta)_{,J} \tag{2.80b}$$

$$\frac{\tilde{q}_I}{\vartheta_R} = - \left. \bar{K}_{IJ} \right|_0 \frac{(\Delta \vartheta)_{,J}}{\vartheta_{\mathrm{R}}} + \left. \bar{P}_{IJ}^n \right|_0 (q\tilde{j}_J^n) + \left. \bar{P}_{IJ}^p \right|_0 (q\tilde{j}_J^p) \tag{2.80c}$$

根据式 (2.80a) 和式 (2.80b)，电子电流和空穴电流的表达式可以写为

$$\begin{cases} \tilde{J}_I^n = q\tilde{N}_{\mathrm{D}}^+ \left. M_{IJ}^n \right|_0 (W_J) + q \left. D_{IJ}^n \right|_0 (\Delta \tilde{n})_{,J} + q\tilde{N}_{\mathrm{D}}^+ \left. S_{IJ}^n \right|_0 (\Delta \vartheta)_{,J} \\ \tilde{J}_I^p = q\tilde{N}_{\mathrm{A}}^- \left. M_{IJ}^p \right|_0 (W_J) - q \left. D_{IJ}^p \right|_0 (\Delta \tilde{p})_{,J} - q\tilde{N}_{\mathrm{A}}^- \left. S_{IJ}^p \right|_0 (\Delta \vartheta)_{,J} \end{cases} \tag{2.81}$$

在本章的推导中，采用电子和空穴粒子流的概念较多，而在后续的章节中，只采用电流密度而不使用粒子流密度。

由于非线性问题的解析结果难以获得，在本书后续的讨论中，主要以线性问题为主。对于 2.5.1 小节中给出的非线性边值问题的研究主要依赖于有限元等数值方法。

参 考 文 献

[1] QU Y, PAN E, ZHU F, et al. Modeling thermoelectric effects in piezoelectric semiconductors: New fully coupled mechanisms for mechanically manipulated heat flux and refrigeration[J]. International Journal of Engineering Science, 2023, 182: 103775.

[2] YANG J. An Introduction to the Theory of Piezoelectricity[M]. New York: Springer, 2005.

第 3 章 压电半导体的结构理论

作为第 2 章讨论的弹性半导体连续介质理论的应用，本章将重点讨论基于线性压电半导体框架所发展的一维与二维结构理论。一维和二维结构理论方程可以用于分析梁、板结构中机械变形–电场–载流子分布的多场耦合问题。本章提出的利用机械载荷对载流子进行调控的原理为后续的传感器设计、电子电路的机械调控等应用奠定了理论基础。

3.1 压电半导体的三维理论

为建立一维纤维结构和二维薄膜结构的近似理论，本节先简要地总结压电半导体的三维框架。该框架可以作为第 2 章非线性连续介质理论的一个特例，也可以直接基于线性假设推导得到。线性化的压电半导体运动学方程、静电学方程、电子和空穴的电荷守恒方程可以表示为 [1]

$$T_{ij,j} + f_i = \rho \ddot{u}_i \tag{3.1a}$$

$$D_{i,i} = q(\Delta p - \Delta n) \tag{3.1b}$$

$$J_{i,i}^n = q \frac{\partial(\Delta n)}{\partial t} \tag{3.1c}$$

$$J_{i,i}^p = -q \frac{\partial(\Delta p)}{\partial t} \tag{3.1d}$$

式中，T_{ij} 为应力张量；f_i 为体力；ρ 为质量密度；u_i 为位移矢量；D_i 为电位移矢量；q 为元电荷；Δp 和 Δn 分别为空穴和电子浓度的扰动；J_i^n 和 J_i^p 分别为电子和空穴的电流密度。

场方程 (3.1a~d) 所对应的边界条件为

$$T_{ij}n_j = \bar{t}_i \quad 或 \quad u_i = \bar{u}_i \tag{3.2a}$$

$$D_i n_i = \bar{\omega} \quad 或 \quad \varphi = \bar{\varphi} \tag{3.2b}$$

$$J_i^n n_i = \bar{J}^n \quad 或 \quad \Delta n = 0 \tag{3.2c}$$

$$J_i^p n_i = \bar{J}^p \quad 或 \quad \Delta p = 0 \tag{3.2d}$$

式中，n_j 为单位外法向量；$\bar{t}_i$ 为面力；$\bar{\omega}$ 为面电荷；$\bar{J}^n$ 与 $\bar{J}^p$ 分别为电子与空穴的面电流；$\bar{u}_i$ 和 $\bar{\varphi}$ 分别为边界处给定的位移和电势。

三维压电半导体线性化的本构关系可以表示为

$$
\begin{cases}
T_{ij} = c_{ijkl}S_{kl} - e_{kij}E_k \\
D_i = e_{ijk}S_{jk} + \varepsilon_{ij}E_j \\
J_i^n = qn_0\mu_{ij}^n E_j + qD_{ij}^n N_j \\
J_i^p = qp_0\mu_{ij}^p E_j - qD_{ij}^p P_j
\end{cases}
\tag{3.3}
$$

式中，S_{ij} 为应变张量；E_i 为电场矢量；N_j 和 P_j 分别为电子和空穴浓度扰动的梯度；c_{ijkl} 为弹性常数；e_{kij} 为压电常数；ε_{ij} 为介电常数；μ_{ij}^n 和 μ_{ij}^p 分别为电子和空穴的迁移率；D_{ij}^n 和 D_{ij}^p 分别为电子和空穴的扩散常数。

梯度关系，即 S_{ij} 与 u_i、E_i 与 φ、N_i 与 Δn、P_i 与 Δp 之间的关系，可以表示为

$$
S_{ij} = \frac{1}{2}(u_{i,j} + u_{j,i})
\tag{3.4a}
$$

$$
E_i = -\varphi_{,i}
\tag{3.4b}
$$

$$
N_i = (\Delta n)_{,i}
\tag{3.4c}
$$

$$
P_i = (\Delta p)_{,i}
\tag{3.4d}
$$

将式 (3.4) 代入式 (3.3)，得到用基本未知量表示的本构关系，再将结果代入场方程 (3.1)，可以得到用基本未知量表示的控制方程。

3.2 压电半导体的一维结构理论

本节基于 3.1 节给出的压电半导体的三维理论与 Mindlin 的双幂级数方法建立压电半导体杆的一维结构理论。利用本节建立的一维结构理论可以得到不同变形模式下多场耦合问题的控制方程，为分析一维器件的相关问题提供了有效的工具。

考虑如图 3.1 所示的压电半导体矩形截面杆，x_1 轴和 x_2 轴为横截面上过质心的主轴。用 C 表示截面的边界曲线，截面边界曲线的单位外法向量记为 n_i。

根据 Mindlin 的双幂级数方法，将基本未知量 u_i、φ、Δn 和 Δp 展开成关于坐标 x_1 和 x_2 的双重幂级数[1]：

$$
u_i(x_1, x_2, x_3, t) = \sum_{n,m=0}^{\infty} x_1^n x_2^m u_i^{(n,m)}(x_3, t)
\tag{3.5a}
$$

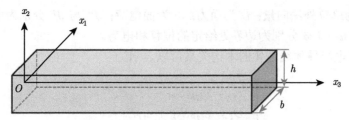

图 3.1 压电半导体矩形截面杆结构

$$\varphi(x_1, x_2, x_3, t) = \sum_{n,m=0}^{\infty} x_1^n x_2^m \varphi^{(n,m)}(x_3, t) \tag{3.5b}$$

$$\Delta n(x_1, x_2, x_3, t) = \sum_{n,m=0}^{\infty} x_1^n x_2^m n^{(n,m)}(x_3, t) \tag{3.5c}$$

$$\Delta p(x_1, x_2, x_3, t) = \sum_{n,m=0}^{\infty} x_1^n x_2^m p^{(n,m)}(x_3, t) \tag{3.5d}$$

式中，分量 $u_i^{(n,m)}$、$\varphi^{(n,m)}$、$n^{(n,m)}$ 及 $p^{(n,m)}$ 仅为 x_3 与时间 t 的函数。

将式 (3.5a~d) 代入式 (3.4a~d)，可以得到应变、电场以及载流子浓度扰动梯度的双幂级数表达式：

$$S_{ij}(x_1, x_2, x_3, t) = \sum_{n,m=0}^{\infty} x_1^n x_2^m S_{ij}^{(n,m)}(x_3, t) \tag{3.6a}$$

$$E_i(x_1, x_2, x_3, t) = \sum_{n,m=0}^{\infty} x_1^n x_2^m E_i^{(n,m)}(x_3, t) \tag{3.6b}$$

$$N_i(x_1, x_2, x_3, t) = \sum_{n,m=0}^{\infty} x_1^n x_2^m N_i^{(n,m)}(x_3, t) \tag{3.6c}$$

$$P_i(x_1, x_2, x_3, t) = \sum_{n,m=0}^{\infty} x_1^n x_2^m P_i^{(n,m)}(x_3, t) \tag{3.6d}$$

式 (3.6) 中，分量 $S_{ij}^{(n,m)}$、$E_i^{(n,m)}$、$N_i^{(n,m)}$ 及 $P_i^{(n,m)}$ 的表达式为

$$S_{ij}^{(n,m)} = \frac{1}{2}[\delta_{3j}u_{i,3}^{(m,n)} + \delta_{3i}u_{j,3}^{(m,n)} + (n+1)(\delta_{1j}u_i^{(n+1,m)} + \delta_{1i}u_j^{(n+1,m)})$$
$$+ (m+1)(\delta_{2j}u_i^{(n,m+1)} + \delta_{2i}u_j^{(n,m+1)})] \tag{3.7a}$$

$$E_i^{(n,m)} = -[\delta_{3i}\varphi_{,3}^{(n,m)} + (n+1)\delta_{1i}\varphi^{(n+1,m)} + (m+1)\delta_{2i}\varphi^{(n,m+1)}] \tag{3.7b}$$

$$N_i^{(n,m)} = \delta_{3i}n_{,3}^{(n,m)} + (n+1)\delta_{1i}n^{(n+1,m)} + (m+1)\delta_{2i}n^{(n,m+1)} \tag{3.7c}$$

$$P_i^{(n,m)} = \delta_{3i}p_{,3}^{(n,m)} + (n+1)\delta_{1i}p^{(n+1,m)} + (m+1)\delta_{2i}p^{(n,m+1)} \tag{3.7d}$$

由式 (3.7a~d) 可以直接确定不同阶的应变、电场以及载流子浓度扰动梯度的表达式。

为了得到一维问题的控制方程, 在图 3.1 所示的压电半导体杆的横截面上, 对式 (3.1a~d) 与 $x_1^n x_2^m$ 的乘积进行积分, 有

$$
\begin{cases}
T_{i3,3}^{(n,m)} - nT_{i1}^{(n-1,m)} - mT_{i2}^{(n,m-1)} + t_i^{(n,m)} = \displaystyle\sum_{p,q=0}^{\infty} \rho^{(n+p,m+q)}\ddot{u}_i^{(p,q)} \\[3mm]
D_{3,3}^{(n,m)} - nD_1^{(n-1,m)} - mD_2^{(n,m-1)} + d^{(n,m)} = \displaystyle\sum_{p,q=0}^{\infty} q^{(n+p,m+q)}(p^{(p,q)} - n^{(p,q)}) \\[3mm]
J_{3,3}^{n(n,m)} - nJ_1^{n(n-1,m)} - mJ_2^{n(n,m-1)} + j^{n(n,m)} = \displaystyle\sum_{p,q=0}^{\infty} q^{(n+p,m+q)}\dot{n}^{(p,q)} \\[3mm]
J_{3,3}^{p(n,m)} - nJ_1^{p(n-1,m)} - mJ_2^{p(n,m-1)} + j^{p(n,m)} = -\displaystyle\sum_{p,q=0}^{\infty} q^{(n+p,m+q)}\dot{p}^{(p,q)}
\end{cases}
\tag{3.8}
$$

在一维场方程 (3.8a~d) 中出现的高阶惯性项、高阶电荷密度、高阶应力、高阶电位移及高阶电流密度的定义为

$$[\rho^{(n,m)}, q^{(n,m)}, T_{ij}^{(n,m)}, D_i^{(n,m)}, J_i^{n(n,m)}, J_i^{p(n,m)}]$$

$$= \int_A [(\rho, q, T_{ij}, D_i, J_i^n, J_i^p)x_1^n x_2^m]\mathrm{d}A \tag{3.9}$$

另外, 高阶外力及高阶电学载荷的表达式为

$$
\begin{cases}
t_i^{(n,m)} = \displaystyle\int_A (f_i x_1^n x_2^m)\mathrm{d}A + \oint_C (T_{ij}n_j x_1^n x_2^m)\mathrm{d}l \\[3mm]
d^{(n,m)} = \displaystyle\oint_C (D_i n_i x_1^n x_2^m)\mathrm{d}l \\[3mm]
j^{n(n,m)} = \displaystyle\oint_C (J_i^n n_i x_1^n x_2^m)\mathrm{d}l \\[3mm]
j^{p(n,m)} = \displaystyle\oint_C (J_i^p n_i x_1^n x_2^m)\mathrm{d}l
\end{cases}
\tag{3.10}
$$

将式 (3.3) 和式 (3.6) 代入式 (3.9) 中，可以得到一维本构关系：

$$
\begin{cases}
T_{ij}^{(n,m)} = \displaystyle\sum_{p,q=0}^{\infty} \left(c_{ijkl}^{(n+p,m+q)} S_{kl}^{(p,q)} - e_{kij}^{(n+p,m+q)} E_k^{(p,q)} \right) \\[2mm]
D_i^{(n,m)} = \displaystyle\sum_{p,q=0}^{\infty} \left(\varepsilon_{ij}^{(n+p,m+q)} E_j^{(p,q)} + e_{ijk}^{(n+p,m+q)} S_{jk}^{(p,q)} \right) \\[2mm]
J_i^{n(n,m)} = \displaystyle\sum_{p,q=0}^{\infty} \left(\mu_{ij}^{n(n+p,m+q)} E_j^{(p,q)} + D_{ij}^{n(n+p,m+q)} N_j^{(p,q)} \right) \\[2mm]
J_i^{p(n,m)} = \displaystyle\sum_{p,q=0}^{\infty} \left(\mu_{ij}^{p(n+p,m+q)} E_j^{(p,q)} - D_{ij}^{p(n+p,m+q)} P_j^{(p,q)} \right)
\end{cases}
\tag{3.11}
$$

式 (3.11) 中，高阶材料常数的定义为

$$
[c_{ijkl}^{(n,m)}, e_{kij}^{(n,m)}, \varepsilon_{ij}^{(n,m)}, \mu_{ij}^{n(n,m)}, D_{ij}^{n(n,m)}, \mu_{ij}^{p(n,m)}, D_{ij}^{p(n,m)}]
$$

$$
= \int_A [(c_{ijkl}, e_{kij}, \varepsilon_{ij}, qn_0\mu_{ij}^n, qD_{ij}^n, qp_0\mu_{ij}^p, qD_{ij}^p) x_1^n x_2^m] \mathrm{d}A
\tag{3.12}
$$

根据式 (3.11) 和式 (3.7)，可以把式 (3.8a~d) 表示为一组关于 $u_i^{(n,m)}$、$\varphi^{(n,m)}$、$n^{(n,m)}$ 和 $p^{(n,m)}$ 的常微分方程组。在杆件的边界处，可以通过预先给定 $T_{i3}^{(n,m)}$ 或 $u_i^{(n,m)}$、$D_3^{(n,m)}$ 或 $\varphi^{(n,m)}$、$J_3^{n(n,m)}$ 或 $n^{(n,m)}$ 及 $J_3^{p(n,m)}$ 或 $p^{(n,m)}$ 的值作为边界条件。

3.3　压电半导体纤维的扭转理论

对于考虑翘曲变形、面内剪切变形的压电半导体矩形截面杆的扭转问题，仅需保留式 (3.5) 中与扭转变形、翘曲变形、面内剪切变形有关的高阶位移分量，以及高阶电势分量和高阶载流子浓度扰动分量。

通过尝试，式 (3.5) 可以截断为

$$
\begin{cases}
u_1(x_1, x_2, x_3, t) \cong x_2 u_1^{(0,1)} \\[1mm]
u_2(x_1, x_2, x_3, t) \cong x_1 u_2^{(1,0)} \\[1mm]
u_3(x_1, x_2, x_3, t) \cong x_1 x_2 u_3^{(1,1)} \\[1mm]
\varphi(x_1, x_2, x_3, t) \cong \varphi^{(0,0)} \\[1mm]
\Delta n(x_1, x_2, x_3, t) \cong n^{(0,0)} \\[1mm]
\Delta p(x_1, x_2, x_3, t) \cong p^{(0,0)}
\end{cases}
\tag{3.13}
$$

式 (3.13) 中位移分量的几何示意图如图 3.2 所示。

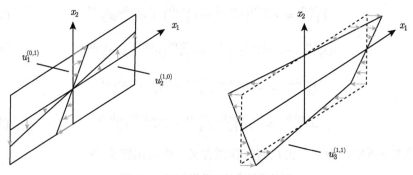

图 3.2 矩形横截面的扭转与翘曲

根据式 (3.7) 与式 (3.13)，可以得到相应的梯度关系：

$$\begin{cases} S_{33}^{(1,1)} = u_{3,3}^{(1,1)}, \quad S_{23}^{(1,0)} = \frac{1}{2}(u_3^{(1,1)} + u_{2,3}^{(1,0)}) \\[2mm] S_{13}^{(0,1)} = \frac{1}{2}(u_3^{(1,1)} + u_{1,3}^{(0,1)}), \quad S_{12}^{(0,0)} = \frac{1}{2}(u_1^{(0,1)} + u_2^{(1,0)}) \\[2mm] E_3^{(0,0)} = -\varphi_{,3}^{(0,0)}, \quad N_3^{(0,0)} = n_{,3}^{(0,0)}, \quad P_3^{(0,0)} = p_{,3}^{(0,0)} \end{cases} \quad (3.14)$$

式中，$S_{12}^{(0,0)}$ 描述面内的剪切变形。

根据式 (3.8)，相关的一维场方程可以表示为

$$T_{13,3}^{(0,1)} - T_{12}^{(0,0)} + t_1^{(0,1)} = \rho^{(0,2)} \ddot{u}_1^{(0,1)} \quad (3.15a)$$

$$T_{23,3}^{(1,0)} - T_{12}^{(0,0)} + t_2^{(1,0)} = \rho^{(2,0)} \ddot{u}_2^{(1,0)} \quad (3.15b)$$

$$T_{33,3}^{(1,1)} - T_{13}^{(0,1)} - T_{23}^{(1,0)} + t_1^{(1,1)} = \rho^{(2,2)} \ddot{u}_3^{(1,1)} \quad (3.15c)$$

$$D_{3,3}^{(0,0)} + d^{(0,0)} = q^{(0,0)}(p^{(0,0)} - n^{(0,0)}) \quad (3.15d)$$

$$J_{3,3}^{n(0,0)} + j^{n(0,0)} = q^{(0,0)} \dot{n}^{(0,0)} \quad (3.15e)$$

$$J_{3,3}^{p(0,0)} + j^{p(0,0)} = -q^{(0,0)} \dot{p}^{(0,0)} \quad (3.15f)$$

考虑具有压电性质的立方晶系，其一维本构关系可以表示为

$$T_{33}^{(1,1)} = c_{11}^{(2,2)} u_{3,3}^{(1,1)} \quad (3.16a)$$

$$T_{23}^{(1,0)} = c_{44}^{(2,0)}(u_3^{(1,1)} + u_{2,3}^{(1,0)}) \quad (3.16b)$$

$$T_{13}^{(0,1)} = c_{44}^{(0,2)}(u_3^{(1,1)} + u_{1,3}^{(0,1)}) \quad (3.16c)$$

$$T_{12}^{(0,0)} = c_{44}^{(0,0)}(u_1^{(0,1)} + u_2^{(1,0)}) + e_{14}^{(0,0)}\varphi_{,3}^{(0,0)} \tag{3.16d}$$

$$D_3^{(0,0)} = -\varepsilon_{11}^{(0,0)}\varphi_{,3}^{(0,0)} + e_{14}^{(0,0)}(u_1^{(0,1)} + u_2^{(1,0)}) \tag{3.16e}$$

$$J_3^{n(0,0)} = -\mu_{11}^{n(0,0)}\varphi_{,3}^{(0,0)} + D_{11}^{n(0,0)}N_3^{(0,0)} \tag{3.16f}$$

$$J_3^{p(0,0)} = -\mu_{11}^{p(0,0)}\varphi_{,3}^{(0,0)} - D_{11}^{p(0,0)}P_3^{(0,0)} \tag{3.16g}$$

后续分析中，为了突出几何与物理含义，引入扭转角 θ：

$$\theta = \frac{1}{2}(u_2^{(1,0)} - u_1^{(0,1)}), \quad u_2^{(1,0)} = S_{12}^{(0,0)} + \theta, \quad u_1^{(0,1)} = S_{12}^{(0,0)} - \theta \tag{3.17}$$

根据式 (3.17)，式 (3.15a) 和式 (3.15b) 可以重新表示为

$$\begin{cases} M_{\theta,3} + F_\theta = \kappa_{20}\rho^{(2,0)}(\ddot{\theta} + \ddot{S}_{12}^{(0,0)}) + \kappa_{02}\rho^{(0,2)}(\ddot{\theta} - \ddot{S}_{12}^{(0,0)}) \\ M_{s,3} - 2T_{12}^{(0,0)} + F_s = \kappa_{20}\rho^{(2,0)}(\ddot{S}_{12}^{(0,0)} + \ddot{\theta}) + \kappa_{02}\rho^{(0,2)}(\ddot{S}_{12}^{(0,0)} - \ddot{\theta}) \end{cases} \tag{3.18}$$

其中，扭矩 M_θ、描述面内剪切的力矩 M_s 以及相关的机械载荷为

$$\begin{cases} M_\theta = T_{23}^{(1,0)} - T_{13}^{(0,1)}, \quad M_s = T_{23}^{(1,0)} + T_{13}^{(0,1)} \\ F_\theta = F_2^{(1,0)} - F_1^{(0,1)}, \quad F_s = F_2^{(1,0)} + F_1^{(0,1)} \\ c_{44}^+ = \kappa_{20}c_{44}^{(2,0)} + \kappa_{02}c_{44}^{(0,2)}, \quad c_{44}^- = \kappa_{20}c_{44}^{(2,0)} - \kappa_{02}c_{44}^{(0,2)} \\ \rho^+ = \kappa_{20}\rho^{(2,0)} + \kappa_{02}\rho^{(0,2)}, \quad \rho^- = \kappa_{20}\rho^{(2,0)} - \kappa_{02}\rho^{(0,2)}, \quad \kappa_{20} \neq \kappa_{02} \end{cases} \tag{3.19}$$

式 (3.19) 中，κ_{20} 和 κ_{02} 是修正因子。

借助于 M_s 的表达式，式 (3.15c) 可以重新表示为

$$T_{33,3}^{(1,1)} - M_s + F_1^{(1,1)} = \rho^{(2,2)}\ddot{u}_3^{(1,1)} \tag{3.20}$$

借助于扭转角和面内剪切应变，本构关系可以重新表示为

$$\begin{cases} M_\theta = T_{23}^{(1,0)} - T_{13}^{(0,1)} = c_{44}^- u_3^{(1,1)} + c_{44}^- S_{12,3}^{(0,0)} + c_{44}^+\theta_{,3} \\ M_s = T_{23}^{(1,0)} + T_{13}^{(0,1)} = c_{44}^+ u_3^{(1,1)} + c_{44}^+ S_{12,3}^{(0,0)} + c_{44}^-\theta_{,3} \\ T_{12}^{(0,0)} = 2c_{44}^{(0,0)}S_{12}^{(0,0)} + e_{14}^{(0,0)}\varphi_{,3}^{(0,0)} \\ D_3^{(0,0)} = -\varepsilon_{11}^{(0,0)}\varphi_{,3}^{(0,0)} + 2e_{14}^{(0,0)}S_{12}^{(0,0)} \end{cases} \tag{3.21}$$

将式 (3.16a)、式 (3.16f)、式 (3.16g) 和式 (3.21) 代入式 (3.18)、式 (3.20) 和式 (3.15d~f)，可以得到用扭转角 θ、翘曲变形 $u_3^{(1,1)}$、面内剪切变形 $S_{12}^{(0,0)}$、零阶

电势 $\varphi^{(0,0)}$、零阶载流子浓度扰动 $n^{(0,0)}$ 和 $p^{(0,0)}$ 表示的六个控制方程:

$$
\begin{cases}
c_{44}^{-}u_{3,3}^{(1,1)} + c_{44}^{-}S_{12,33}^{(0,0)} + c_{44}^{+}\theta_{,33} + F_\theta = \rho^{+}\ddot\theta + \rho^{-}\ddot S_{12}^{(0,0)} \\
c_{44}^{+}u_{3,3}^{(1,1)} + c_{44}^{+}S_{12,33}^{(0,0)} + c_{44}^{-}\theta_{,33} - 2(2c_{44}^{(0,0)}S_{12}^{(0,0)} + e_{14}^{(0,0)}\varphi_{,3}^{(0,0)}) \\
\quad + F_s = \rho^{+}\ddot S_{12}^{(0,0)} + \rho^{-}\ddot\theta \\
c_{11}^{(2,2)}u_{3,33}^{(1,1)} - c_{44}^{+}u_3^{(1,1)} - c_{44}^{+}S_{12,3}^{(0,0)} - c_{44}^{-}\theta_{,3} + F_1^{(1,1)} = \rho^{(2,2)}\ddot u_3^{(1,1)} \\
-\varepsilon_{11}^{(0,0)}\varphi_{,33}^{(0,0)} + 2e_{14}^{(0,0)}S_{12,3}^{(0,0)} + D^{(0,0)} = q^{(0,0)}(p^{(0,0)} - n^{(0,0)}) \\
-\mu_{11}^{n(0,0)}\varphi_{,33}^{(0,0)} + D_{11}^{n(0,0)}n_{,33}^{(0,0)} + J^{n(0,0)} = q^{(0,0)}\dot n^{(0,0)} \\
-\mu_{11}^{p(0,0)}\varphi_{,33}^{(0,0)} - D_{11}^{p(0,0)}p_{,33}^{(0,0)} + J^{p(0,0)} = -q^{(0,0)}\dot p^{(0,0)}
\end{cases}
\tag{3.22}
$$

3.3.1 压电半导体杆中的波动分析

本节考虑无外加载荷时无限长压电半导体杆中的驻波问题。假设该压电半导体杆为 p 型半导体 ($n_0 = 0$)。

对于驻波,假设基本未知量有以下形式的解:

$$
\begin{cases}
[\theta, S_{12}^{(0,0)}] = [A, B]\sin(\xi x_3)\exp(\mathrm{i}\omega t) \\
[u_3^{(1,1)}, \varphi^{(0,0)}, p^{(0,0)}] = [C, D, E]\cos(\xi x_3)\exp(\mathrm{i}\omega t)
\end{cases}
\tag{3.23}
$$

式中,i 为虚数单位;ω 为波的频率;ξ 为波数;$A \sim E$ 为待定常数。把式 (3.23) 代入式 (3.22),得到关于 $A \sim E$ 的齐次线性方程组。当方程组存在非零解时,方程组系数矩阵的行列式必须为零。由此,可以得到频率 ω 和波数 ξ 的关系,即色散关系。

在定量分析中,选取砷化镓 (GaAs) 为例进行数值计算 (其材料常数见附录 B)。在接下来的计算中,假定:半导体的掺杂浓度为 $p_0 = 10^{21}$ m^{-3},杆件的宽度 $b = 50$ nm,高度 $h = 30$ nm。色散关系和空穴浓度扰动分布分别如图 3.3(a) 和 (b) 所示。图 3.3(a) 中的色散关系有多个分支,且部分为复数分支,当 ξ 接近实数时,随着 ω 的增加,三个分支分别表示扭转波、面内剪切波及翘曲波。面内剪切波和翘曲波是色散的,并且与频率轴具有交点,这些交点处的频率称为截止频率,低于该频率时,该波不能传播。在面内剪切波分支的局部极小值处存在一个复数分支,这与经典矩形杆扭转波的色散关系类似。当存在压电效应和半导体效应时,有两个近似垂直的分支。从式 (3.21) 或式 (3.22) 可以看出,面内剪切与轴向电场耦合,因此在剪切波传播的过程中,空穴会沿着轴向重新分布,如图 3.3(b) 所示。

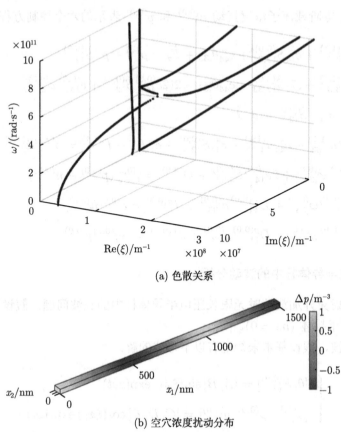

(a) 色散关系

(b) 空穴浓度扰动分布

图 3.3　色散关系与空穴浓度扰动分布

3.3.2　压电半导体杆的静态扭转分析

本小节研究长为 L 的压电半导体杆的静态扭转问题。该杆件左端固定，右端施加大小为 M_θ 的扭矩，杆件两端电学绝缘。该问题的边界条件可以写为

$$
\begin{cases}
\theta = 0, & u_3^{(1,1)} = 0, & S_{12}^{(0,0)} = 0, & D_3^{(0,0)} = 0, & J_3^{p(0,0)} = 0, & x_3 = 0 \\
M_\theta = \overline{M}_\theta, & T_{33}^{(1,1)} = 0, & M_s = 0, & D_3^{(0,0)} = 0, & J_3^{p(0,0)} = 0, & x_3 = L
\end{cases}
$$

$$(3.24)$$

对于静态问题，省略式 (3.22) 中的惯性项，可以得到静态扭转的控制方程。根据微分方程组求解的基本原理，可以得到问题的解析解。

在定量分析中，选取砷化镓 (GaAs) 为例进行数值计算，几何参数及掺杂浓度与 3.3.1 小节保持一致。图 3.4 给出了压电半导体杆在静态扭转时的场分布情况。与弹性杆扭转的情况一样，扭转角可以近似地看作线性函数，如图 3.4(a) 所示。图 3.4(b)~(e) 中给出的翘曲、面内剪切、电势和空穴浓度扰动仅在杆件的固

定端附近发生变化，在杆件的右端基本不变。翘曲函数在靠近杆件右端时为保持不变，而靠近左侧时，迅速衰减为零。面内剪切仅在杆件的左端有变化，远离左端时，面内剪切为零，这是因为面内剪切变形与翘曲的导数和扭转角的二阶导数耦合，如式 (3.22b) 所示。在杆件右端，轴向电场趋近于零。综上所述，面内剪切变形、轴向电场、空穴浓度扰动均集中在杆件的固定端附近。

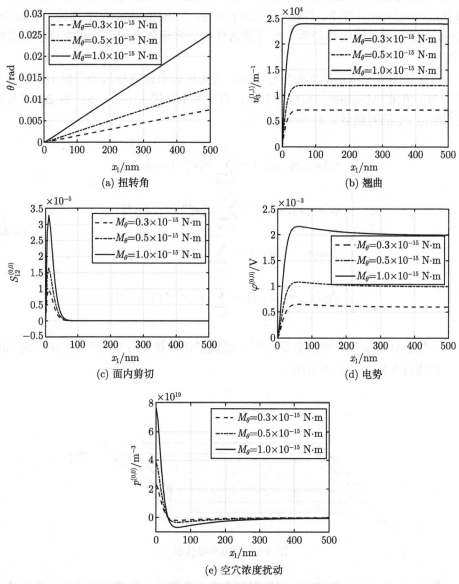

(a) 扭转角

(b) 翘曲

(c) 面内剪切

(d) 电势

(e) 空穴浓度扰动

图 3.4 压电半导体杆在静态扭转时的场分布

3.4　压电半导体的二维结构理论

3.2 节基于 Mindlin 的双幂级数方法推导了一维杆件的场方程、梯度关系与本构关系。本节针对薄膜结构，基于 3.1 节给出的压电半导体的三维理论与 Mindlin 的幂级数方法建立压电半导体板的二维理论。利用本节建立的二维结构理论，可以通过级数截断的方法得到不同变形模式下的多场耦合问题的控制方程，如 Poisson-Cauchy 理论、Kane-Mindlin 理论、Mindlin-Reissner 理论、Mindlin-Medick 理论等。这些模型为二维薄膜器件中的多场耦合问题分析提供了有效的方法。

考虑如图 3.5 所示的压电半导体板，直角坐标系建立在板的中面上，板的厚度为 $2h$，根据 Mindlin 的幂级数方法，将基本未知量 u_i、φ、Δn 和 Δp 展开成关于坐标 x_3 的幂级数，有 [2]

$$
\begin{cases}
u_i(x_1, x_2, x_3, t) = \sum_{n=0}^{\infty} x_3^n u_i^{(n)}(x_1, x_2, t) \\
\varphi(x_1, x_2, x_3, t) = \sum_{n=0}^{\infty} x_3^n \varphi^{(n)}(x_1, x_2, t) \\
\Delta n(x_1, x_2, x_3, t) = \sum_{n=0}^{\infty} x_3^n n^{(n)}(x_1, x_2, t) \\
\Delta p(x_1, x_2, x_3, t) = \sum_{n=0}^{\infty} x_3^n p^{(n)}(x_1, x_2, t)
\end{cases}
\tag{3.25}
$$

其中，位移分量 $u_i^{(n)}$、电势分量 $\varphi^{(n)}$、载流子浓度扰动分量 $n^{(n)}$ 及 $p^{(n)}$ 均为时间 t 和面内坐标 x_1 与 x_2 的函数。

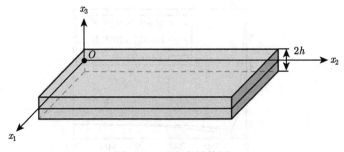

图 3.5　压电半导体板

将式 (3.25) 代入式 (3.4)，可以得到应变、电场以及载流子浓度扰动梯度的幂级数表达式：

$$
\begin{cases}
S_{ij}(x_1,x_2,x_3,t) = \sum_{n=0}^{\infty} x_3^n S_{ij}^{(n)}(x_1,x_2,t) \\[2mm]
E_i(x_1,x_2,x_3,t) = \sum_{n=0}^{\infty} x_3^n E_i^{(n)}(x_1,x_2,t) \\[2mm]
N_i(x_1,x_2,x_3,t) = \sum_{n=0}^{\infty} x_3^n N_i^{(n)}(x_1,x_2,t) \\[2mm]
P_i(x_1,x_2,x_3,t) = \sum_{n=0}^{\infty} x_3^n P_i^{(n)}(x_1,x_2,t)
\end{cases}
\tag{3.26}
$$

式 (3.26) 中，分量 $S_{ij}^{(n)}$、$E_i^{(n)}$、$N_i^{(n)}$ 和 $P_i^{(n)}$ 的表达式为

$$
\begin{cases}
S_{ij}^{(n)} = \dfrac{1}{2}[(u_{i,j}^{(n)} + u_{j,i}^{(n)}) + (n+1)(\delta_{j3}u_i^{(n+1)} + \delta_{i3}u_j^{(n+1)})] \\[2mm]
E_i^{(n)} = -\varphi_{,i}^{(n)} - (n+1)\delta_{i3}\varphi^{(n+1)} \\[2mm]
N_i^{(n)} = n_{,i}^{(n)} + (n+1)\delta_{i3}n^{(n+1)} \\[2mm]
P_i^{(n)} = p_{,i}^{(n)} + (n+1)\delta_{i3}p^{(n+1)}
\end{cases}
\tag{3.27}
$$

沿着厚度方向对式 (3.1) 与 x_3^n 的乘积进行积分，可以得到二维结构的高阶场方程：

$$
\begin{cases}
T_{ij,j}^{(n)} - nT_{i3}^{(n-1)} + f_i^{(n)} + t_i^{(n)} = \sum_{m=0}^{\infty} \rho^{(m+n)}\ddot{u}_i^{(m)} \\[2mm]
D_{i,i}^{(n)} - nD_3^{(n-1)} + d^{(n)} = \sum_{m=0}^{\infty} q^{(m+n)}(p^{(m)} - n^{(m)}) \\[2mm]
J_{i,i}^{n(n)} - nJ_3^{n(n-1)} + j^{n(n)} = \sum_{m=0}^{\infty} q^{(m+n)}\dot{n}^{(m)} \\[2mm]
J_{i,i}^{p(n)} - nJ_3^{p(n-1)} + j^{p(n)} = -\sum_{m=0}^{\infty} q^{(m+n)}\dot{p}^{(m)}
\end{cases}
\tag{3.28}
$$

式 (3.28) 中，高阶质量密度、高阶电荷密度、高阶应力、高阶电位移及高阶电流密度的表达式为

$$
[\rho^{(n)}, q^{(n)}, T_{ij}^{(n)}, D_i^{(n)}, J_i^{n(n)}, J_i^{p(n)}] = \int_{-h}^{h} [(\rho, q, T_{ij}, D_i, J_i^n, J_i^p)x_3^n]\mathrm{d}x_3
\tag{3.29}
$$

另外，高阶机械载荷及高阶电学载荷的定义为

$$
\begin{cases}
f_i^{(n)} = \displaystyle\int_{-h}^{h} (f_i x_3^n)\mathrm{d}x_3, \quad t_i^{(n)} = [T_{i3}x_3^n]_{-h}^h \\[2mm]
d^{(n)} = [D_3 x_3^n]_{-h}^h, \quad j^{n(n)} = [J_3^n x_3^n]_{-h}^h, \quad j^{p(n)} = [J_3^p x_3^n]_{-h}^h
\end{cases}
\tag{3.30}
$$

将式 (3.3) 和式 (3.26) 代入式 (3.29)，可以得到二维本构关系：

$$
\begin{cases}
T_{ij}^{(n)} = \displaystyle\sum_{m=0}^{\infty} (c_{ijkl}^{(n+m)} S_{kl}^{(m)} - e_{kij}^{(n+m)} E_k^{(m)}) \\[3mm]
D_i^{(n)} = \displaystyle\sum_{m=0}^{\infty} (\varepsilon_{ij}^{(n+m)} E_j^{(m)} + e_{ijk}^{(n+m)} S_{jk}^{(m)}) \\[3mm]
J_i^{n(n)} = \displaystyle\sum_{m=0}^{\infty} (\mu_{ij}^{n(n+m)} E_j^{(m)} + D_{ij}^{n(n+m)} N_j^{(m)}) \\[3mm]
J_i^{p(n)} = \displaystyle\sum_{m=0}^{\infty} (\mu_{ij}^{p(n+m)} E_j^{(m)} - D_{ij}^{p(n+m)} P_j^{(m)})
\end{cases}
\tag{3.31}
$$

其中，高阶材料常数的定义为

$$
[c_{ijkl}^{(n)}, e_{kij}^{(n)}, \varepsilon_{ij}^{(n)}, \mu_{ij}^{n(n)}, D_{ij}^{n(n)}, \mu_{ij}^{p(n)}, D_{ij}^{p(n)}]
$$

$$
= \int_{-h}^{h} [(c_{ijkl}, e_{kij}, \varepsilon_{ij}, qn_0 \mu_{ij}^n, qD_{ij}^n, qp_0 \mu_{ij}^p, qD_{ij}^p)x_3^n]\mathrm{d}x_3
\tag{3.32}
$$

根据式 (3.27)、式 (3.28) 和式 (3.31)，可以把式 (3.28) 表示为一系列关于基本未知量 $u_i^{(n)}$、$\varphi^{(n)}$、$n^{(n)}$ 和 $p^{(n)}$ 的微分方程。在板的边界处，可以通过预先给定 $T_{3n}^{(n)}$ 或 $u_3^{(n)}$、$T_{nn}^{(n)}$ 或 $u_n^{(n)}$、$T_{sn}^{(n)}$ 或 $u_s^{(n)}$、$D_n^{(n)}$ 或 $\varphi^{(n)}$、$J_n^{n(n)}$ 或 $n^{(n)}$、$J_n^{p(n)}$ 或 $p^{(n)}$ 的值作为边界条件。

3.5　二维方程的应用

作为 3.4 节推导的压电半导体二维方程的应用，本节给出了压电半导体板结构的拉伸理论、弯曲与剪切理论以及厚度伸缩理论。本节主要研究 6mm 点群的压电晶体，其 c 轴沿板的厚度方向。

3.5.1　压电半导体板的拉伸方程

对于 6mm 点群压电半导体板的拉伸问题 (c 轴沿板的厚度方向)，基本未知量可以近似地表示为 [3]

$$\begin{cases} u_1(x_1, x_2, x_3, t) \cong u_1^{(0)}(x_1, x_2, t) \\ u_2(x_1, x_2, x_3, t) \cong u_2^{(0)}(x_1, x_2, t) \\ \varphi(x_1, x_2, x_3, t) \cong x_3 \varphi^{(1)}(x_1, x_2, t) \\ \Delta n(x_1, x_2, x_3, t) \cong x_3 n^{(1)}(x_1, x_2, t) \\ \Delta p(x_1, x_2, x_3, t) \cong x_3 p^{(1)}(x_1, x_2, t) \end{cases} \tag{3.33}$$

其中，$u_1^{(0)}$ 和 $u_2^{(0)}$ 表示面内拉伸变形；$\varphi^{(1)}$ 为一阶电势分量；$n^{(1)}$ 和 $p^{(1)}$ 分别为电子和空穴浓度扰动的一阶分量。梯度关系可以表示为

$$\begin{cases} S_{11}^{(0)} = u_{1,1}^{(0)}, \quad S_{22}^{(0)} = u_{2,2}^{(0)}, \quad S_{12}^{(0)} = \frac{1}{2}(u_{1,2}^{(0)} + u_{2,1}^{(0)}) \\ E_1^{(1)} = -\varphi_{,1}^{(1)}, \quad E_2^{(1)} = -\varphi_{,2}^{(1)} \\ N_1^{(1)} = n_{,1}^{(1)}, \quad N_2^{(1)} = n_{,2}^{(1)}, \quad P_1^{(1)} = p_{,1}^{(1)}, \quad P_2^{(1)} = p_{,2}^{(1)} \end{cases} \tag{3.34}$$

基本未知量 $u_1^{(0)}$、$u_2^{(0)}$、$\varphi^{(1)}$、$n^{(1)}$ 和 $p^{(1)}$ 的场方程为

$$\begin{cases} T_{11,1}^{(0)} + T_{12,2}^{(0)} + t_1^{(0)} = \rho^{(0)} \ddot{u}_1^{(0)} \\ T_{21,1}^{(0)} + T_{22,2}^{(0)} + t_2^{(0)} = \rho^{(0)} \ddot{u}_2^{(0)} \\ D_{1,1}^{(1)} + D_{2,2}^{(1)} - D_3^{(0)} + d^{(1)} = q^{(2)}(p^{(1)} - n^{(1)}) \\ J_{1,1}^{n(1)} + J_{2,2}^{n(1)} - J_3^{n(0)} + j^{n(1)} = q^{(2)} \dot{n}^{(1)} \\ J_{1,1}^{p(1)} + J_{2,2}^{p(1)} - J_3^{p(0)} + j^{p(1)} = -q^{(2)} \dot{p}^{(1)} \end{cases} \tag{3.35}$$

拉伸问题对应的二维本构关系为

$$\begin{cases} T_{11}^{(0)} = \bar{c}_{11}^{(0)} u_{1,1}^{(0)} + \bar{c}_{12}^{(0)} u_{2,2}^{(0)} + \bar{e}_{31}^{(0)} \varphi^{(1)} \\ T_{22}^{(0)} = \bar{c}_{12}^{(0)} u_{1,1}^{(0)} + \bar{c}_{11}^{(0)} u_{2,2}^{(0)} + \bar{e}_{31}^{(0)} \varphi^{(1)} \\ T_{12}^{(0)} = \bar{c}_{66}^{(0)} (u_{1,2}^{(0)} + u_{2,1}^{(0)}) \end{cases} \tag{3.36}$$

$$\begin{cases} D_1^{(1)} = -\bar{\varepsilon}_{11}^{(2)} \varphi_{,1}^{(1)} \\ D_2^{(1)} = -\bar{\varepsilon}_{11}^{(2)} \varphi_{,2}^{(1)} \\ D_3^{(0)} = -\bar{\varepsilon}_{33}^{(0)} \varphi^{(1)} + \bar{e}_{31}^{(0)} (u_{1,1}^{(0)} + u_{2,2}^{(0)}) \end{cases} \tag{3.37}$$

$$\begin{cases} J_3^{n(0)} = -\mu_{33}^{n(0)} \varphi^{(1)} - D_{33}^{n(0)} n^{(1)} \\ J_1^{n(1)} = -\mu_{11}^{n(2)} \varphi_{,1}^{(1)} - D_{11}^{n(2)} n_{,1}^{(1)} \\ J_2^{n(1)} = -\mu_{11}^{n(2)} \varphi_{,2}^{(1)} - D_{11}^{n(2)} n_{,2}^{(1)} \end{cases} \tag{3.38}$$

$$\begin{cases} J_3^{p(0)} = -\mu_{33}^{p(0)} \varphi^{(1)} - D_{33}^{p(0)} p^{(1)} \\ J_1^{p(1)} = -\mu_{11}^{p(2)} \varphi_{,1}^{(1)} - D_{11}^{p(2)} p_{,1}^{(1)} \\ J_2^{p(1)} = -\mu_{11}^{p(2)} \varphi_{,2}^{(1)} - D_{11}^{p(2)} p_{,2}^{(1)} \end{cases} \tag{3.39}$$

式 (3.6)~式 (3.8) 中,采用的弹性常数、介电常数、压电常数为应力释放条件 (stress relaxataion condition) 修正的材料常数:

$$[\bar{c}_{ij}^{(n)}, \bar{e}_{ij}^{(n)}, \bar{\varepsilon}_{ij}^{(n)}] = \int_{-h}^{h} [(\bar{c}_{ij}, \bar{e}_{ij}, \bar{\varepsilon}_{ij})x_3^n]\mathrm{d}x_3 \tag{3.40}$$

其中,

$$\begin{cases} \bar{c}_{11} = c_{11} - \dfrac{c_{13}^2}{c_{33}}, \quad \bar{c}_{12} = c_{12} - \dfrac{c_{13}^2}{c_{33}}, \quad \bar{c}_{66} = c_{66} \\[3mm] \bar{\varepsilon}_{11} = \varepsilon_{11}, \quad \bar{\varepsilon}_{33} = \varepsilon_{33} + \dfrac{e_{33}^2}{c_{33}}, \quad \bar{e}_{31} = e_{31} - \dfrac{e_{33}c_{13}}{c_{33}} \end{cases} \tag{3.41}$$

注意,式 (3.40) 给出的修正的材料常数仅在本小节中使用。

将式 (3.36)~式 (3.39) 代入式 (3.35) 可得到关于 $u_1^{(0)}$、$u_2^{(0)}$、$\varphi^{(1)}$、$n^{(1)}$ 和 $p^{(1)}$ 的控制方程。

3.5.2　压电半导体板的弯曲与厚度剪切方程

对于 6mm 点群压电半导体板的弯曲与厚度剪切问题 (c 轴沿板的厚度方向),基本未知量可以表示为 [3]

$$\begin{cases} u_1(x_1, x_2, x_3, t) \cong x_3 u_1^{(1)}(x_1, x_2, t) \\ u_2(x_1, x_2, x_3, t) \cong x_3 u_2^{(1)}(x_1, x_2, t) \\ u_3(x_1, x_2, x_3, t) \cong u_3^{(0)}(x_1, x_2, t) \\ \varphi(x_1, x_2, x_3, t) \cong \varphi^{(0)}(x_1, x_2, t) \\ \Delta n(x_1, x_2, x_3, t) \cong n^{(0)}(x_1, x_2, t) \\ \Delta p(x_1, x_2, x_3, t) \cong p^{(0)}(x_1, x_2, t) \end{cases} \tag{3.42}$$

式中,$u_3^{(0)}$ 表示弯曲位移 (或挠度);$u_1^{(1)}$ 和 $u_2^{(1)}$ 表示厚度剪切变形;$\varphi^{(0)}$ 表示零阶 (面内的) 电势变化;$n^{(0)}$ 和 $p^{(0)}$ 分别表示零阶 (面内的) 电子和空穴的浓度扰动。

梯度关系可以表示为

$$\begin{cases} S_{11}^{(1)} = u_{1,1}^{(1)}, \quad S_{22}^{(1)} = u_{2,2}^{(1)} \\ S_{12}^{(1)} = \dfrac{1}{2}(u_{1,2}^{(1)} + u_{2,1}^{(1)}), \quad S_{13}^{(0)} = \dfrac{1}{2}u_{3,1}^{(0)}, \quad S_{23}^{(0)} = \dfrac{1}{2}u_{3,2}^{(0)} \\ E_1^{(0)} = -\varphi_{,1}^{(0)}, \quad E_2^{(0)} = -\varphi_{,2}^{(0)} \\ N_1^{(0)} = n_{,1}^{(0)}, \quad N_2^{(0)} = n_{,2}^{(0)}, \quad P_1^{(0)} = p_{,1}^{(0)}, \quad P_2^{(0)} = p_{,2}^{(0)} \end{cases} \tag{3.43}$$

弯曲与剪切变形对应的二维场方程为

$$
\begin{cases}
T_{11,1}^{(1)} + T_{12,2}^{(1)} - T_{13}^{(0)} + t_1^{(1)} = \rho^{(2)} \ddot{u}_1^{(1)} \\
T_{21,1}^{(1)} + T_{22,2}^{(1)} - T_{23}^{(0)} + t_2^{(1)} = \rho^{(2)} \ddot{u}_2^{(1)} \\
T_{31,1}^{(0)} + T_{32,2}^{(0)} + t_3^{(0)} = \rho^{(0)} \ddot{u}_3^{(0)} \\
D_{1,1}^{(0)} + D_{2,2}^{(0)} + d^{(0)} = q^{(0)}(p^{(0)} - n^{(0)}) \\
J_{1,1}^{n(0)} + J_{2,2}^{n(0)} + j^{n(0)} = q^{(0)} \dot{n}^{(0)} \\
J_{1,1}^{p(0)} + J_{2,2}^{p(0)} + j^{p(0)} = -q^{(0)} \dot{p}^{(0)}
\end{cases}
\tag{3.44}
$$

弯曲与剪切变形对应的二维本构关系为

$$
\begin{cases}
T_{31}^{(0)} = \kappa^2 \bar{c}_{44}^{(0)} (u_{3,1}^{(0)} + u_1^{(1)}) + \kappa \bar{e}_{15}^{(0)} \varphi_{,1}^{(0)} \\
T_{32}^{(0)} = \kappa^2 \bar{c}_{44}^{(0)} (u_{3,2}^{(0)} + u_2^{(1)}) + \kappa \bar{e}_{15}^{(0)} \varphi_{,2}^{(0)} \\
T_{11}^{(1)} = \bar{c}_{11}^{(2)} u_{1,1}^{(1)} + \bar{c}_{12}^{(2)} u_{2,2}^{(1)} \\
T_{22}^{(1)} = \bar{c}_{12}^{(2)} u_{1,1}^{(1)} + \bar{c}_{11}^{(2)} u_{2,2}^{(1)} \\
T_{12}^{(1)} = \bar{c}_{66}^{(2)} (u_{1,2}^{(1)} + u_{2,1}^{(1)})
\end{cases}
\tag{3.45}
$$

$$
\begin{cases}
D_1^{(0)} = \kappa \bar{e}_{15}^{(0)} (u_{3,1}^{(0)} + u_1^{(1)}) - \bar{\varepsilon}_{11}^{(0)} \varphi_{,1}^{(0)} \\
D_2^{(0)} = \kappa \bar{e}_{15}^{(0)} (u_{3,2}^{(0)} + u_2^{(1)}) - \bar{\varepsilon}_{11}^{(0)} \varphi_{,2}^{(0)}
\end{cases}
\tag{3.46a}
$$

$$
\begin{cases}
J_1^{n(0)} = -\mu_{11}^{n(0)} \varphi_{,1}^{(0)} + D_{11}^{n(0)} n_{,1}^{(0)} \\
J_2^{n(0)} = -\mu_{11}^{n(0)} \varphi_{,2}^{(0)} + D_{11}^{n(0)} n_{,2}^{(0)}
\end{cases}
\tag{3.46b}
$$

$$
\begin{cases}
J_1^{p(0)} = -\mu_{11}^{p(0)} \varphi_{,1}^{(0)} - D_{11}^{p(0)} p_{,1}^{(0)} \\
J_2^{p(0)} = -\mu_{11}^{p(0)} \varphi_{,2}^{(0)} - D_{11}^{p(0)} p_{,2}^{(0)}
\end{cases}
\tag{3.46c}
$$

式 (3.45) 中，$\kappa^2 = \pi^2/12$，为剪切修正因子。修正的材料常数的定义与式 (3.40) 中的定义一致。将式 (3.45) 和式 (3.46) 代入式 (3.44)，可以得到六个关于 $u_3^{(0)}$、$u_1^{(1)}$、$u_2^{(1)}$、$\varphi^{(0)}$、$n^{(0)}$ 和 $p^{(0)}$ 的控制方程：

$$
\kappa^2 \bar{c}_{44}^{(0)} (u_{3,11}^{(0)} + u_{3,22}^{(0)} + u_{1,1}^{(1)} + u_{2,2}^{(1)}) + \kappa \bar{e}_{15}^{(0)} (\varphi_{,11}^{(0)} + \varphi_{,22}^{(0)}) + t_3^{(0)} = \rho^{(0)} \ddot{u}_3^{(0)} \tag{3.47a}
$$

$$
\bar{c}_{11}^{(2)} u_{1,11}^{(1)} + \bar{c}_{66}^{(2)} u_{1,22}^{(1)} + (\bar{c}_{12}^{(2)} + \bar{c}_{66}^{(2)}) u_{2,21}^{(1)}
$$
$$
- \kappa^2 \bar{c}_{44}^{(0)} (u_1^{(1)} + u_{3,1}^{(0)}) - \kappa \bar{e}_{15}^{(0)} \varphi_{,1}^{(0)} + t_1^{(1)} = \rho^{(2)} \ddot{u}_1^{(1)} \tag{3.47b}
$$

$$
\bar{c}_{66}^{(2)} u_{2,11}^{(1)} + \bar{c}_{11}^{(2)} u_{2,22}^{(1)} + (\bar{c}_{12}^{(2)} + \bar{c}_{66}^{(2)}) u_{1,12}^{(1)}
$$
$$
- \kappa^2 \bar{c}_{44}^{(0)} (u_2^{(1)} + u_{3,2}^{(0)}) - \kappa \bar{e}_{15}^{(0)} \varphi_{,2}^{(0)} + t_2^{(1)} = \rho^{(2)} \ddot{u}_2^{(1)} \tag{3.47c}
$$

$$-\bar{\varepsilon}_{11}^{(0)}(\varphi_{,11}^{(0)}+\varphi_{,22}^{(0)})+\kappa\bar{e}_{15}^{(0)}(u_{3,11}^{(0)}+u_{3,22}^{(0)}+u_{1,1}^{(1)}+u_{2,2}^{(1)})+d^{(0)}=q^{(0)}(p^{(0)}-n^{(0)}) \tag{3.48a}$$

$$-\mu_{11}^{n(0)}(\varphi_{,11}^{(0)}+\varphi_{,22}^{(0)})+D_{11}^{n(0)}(n_{,11}^{(0)}+n_{,22}^{(0)})+j^{n(0)}=q^{(0)}\dot{n}^{(0)} \tag{3.48b}$$

$$-\mu_{11}^{p(0)}(\varphi_{,11}^{(0)}+\varphi_{,22}^{(0)})-D_{11}^{p(0)}(p_{,11}^{(0)}+p_{,22}^{(0)})+j^{p(0)}=-q^{(0)}\dot{p}^{(0)} \tag{3.48c}$$

3.5.3　压电半导体板的厚度伸缩方程

对于 6mm 点群压电半导体板的厚度伸缩问题 (c 轴沿板的厚度方向), 基本未知量可以近似地表示为 [4]

$$\begin{cases} u_1(x_1,x_2,x_3,t) \cong u_1^{(0)}(x_1,x_2,t) \\ u_2(x_1,x_2,x_3,t) \cong u_2^{(0)}(x_1,x_2,t) \\ u_3(x_1,x_2,x_3,t) \cong x_3 u_3^{(1)}(x_1,x_2,t) \\ \varphi(x_1,x_2,x_3,t) \cong x_3 \varphi^{(1)}(x_1,x_2,t) \\ \Delta n(x_1,x_2,x_3,t) \cong x_3 n^{(1)}(x_1,x_2,t) \\ \Delta p(x_1,x_2,x_3,t) \cong x_3 p^{(1)}(x_1,x_2,t) \end{cases} \tag{3.49}$$

式中, $u_1^{(0)}$ 和 $u_2^{(0)}$ 表示面内拉伸变形; $u_3^{(1)}$ 表示厚度伸缩变形; $\varphi^{(1)}$ 为一阶电势分量; $n^{(1)}$ 和 $p^{(1)}$ 分别为电子和空穴浓度扰动的一阶分量。

梯度关系可以表示为

$$\begin{cases} S_{11}^{(0)}=u_{1,1}^{(0)}, \quad S_{22}^{(0)}=u_{2,2}^{(0)}, \quad S_{33}^{(0)}=u_3^{(1)} \\ S_{13}^{(1)}=\dfrac{1}{2}u_{3,1}^{(1)}, \quad S_{23}^{(1)}=\dfrac{1}{2}u_{3,2}^{(1)}, \quad S_{12}^{(0)}=\dfrac{1}{2}(u_{1,2}^{(0)}+u_{2,1}^{(0)}) \\ E_1^{(1)}=-\varphi_{,1}^{(1)}, \quad E_2^{(1)}=-\varphi_{,2}^{(1)} \\ N_1^{(1)}=n_{,1}^{(1)}, \quad N_2^{(1)}=n_{,2}^{(1)}, \quad P_1^{(1)}=p_{,1}^{(1)}, \quad P_2^{(1)}=p_{,2}^{(1)} \end{cases} \tag{3.50}$$

拉伸与厚度伸缩的二维场方程可以表示为

$$T_{11,1}^{(0)}+T_{12,2}^{(0)}+t_1^{(0)}=\rho^{(0)}\ddot{u}_1^{(0)} \tag{3.51a}$$

$$T_{21,1}^{(0)}+T_{22,2}^{(0)}+t_2^{(0)}=\rho^{(0)}\ddot{u}_2^{(0)} \tag{3.51b}$$

$$T_{31,1}^{(1)}+T_{32,2}^{(1)}-T_{33}^{(0)}+t_3^{(1)}=\rho^{(2)}\ddot{u}_3^{(1)} \tag{3.51c}$$

$$D_{1,1}^{(1)}+D_{2,2}^{(1)}-D_3^{(0)}+d^{(1)}=q^{(2)}(p^{(1)}-n^{(1)}) \tag{3.51d}$$

$$J_{1,1}^{n(1)}+J_{2,2}^{n(1)}-J_3^{n(0)}+j^{n(1)}=q^{(2)}\dot{n}^{(1)} \tag{3.51e}$$

$$J_{1,1}^{p(1)}+J_{2,2}^{p(1)}-J_3^{p(0)}+j^{p(1)}=-q^{(2)}\dot{p}^{(1)} \tag{3.51f}$$

拉伸与厚度伸缩的二维本构关系可以表示为

$$T_{11}^{(0)} = c_{11}^{(0)}u_{1,1}^{(0)} + c_{12}^{(0)}u_{2,2}^{(0)} + c_{13}^{(0)}u_3^{(1)} + e_{31}^{(0)}\varphi^{(1)} \tag{3.52a}$$

$$T_{22}^{(0)} = c_{12}^{(0)}u_{1,1}^{(0)} + c_{11}^{(0)}u_{2,2}^{(0)} + c_{13}^{(0)}u_3^{(1)} + e_{31}^{(0)}\varphi^{(1)} \tag{3.52b}$$

$$T_{33}^{(0)} = c_{13}^{(0)}(u_{1,1}^{(0)} + u_{2,2}^{(0)}) + c_{33}^{(0)}u_3^{(1)} + e_{33}^{(0)}\varphi^{(1)} \tag{3.52c}$$

$$T_{12}^{(0)} = c_{66}^{(0)}(u_{1,2}^{(0)} + u_{2,1}^{(0)}) \tag{3.52d}$$

$$T_{31}^{(1)} = c_{55}^{(2)}u_{3,1}^{(1)} + e_{15}^{(2)}\varphi_{,1}^{(1)} \tag{3.52e}$$

$$T_{32}^{(1)} = c_{55}^{(2)}u_{3,2}^{(1)} + e_{15}^{(2)}\varphi_{,2}^{(1)} \tag{3.52f}$$

$$\begin{cases} D_3^{(0)} = e_{31}^{(0)}u_{1,1}^{(0)} + e_{31}^{(0)}u_{2,2}^{(0)} + e_{33}^{(0)}u_3^{(1)} - \varepsilon_{33}^{(0)}\varphi^{(1)} \\ D_1^{(1)} = e_{15}^{(2)}u_{3,1}^{(1)} - \varepsilon_{11}^{(2)}\varphi_{,1}^{(1)} \\ D_2^{(1)} = e_{15}^{(2)}u_{3,2}^{(1)} - \varepsilon_{11}^{(2)}\varphi_{,2}^{(1)} \end{cases} \tag{3.53}$$

$$\begin{cases} J_3^{n(0)} = -\mu_{33}^{n(0)}\varphi^{(1)} + D_{33}^{n(0)}n^{(1)} \\ J_1^{n(1)} = -\mu_{11}^{n(2)}\varphi_{,1}^{(1)} + D_{11}^{n(2)}n_{,1}^{(1)} \\ J_2^{n(1)} = -\mu_{11}^{n(2)}\varphi_{,2}^{(1)} + D_{11}^{n(2)}n_{,2}^{(1)} \\ J_3^{p(0)} = -\mu_{33}^{p(0)}\varphi^{(1)} - D_{33}^{p(0)}p^{(1)} \\ J_1^{p(1)} = -\mu_{11}^{p(2)}\varphi_{,1}^{(1)} - D_{11}^{p(2)}p_{,1}^{(1)} \\ J_2^{p(1)} = -\mu_{11}^{p(2)}\varphi_{,2}^{(1)} - D_{11}^{p(2)}p_{,2}^{(1)} \end{cases} \tag{3.54}$$

将式 (3.52)~式 (3.54) 代入式 (3.51)，可以得到用基本未知量表示的控制方程：

$$c_{11}^{(0)}u_{1,11}^{(0)} + c_{66}^{(0)}u_{1,22}^{(0)} + (c_{12}^{(0)} + c_{66}^{(0)})u_{2,12}^{(0)}$$
$$+ c_{13}^{(0)}u_{3,1}^{(1)} + e_{31}^{(0)}\varphi_{,1}^{(1)} + t_1^{(0)} = \rho^{(0)}\ddot{u}_1^{(0)} \tag{3.55a}$$

$$(c_{66}^{(0)} + c_{12}^{(0)})u_{1,12}^{(0)} + c_{66}^{(0)}u_{2,11}^{(0)} + c_{11}^{(0)}u_{2,22}^{(0)}$$
$$+ c_{13}^{(0)}u_{3,2}^{(1)} + e_{31}^{(0)}\varphi_{,2}^{(1)} + t_2^{(0)} = \rho^{(0)}\ddot{u}_2^{(0)} \tag{3.55b}$$

$$c_{55}^{(2)}(u_{3,11}^{(1)} + u_{3,22}^{(1)}) + e_{15}^{(2)}(\varphi_{,11}^{(1)} + \varphi_{,22}^{(1)}) - c_{13}^{(0)}(u_{1,1}^{(0)} + u_{2,2}^{(0)})$$
$$- c_{33}^{(0)}u_3^{(1)} - e_{33}^{(0)}\varphi^{(1)} + t_3^{(1)} = \rho^{(2)}\ddot{u}_3^{(1)} \tag{3.55c}$$

$$- \varepsilon_{11}^{(2)}(\varphi_{,11}^{(1)} + \varphi_{,22}^{(1)}) + e_{15}^{(2)}(u_{3,11}^{(1)} + u_{3,22}^{(1)}) - e_{31}^{(0)}(u_{1,1}^{(0)} + u_{2,2}^{(0)})$$
$$- e_{33}^{(0)}u_3^{(1)} + \varepsilon_{33}^{(0)}\varphi^{(1)} + d^{(1)} = q^{(2)}(p^{(1)} - n^{(1)}) \tag{3.56}$$

$$-\mu_{11}^{n(2)}(\varphi_{,11}^{(1)}+\varphi_{,22}^{(1)})+D_{11}^{n(2)}(n_{,11}^{(1)}+n_{,22}^{(1)})+\mu_{33}^{n(0)}\varphi^{(1)}$$

$$-D_{33}^{n(2)}n^{(1)}+j^{n(1)}=q^{(2)}\dot{n}^{(1)} \tag{3.57a}$$

$$-\mu_{11}^{p(2)}(\varphi_{,11}^{(1)}+\varphi_{,22}^{(1)})-D_{11}^{p(2)}(p_{,11}^{(1)}+p_{,22}^{(1)})+\mu_{33}^{p(0)}\varphi^{(1)}$$

$$+D_{33}^{p(0)}p^{(1)}+j^{p(1)}=-q^{(2)}\dot{p}^{(1)} \tag{3.57b}$$

3.6 压电半导体板的稳定性分析

3.6.1 前屈曲问题分析

基于 3.5.1 小节给出的压电半导体板的拉伸理论,考虑如图 3.6 所示的加载模式 [5]。

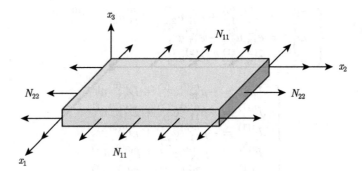

图 3.6   面内载荷作用下的压电半导体板

对于前屈曲问题,仅考虑在边界施加法向静态载荷的情况:

$$T_{11}^{(0)}=N_{11},\quad T_{22}^{(0)}=N_{22},\quad T_{12}^{(0)}=N_{12}=0 \tag{3.58}$$

且载荷均为常数。此时,压电半导体板结构处于拉伸或压缩状态。压电半导体板中的一阶电势 $\varphi^{(1)}$、电子和空穴的一阶浓度扰动 $n^{(1)}$ 和 $p^{(1)}$ 均为常数:

$$\begin{cases}\varphi^{(1)}=\dfrac{1}{\left[3\left(\bar{\varepsilon}_{33}+\dfrac{2\bar{e}_{31}^2}{\bar{c}_{11}+\bar{c}_{12}}\right)+\dfrac{q^2(n_0+p_0)h^2}{k_{\mathrm{B}}\vartheta}\right]}\dfrac{3\bar{e}_{31}}{\bar{c}_{11}+\bar{c}_{12}}\left(\dfrac{N_{11}}{2h}+\dfrac{N_{22}}{2h}\right)\\[4mm]
n^{(1)}=\dfrac{qn_0}{k_{\mathrm{B}}\vartheta\left[3\left(\bar{\varepsilon}_{33}+\dfrac{2\bar{e}_{31}^2}{\bar{c}_{11}+\bar{c}_{12}}\right)+\dfrac{q^2(n_0+p_0)h^2}{k_{\mathrm{B}}\vartheta}\right]}\dfrac{3\bar{e}_{31}}{\bar{c}_{11}+\bar{c}_{12}}\left(\dfrac{N_{11}}{2h}+\dfrac{N_{22}}{2h}\right)\\[4mm]
p^{(1)}=-\dfrac{qp_0}{k_{\mathrm{B}}\vartheta\left[3\left(\bar{\varepsilon}_{33}+\dfrac{2\bar{e}_{31}^2}{\bar{c}_{11}+\bar{c}_{12}}\right)+\dfrac{q^2(n_0+p_0)h^2}{k_{\mathrm{B}}\vartheta}\right]}\dfrac{3\bar{e}_{31}}{\bar{c}_{11}+\bar{c}_{12}}\left(\dfrac{N_{11}}{2h}+\dfrac{N_{22}}{2h}\right)\end{cases}$$

$$\tag{3.59}$$

在以上公式的推导过程中，使用了爱因斯坦关系：

$$\frac{\mu_{33}^n}{D_{33}^n} = \frac{\mu_{33}^p}{D_{33}^p} = \frac{q}{k_{\mathrm{B}}\vartheta} \tag{3.60}$$

其中，k_{B} 为 Boltzmann 常数。

在定量分析中，考虑尺寸为 $a = 1000$ nm，$b = 800$ nm，$h = 50$ nm，掺杂浓度为 $p_0 = n_0 = 10^{20}$ m^{-3} 的氧化锌压电半导体板，载荷大小为 $N_{11} = N_{22} = -100$ N·m^{-1}。图 3.7 给出了前屈曲状态下的载流子浓度扰动情况。

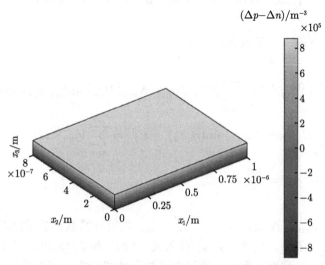

图 3.7 前屈曲状态下的载流子浓度扰动分布云图

3.6.2 含有剪切变形的稳定性分析

本小节研究图 3.6 中的压电半导体板在横向扰动下的失稳问题 [5]。对于矩形板的稳定性问题分析，式 (3.47) 和式 (3.48) 需要改写为

$$\kappa^2 \bar{c}_{44}^{(0)}(u_{3,11}^{(0)} + u_{3,22}^{(0)} + u_{1,1}^{(1)} + u_{2,2}^{(1)}) + \kappa \bar{e}_{15}^{(0)}(\varphi_{,11}^{(0)} + \varphi_{,22}^{(0)}) + N_{11}u_{3,11}^{(0)} + N_{22}u_{3,22}^{(0)} = 0 \tag{3.61a}$$

$$\bar{c}_{11}^{(2)}u_{1,11}^{(1)} + \bar{c}_{66}^{(2)}u_{1,22}^{(1)} + (\bar{c}_{12}^{(2)} + \bar{c}_{66}^{(2)})u_{2,21}^{(1)} - \kappa^2 \bar{c}_{44}^{(0)}(u_1^{(1)} + u_{3,1}^{(0)}) - \kappa \bar{e}_{15}^{(0)}\varphi_{,1}^{(0)} = 0 \tag{3.61b}$$

$$\bar{c}_{66}^{(2)}u_{2,11}^{(1)} + \bar{c}_{11}^{(2)}u_{2,22}^{(1)} + (\bar{c}_{12}^{(2)} + \bar{c}_{66}^{(2)})u_{1,12}^{(1)} - \kappa^2 \bar{c}_{44}^{(0)}(u_2^{(1)} + u_{3,2}^{(0)}) - \kappa \bar{e}_{15}^{(0)}\varphi_{,2}^{(0)} = 0 \tag{3.61c}$$

$$-\bar{\varepsilon}_{11}^{(0)}(\varphi_{,11}^{(0)} + \varphi_{,22}^{(0)}) + \kappa \bar{e}_{15}^{(0)}(u_{3,11}^{(0)} + u_{3,22}^{(0)} + u_{1,1}^{(1)} + u_{2,2}^{(1)}) = q^{(0)}(p^{(0)} - n^{(0)}) \tag{3.62a}$$

$$-\mu_{11}^{n(0)}(\varphi_{,11}^{(0)} + \varphi_{,22}^{(0)}) + D_{11}^{n(0)}(n_{,11}^{(0)} + n_{,22}^{(0)}) = 0 \tag{3.62b}$$

$$-\mu_{11}^{p(0)}(\varphi_{,11}^{(0)} + \varphi_{,22}^{(0)}) - D_{11}^{p(0)}(p_{,11}^{(0)} + p_{,22}^{(0)}) = 0 \tag{3.62c}$$

式 (3.61a) 中，增加了 $N_{11}u_{3,11}^{(0)} + N_{22}u_{3,22}^{(0)}$ 用于描述拉伸对弯曲的影响。

　　压电半导体板的边界条件可以表示为

$$\begin{cases} u_3^{(0)} = 0, & T_1^{(1)} = 0, & u_2^{(1)} = 0, & x_1 = 0,\ a \\ \varphi^{(0)} = 0, & n^{(0)} = 0, & p^{(0)} = 0, & x_1 = 0,\ a \\ u_3^{(0)} = 0, & u_1^{(1)} = 0, & T_2^{(1)} = 0, & x_2 = 0,\ b \\ \varphi^{(0)} = 0, & n^{(0)} = 0, & p^{(0)} = 0, & x_2 = 0,\ b \end{cases} \tag{3.63}$$

　　假设有以下的三角级数解：

$$\begin{cases} [u_3^{(0)}, \varphi^{(0)}, n^{(0)}, p^{(0)}] = \displaystyle\sum_{m,n}^{\infty} [W_{mn}, \Phi_{mn}, N_{mn}, P_{mn}] \sin(\xi_m x_1) \sin(\eta_n x_2) \\[2mm] u_1^{(1)} = \displaystyle\sum_{m,n}^{\infty} U_{mn} \cos(\xi_m x_1) \sin(\eta_n x_2), \quad u_2^{(1)} = \displaystyle\sum_{m,n}^{\infty} V_{mn} \sin(\xi_m x_1) \cos(\eta_n x_2) \\[2mm] \xi_m = \dfrac{m\pi}{a}, \quad \eta_n = \dfrac{n\pi}{b} \end{cases} \tag{3.64}$$

式中，W_{mn}、Φ_{mn}、N_{mn}、P_{mn}、U_{mn}、V_{mn} 为待定常数。式 (3.64) 自动满足式 (3.63) 中的边界条件。将式 (3.64) 代入式 (3.61) 和式 (3.62)，可以得到关于六个待定常数的齐次线性方程组。通过令系数行列式为零，可以求得临界载荷的表达式为

$$-N_{11}(\xi_m)^2 - N_{22}(\eta_n)^2 = \frac{2\bar{c}_{11}h^3(\xi_m^2 + \eta_n^2)^2}{3 + \dfrac{\bar{c}_{11}h^2[(\xi_m^2 + \eta_n^2)^2 + (\xi_m^2 + \eta_n^2)/\lambda_{\mathrm{D}}^2]}{\kappa^2[(c_{44} + e_{15}^2/\varepsilon_{11})(\xi_m^2 + \eta_n^2) + c_{44}/\lambda_{\mathrm{D}}^2]}} \tag{3.65}$$

其中，Debye-Hückel 长度 λ_{D} 的定义为

$$\frac{1}{\lambda_{\mathrm{D}}^2} = \frac{1}{\varepsilon_{11}}\left(\frac{qn_0\mu_{11}^n}{D_{11}^n} + \frac{qp_0\mu_{11}^p}{D_{11}^p}\right) = \frac{q^2(p_0 + n_0)}{\varepsilon_{11}k_{\mathrm{B}}T} \tag{3.66}$$

　　在下面的数值分析中，采用与 3.6.1 小节相同的材料与几何参数。图 3.8 绘制了不同 m 和 n 的情况下，式 (3.65) 中 N_{11} 和 N_{22} 的函数关系。可以看出，N_{11} 和 N_{22} 中至少有一个为负，表明屈曲时有压力的作用。

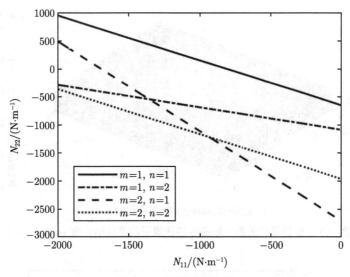

图 3.8 临界载荷关系

图 3.9(a)～ 图 3.12(a) 绘制了不同 m 和 n 的情况下，弹性板 ($e_{15} = 0, 1/\lambda_D^2 = 0$)、电介质板 ($e_{15} \neq 0, 1/\lambda_D^2 = 0$) 及半导体板 ($e_{15} \neq 0, 1/\lambda_D^2 \neq 0$) 对应的 N_{11} 和 N_{22} 的函数关系。可以看出，与弹性板的临界力相比，电介质板的临界力更大。然而，由于半导体中的移动电荷屏蔽了极化电荷，因此半导体板的临界力介于弹性板和电介质板之间。图 3.9(b)～ 图 3.12(b) 绘制了压电半导体板中的电荷分布情况。载流子的浓度扰动沿板厚方向是均匀的，仅在平面内变化。

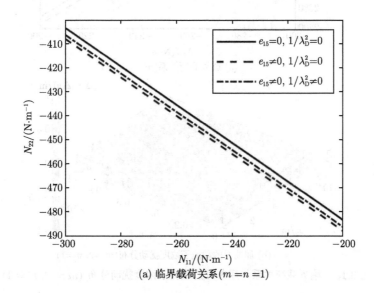

(a) 临界载荷关系($m = n = 1$)

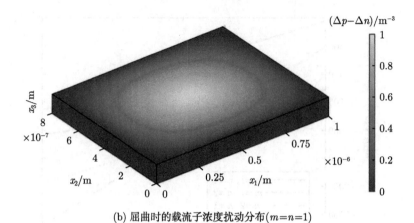

(b) 屈曲时的载流子浓度扰动分布($m=n=1$)

图 3.9   临界载荷关系与屈曲时的载流子浓度扰动分布 ($m = n = 1$)

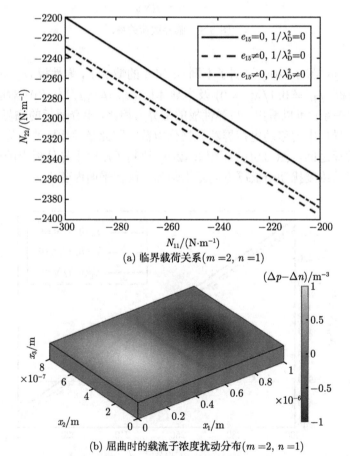

(a) 临界载荷关系($m =2$, $n =1$)

(b) 屈曲时的载流子浓度扰动分布($m=2$, $n =1$)

图 3.10   临界载荷关系与屈曲时的载流子浓度扰动分布 ($m = 2$, $n = 1$)

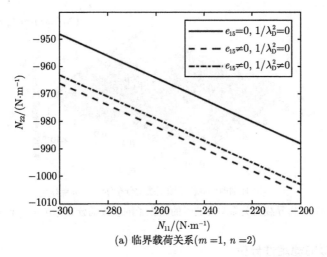

(a) 临界载荷关系$(m=1, n=2)$

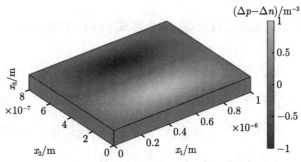

(b) 屈曲时的载流子浓度扰动分布$(m=1, n=2)$

图 3.11 临界载荷关系与屈曲时的载流子浓度扰动分布 $(m=1, n=2)$

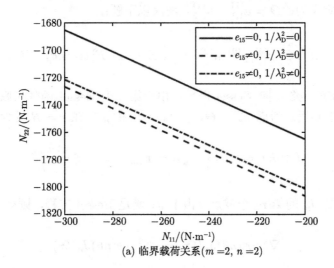

(a) 临界载荷关系$(m=2, n=2)$

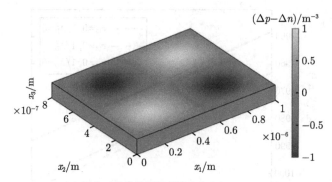

(b) 屈曲时的载流子浓度扰动分布($m=2$, $n=2$)

图 3.12　　临界载荷关系与屈曲时的载流子浓度扰动分布 ($m=2$, $n=2$)

3.6.3　圆形板的稳定性分析

为了考虑圆形板的稳定性问题, 首先将式 (3.61) 和式 (3.62) 转化为极坐标形式 [5]:

$$
\begin{cases}
\kappa^2 \bar{c}_{44}^{(0)}(\nabla^2 u_3^{(0)} + \Theta) + \kappa \bar{e}_{15}^{(0)} \nabla^2 \varphi^{(0)} + N\nabla^2 u_3^{(0)} = 0 \\[2mm]
\bar{c}_{11}^{(2)} \nabla^2 \Theta - \kappa^2 \bar{c}_{44}^{(0)}(\nabla^2 u_3^{(0)} + \Theta) - \kappa \bar{e}_{15}^{(0)} \nabla^2 \varphi^{(0)}) = 0 \\[2mm]
-\bar{\varepsilon}_{11}^{(0)} \nabla^2 \varphi^{(0)} + \kappa \bar{e}_{15}^{(0)}(\nabla^2 u_3^{(0)} + \Theta) = q^{(0)}(p^{(0)} - n^{(0)}) \\[2mm]
-\mu_{11}^{n(0)} \nabla^2 \varphi^{(0)} + D_{11}^{n(0)} \nabla^2 n^{(0)} = 0 \\[2mm]
-\mu_{11}^{p(0)} \nabla^2 \varphi^{(0)} - D_{11}^{p(0)} \nabla^2 p^{(0)} = 0
\end{cases} \tag{3.67}
$$

其中, Θ 的定义为: $\Theta = u_{1,1}^{(1)} + u_{2,2}^{(1)}$。考虑以下解:

$$
[u_3^{(0)}, \Theta, \varphi^{(0)}, p^{(0)}, n^{(0)}] = [A, B, C, D, E]\cos(n\theta)J_n(\xi r) \tag{3.68}
$$

式中, J_n 为第一类 n 阶 Bessel 函数。由于第二类 Bessel 函数在原点是无界的, 因此不适用于圆板。考虑 $u_3^{(0)}$、Θ、$\varphi^{(0)}$、$n^{(0)}$ 和 $p^{(0)}$ 在 $r=R$ 处为零, 有

$$
J_n(\xi R) = 0 \quad \Rightarrow \quad \xi R = x_{nm} \quad \Rightarrow \quad \xi = \frac{x_{nm}}{R} \tag{3.69}
$$

其中, x_{nm} 是 J_n 的第 m 个零点。由于 J_n 满足 Bessel 方程, 则有

$$
\nabla^2 \cos(n\theta)J_n(\xi r) = -\xi^2 \cos(n\theta)J_n(\xi r) \tag{3.70}
$$

将式 (3.68) 代入式 (3.67)，可得如下齐次线性方程组：

$$
\begin{bmatrix}
-\xi^2(\bar{c}_{44}^{(0)}\kappa^2 + N) & \bar{c}_{44}^{(0)}\kappa^2 & -\xi^2\bar{e}_{15}^{(0)}\kappa & 0 & 0 \\[2mm]
\bar{c}_{44}^{(0)}\kappa^2 & -\bar{c}_{11}^{(2)} - \dfrac{\bar{c}_{44}^{(0)}\kappa^2}{\xi^2} & \bar{e}_{15}^{(0)}\kappa & 0 & 0 \\[2mm]
-\xi^2\bar{e}_{15}^{(0)}\kappa & \bar{e}_{15}^{(0)}\kappa & \xi^2\bar{\varepsilon}_{11}^{(0)} & -q^{(0)} & q^{(0)} \\[2mm]
0 & 0 & \dfrac{\mu_{11}^{p(0)}}{D_{11}^{p(0)}} & 1 & 0 \\[2mm]
0 & 0 & -\dfrac{\mu_{11}^{n(0)}}{D_{11}^{n(0)}} & 0 & 1
\end{bmatrix}
\begin{Bmatrix} A \\ B \\ C \\ D \\ E \end{Bmatrix}
=
\begin{Bmatrix} 0 \\ 0 \\ 0 \\ 0 \\ 0 \end{Bmatrix}
$$

(3.71)

式 (3.71) 存在非零解，式 (3.71) 的系数矩阵的行列式必须为零。由此得出荷载 N 为

$$
N = -\frac{2}{3} \frac{\bar{c}_{11} h^3 \xi^2}{1 + \dfrac{\bar{c}_{11} h^2 (\xi^4 + \xi^2/\lambda_D^2)}{3\kappa^2 [(c_{44} + e_{15}^2/\varepsilon_{11})\xi^2 + c_{44}/\lambda_D^2]}}
\tag{3.72}
$$

同时，式 (3.71) 对应的非零解即屈曲模态。

考虑半径 $R = 1000$ nm，厚度 $h = 50$ nm 的氧化锌圆板，图 3.13~图 3.15 绘制了前几个屈曲模态对应的面内载流子浓度扰动分布情况。

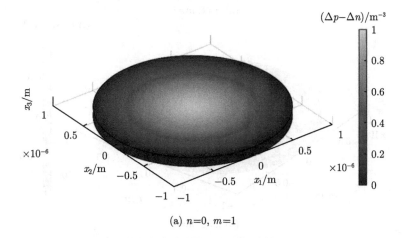

(a) $n=0$, $m=1$

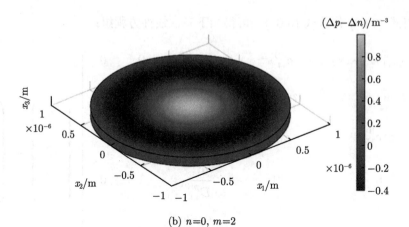

(b) $n=0$, $m=2$

图 3.13   屈曲时的载流子浓度扰动分布 ($n = 1$)

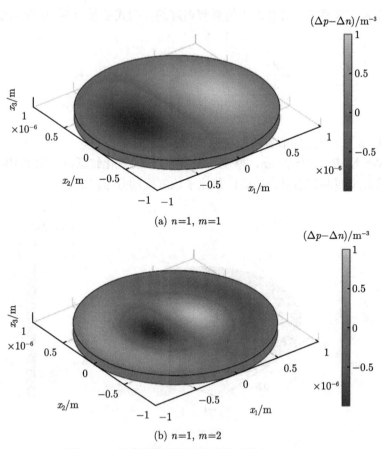

(a) $n=1$, $m=1$

(b) $n=1$, $m=2$

图 3.14   屈曲时的载流子浓度扰动分布 ($n = 2$)

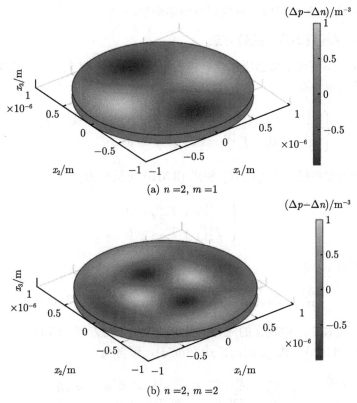

(a) $n = 2$, $m = 1$

(b) $n = 2$, $m = 2$

图 3.15 屈曲时的载流子浓度扰动分布 $(n = 3)$

3.7 压电半导体板的厚度伸缩分析

本节将对 3.5.3 小节中得到的压电半导体板的厚度伸缩模型进行研究 [4]。如图 3.16 所示，板在顶部和底部受到大小相等、方向相反的法向面力 $T_{33}(h)$ 和

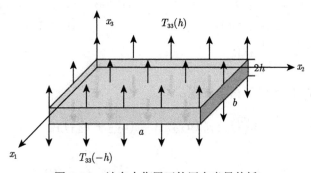

图 3.16 法向力作用下的压电半导体板

$T_{33}(-h)$，产生与面内拉伸耦合的厚度伸缩变形。

3.7.1 静力学问题的应力函数方法

考虑顶部和底部绝缘的压电半导体板，且表面没有自由电荷。考虑如图 3.16 所示的加载情况，有

$$
\begin{cases}
t_1^{(0)} = 0, \quad t_2^{(0)} = 0, \quad t_3^{(1)} = h[T_{33}(h) + T_{33}(-h)] \\
d^{(1)} = 0, \quad j^{n(1)} = 0, \quad j^{p(1)} = 0
\end{cases}
\tag{3.73}
$$

对于静力学问题，式 (3.51a) 和式 (3.51b) 可简化为

$$
\begin{cases}
T_{11,1}^{(0)} + T_{12,2}^{(0)} = 0 \\
T_{21,1}^{(0)} + T_{22,2}^{(0)} = 0
\end{cases}
\tag{3.74}
$$

引入应力函数 ψ，有

$$
T_{11}^{(0)} = 2h\psi_{,22}, \quad T_{22}^{(0)} = 2h\psi_{,11}, \quad T_{12}^{(0)} = -2h\psi_{,12}
\tag{3.75}
$$

可以看出，式 (3.75) 中定义的应力函数自动满足平衡方程 (3.74)。

根据式 (3.52a)、式 (3.52b)、式 (3.52d)，可得到

$$
\begin{cases}
T_{11}^{(0)} = c_{11}^{(0)} u_{1,1}^{(0)} + c_{12}^{(0)} u_{2,2}^{(0)} + c_{13}^{(0)} u_3^{(1)} + e_{31}^{(0)} \varphi^{(1)} = 2h\psi_{,22} \\
T_{22}^{(0)} = c_{12}^{(0)} u_{1,1}^{(0)} + c_{11}^{(0)} u_{2,2}^{(0)} + c_{13}^{(0)} u_3^{(1)} + e_{31}^{(0)} \varphi^{(1)} = 2h\psi_{,11} \\
T_{12}^{(0)} = c_{66}^{(0)} (u_{1,2}^{(0)} + u_{2,1}^{(0)}) = -2h\psi_{,12}
\end{cases}
\tag{3.76}
$$

根据式 (3.76)，可以得到

$$
\begin{cases}
u_{1,1}^{(0)} = \dfrac{c_{11}(\psi_{,22} - c_{13}u_3^{(1)} - e_{31}\varphi^{(1)})}{c_{11}^2 - c_{12}^2} - \dfrac{c_{12}(\psi_{,11} - c_{13}u_3^{(1)} - e_{31}\varphi^{(1)})}{c_{11}^2 - c_{12}^2} \\[3mm]
u_{2,2}^{(0)} = \dfrac{c_{11}(\psi_{,11} - c_{13}u_3^{(1)} - e_{31}\varphi^{(1)})}{c_{11}^2 - c_{12}^2} - \dfrac{c_{12}(\psi_{,22} - c_{13}u_3^{(1)} - e_{31}\varphi^{(1)})}{c_{11}^2 - c_{12}^2} \\[3mm]
u_{1,2}^{(0)} + u_{2,1}^{(0)} = -\dfrac{1}{c_{66}}\psi_{,12}
\end{cases}
\tag{3.77}
$$

将式 (3.77) 代入以下相容方程：

$$
(u_{1,1}^{(0)})_{,22} + (u_{2,2}^{(0)})_{,11} = (u_{1,2}^{(0)} + u_{2,1}^{(0)})_{,12}
\tag{3.78}
$$

可以得到

$$
c_{11}\psi_{,\alpha\alpha\beta\beta} = (c_{11} - c_{12})(e_{31}\varphi_{,\alpha\alpha}^{(1)} + c_{13}u_{3,\alpha\alpha}^{(1)})
\tag{3.79}
$$

将式 (3.77) 代入式 (3.55c) 和式 (3.56)，可以得到

$$
c_{55}u_{3,\alpha\alpha}^{(1)} + e_{15}\varphi_{,\alpha\alpha}^{(1)} - \frac{3}{h^2}\left[\frac{c_{13}}{c_{11}+c_{12}}\psi_{,\alpha\alpha} + \left(c_{33} - \frac{2c_{13}^2}{c_{11}+c_{12}}\right)u_3^{(1)}\right.
$$

$$
\left. + \left(e_{33} - \frac{2c_{13}e_{31}}{c_{11}+c_{12}}\right)\varphi^{(1)}\right] + \frac{3t_3^{(1)}}{2h^3} = 0 \tag{3.80a}
$$

$$
e_{15}u_{3,\alpha\alpha}^{(1)} - \varepsilon_{11}\varphi_{,\alpha\alpha}^{(1)} - \frac{3}{h^2}\left[\frac{e_{31}}{c_{11}+c_{12}}\psi_{,\alpha\alpha} + \left(e_{33} - \frac{2c_{13}e_{31}}{c_{11}+c_{12}}\right)u_3^{(1)}\right.
$$

$$
\left. - \left(\varepsilon_{33} + \frac{2e_{31}^2}{c_{11}+c_{12}}\right)\varphi^{(1)}\right] = q(p^{(1)} - n^{(1)}) \tag{3.80b}
$$

式 (3.79)、式 (3.80a)、式 (3.80b) 和式 (3.57a)、式 (3.57b) 为 ψ、$u_3^{(1)}$、$\varphi^{(1)}$、$n^{(1)}$ 和 $p^{(1)}$ 对应的五个控制方程。

3.7.2 均匀变形产生的电荷积累

本小节考虑 $t_3^{(1)}$ 为常数时压电半导体板中电荷积累。对于任意形状的压电半导体板，不考虑边界处的载荷，边界条件可以写为

$$
\begin{cases} T_{nn}^{(0)} = 0, & T_{ns}^{(0)} = 0, & T_{n3}^{(1)} = 0 \\ D_n^{(1)} = 0, & J_n^{n(1)} = 0, & J_n^{p(1)} = 0 \end{cases} \tag{3.81}
$$

可以验证：$\psi = 0$ 且 $u_3^{(1)}$、$\varphi^{(1)}$、$n^{(1)}$ 和 $p^{(1)}$ 均为常数时满足以上方程与边界条件，由此解得

$$
\begin{cases} u_3^{(1)} = \dfrac{1 + \dfrac{h^2}{3\lambda_{\mathrm{D}}^2}}{2h\hat{c}_{33}\left(1 + k_{33}^2 + \dfrac{h^2}{3\lambda_{\mathrm{D}}^2}\right)}t_3^{(1)}, & \varphi^{(1)} = \dfrac{\hat{e}_{33}}{2h\hat{c}_{33}\hat{\varepsilon}_{33}\left(1 + k_{33}^2 + \dfrac{h^2}{3\lambda_{\mathrm{D}}^2}\right)}t_3^{(1)} \\[3mm] n^{(1)} = \dfrac{qn_0}{k_{\mathrm{B}}\vartheta}\varphi^{(1)}, & p^{(1)} = -\dfrac{qp_0}{k_{\mathrm{B}}\vartheta}\varphi^{(1)} \end{cases}
$$
$$\tag{3.82}$$

式中，

$$
\begin{cases} \hat{c}_{33} = c_{33} - \dfrac{2c_{13}^2}{c_{11}+c_{12}}, & \hat{\varepsilon}_{33} = \varepsilon_{33} + \dfrac{2e_{31}^2}{c_{11}+c_{12}}, & \hat{e}_{33} = e_{33} - \dfrac{2c_{13}e_{31}}{c_{11}+c_{12}} \\[3mm] k_{33}^2 = \dfrac{\hat{e}_{33}^2}{\hat{\varepsilon}_{33}\hat{c}_{33}}, & \dfrac{1}{\lambda_{\mathrm{D}}^2} = \dfrac{q^2(n_0+p_0)}{\hat{\varepsilon}_{33}k_{\mathrm{B}}\vartheta} \end{cases}
$$
$$\tag{3.83}$$

板的上半部分每单位面积积累的电荷可以表示为

$$Q^{\mathrm{e}} = \int_0^h x_3(p^{(1)} - n^{(1)})\mathrm{d}x_3 = \gamma t_3^{(1)} \tag{3.84}$$

其中，

$$\gamma = -\frac{3\hat{e}_{33}}{4qh\hat{c}_{33}}\frac{1}{1 + (1 + k_{33}^2)\dfrac{3\lambda_{\mathrm{D}}^2}{h^2}} \tag{3.85}$$

式中，γ 可用于表征耦合强度，描述产生厚度伸缩的面力对板中移动电荷分布的影响。从式 (3.85) 可以看出，耦合强度与材料常数及几何参数有关。

3.7.3 局部势垒分析

本小节主要研究施加局部载荷时产生的电势垒。考虑压电半导体板在一个二维区域：$0 < x_1 < a$ 和 $0 < x_2 < b$，受到产生厚度伸缩变形的静态载荷作用，此时，式 (3.55)~式 (3.57) 简化为

$$\begin{cases} c_{11}^{(0)}u_{1,11}^{(0)} + c_{66}^{(0)}u_{1,22}^{(0)} + (c_{12}^{(0)} + c_{66}^{(0)})u_{2,12}^{(0)} + c_{13}^{(0)}u_{3,1}^{(1)} + e_{31}^{(0)}\varphi_{,1}^{(1)} = 0 \\ (c_{66}^{(0)} + c_{12}^{(0)})u_{1,12}^{(0)} + c_{66}^{(0)}u_{2,11}^{(0)} + c_{11}^{(0)}u_{2,22}^{(0)} + c_{13}^{(0)}u_{3,2}^{(1)} + e_{31}^{(0)}\varphi_{,2}^{(1)} = 0 \\ c_{55}^{(2)}u_{3,aa}^{(1)} + e_{15}^{(2)}\varphi_{,aa}^{(1)} - c_{13}^{(0)}u_{a,a}^{(0)} - c_{33}^{(0)}u_3^{(1)} - e_{33}^{(0)}\varphi^{(1)} = -t_3^{(1)} \end{cases} \tag{3.86}$$

$$-\varepsilon_{11}^{(2)}\varphi_{,aa}^{(1)} + e_{15}^{(2)}u_{3,aa}^{(1)} - e_{31}^{(0)}u_{a,a}^{(0)} - e_{33}^{(0)}u_3^{(1)} + \varepsilon_{33}^{(0)}\varphi^{(1)} = q^{(2)}(p^{(1)} - n^{(1)}) \tag{3.87}$$

$$\begin{cases} -\mu_{11}^{n(2)}\varphi_{,aa}^{(1)} + D_{11}^{n(2)}n_{,aa}^{(1)} + \mu_{33}^{n(0)}\varphi^{(1)} - D_{33}^{n(2)}n^{(1)} = 0 \\ -\mu_{11}^{p(2)}\varphi_{,aa}^{(1)} - D_{11}^{p(2)}p_{,aa}^{(1)} + \mu_{33}^{p(0)}\varphi^{(1)} + D_{33}^{p(0)}p^{(1)} = 0 \end{cases} \tag{3.88}$$

半导体板的边缘接地且没有电荷积累：

$$\begin{cases} T_{11}^{(0)} = 0, \quad u_2^{(0)} = 0, \quad u_3^{(1)} = 0, \quad \varphi^{(1)} = 0, \quad n^{(1)} = 0, \quad p^{(1)} = 0, \quad x_1 = 0,\, a \\ u_1^{(0)} = 0, \quad T_{22}^{(0)} = 0, \quad u_3^{(1)} = 0, \quad \varphi^{(1)} = 0, \quad n^{(1)} = 0, \quad p^{(1)} = 0, \quad x_2 = 0,\, b \end{cases} \tag{3.89}$$

假设式 (3.86)~式 (3.88) 具有以下形式的解：

$$\begin{cases} [t_3^{(1)}, u_3^{(1)}, \varphi^{(1)}, n^{(1)}, p^{(1)}] = \sum_{m,n}^{\infty} [T_{mn}, W_{mn}, \Phi_{mn}, N_{mn}, P_{mn}]\sin(\xi_m x_1)\sin(\eta_n x_2) \\ u_1^{(0)} = \sum_{m,n}^{\infty} U_{mn}\cos(\xi_m x_1)\sin(\eta_n x_2), \quad u_2^{(0)} = \sum_{m,n}^{\infty} V_{mn}\sin(\xi_m x_1)\cos(\eta_n x_2) \\ \xi_m = \dfrac{m\pi}{a}, \quad \eta_n = \dfrac{n\pi}{b}, \quad m, n = 1, 2, 3, \cdots \end{cases} \tag{3.90}$$

式中，T_{mn} 是已知的；U_{mn}、V_{mn}、W_{mn}、Φ_{mn}、N_{mn} 和 P_{mn} 为待定常数。容易验证，假设的解式 (3.90) 自动满足式 (3.89) 中的边界条件。将式 (3.90) 代入式 (3.86)~式 (3.88) 可得到关于待定常数的线性方程组。

考虑如图 3.17 所示的加载情况：在以 (x_0, y_0) 为中心，长为 $2c$，宽为 $2d$ 的矩形区域上，施加为常值的载荷 $(\bar{t}_3^{(1)})$。

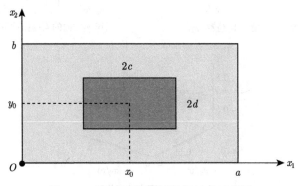

图 3.17　压电半导体板局部加载示意图

根据施加的载荷，可以得到 T_{mn} 的表达式为

$$T_{mn} = \frac{4}{ab} \frac{\bar{t}_3^{(1)}}{\xi_m \eta_n} \{\cos[\xi_m(x_0 - c)] - \cos[\xi_m(x_0 + c)]\}$$
$$\times \{\cos[\eta_n(y_0 - d)] - \cos[\eta_n(y_0 + d)]\} \tag{3.91}$$

在数值分析中，假设板的几何参数为：$a = 800$ nm，$b = 1400$ nm，$h = 50$ nm，$x_0 = 0.5a$，$y_0 = 0.5b$，$c = 50$ nm，$d = 100$ nm，假设掺杂浓度为：$p_0 = n_0 = 10^{20}$ m^{-3}，载荷大小为：$\bar{t}_3^{(1)} = 1$ N·m^{-1}。

图 3.18 给出了 $\bar{t}_3^{(1)}$ 作用下压电半导体板的位移分量。图 3.18(a) 给出了厚度方向的零阶应变 (即一阶应变) 分量 $(S_{33}^{(0)} = u_3^{(1)})$，在加载区域最大，远离加载区域时衰减。图 3.18(b) 和 3.18(c) 给出了由 Poisson 效应引起的面内拉伸位移 ($u_1^{(0)}$ 和 $u_2^{(0)}$)。面内拉伸位移 $u_1^{(0)}$ 和 $u_2^{(0)}$ 在加载区域的两侧符号相反。

图 3.19 给出了局部加载时，电势分量 $\varphi^{(1)}$ 与载流子浓度扰动分量 $p^{(1)}$ 和 $n^{(1)}$ 的数值结果。

图 3.20(a) 给出了载荷大小对势垒的影响。图中表明：载荷越大，势垒越高。图 3.20(b) 表明：随着加载区宽度的增加，势垒的高度和宽度增加。图 3.20(c) 表明：掺杂浓度越高，势垒越低，这是载流子对极化电荷的屏蔽作用引起的。

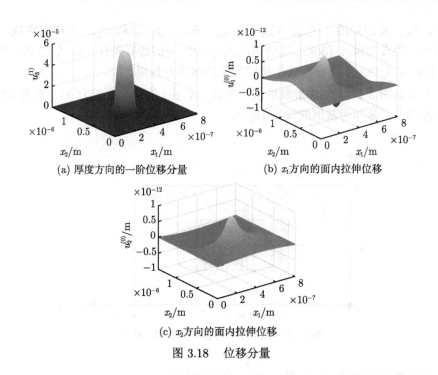

(a) 厚度方向的一阶位移分量   (b) x_1方向的面内拉伸位移

(c) x_2方向的面内拉伸位移

图 3.18 　位移分量

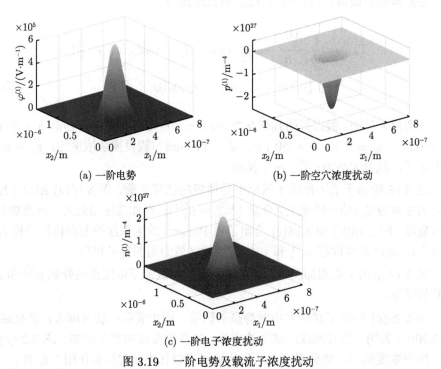

(a) 一阶电势   (b) 一阶空穴浓度扰动

(c) 一阶电子浓度扰动

图 3.19 　一阶电势及载流子浓度扰动

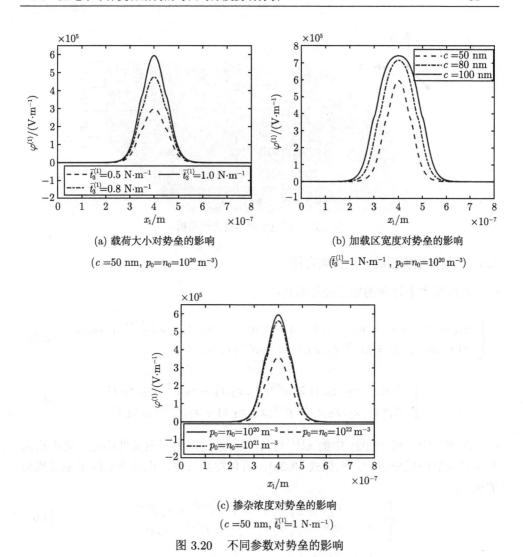

(a) 载荷大小对势垒的影响

(c =50 nm, $p_0=n_0=10^{20}$ m^{-3})

(b) 加载区宽度对势垒的影响

($\bar{t}_3^{(1)}$=1 N·m^{-1}, $p_0=n_0=10^{20}$ m^{-3})

(c) 掺杂浓度对势垒的影响

(c =50 nm, $\bar{t}_3^{(1)}$=1 N·m^{-1})

图 3.20　不同参数对势垒的影响

3.8　压电半导体复合结构的弯曲与厚度剪切分析

在本节中，主要讨论由非压电半导体和压电电介质组成的复合结构中机械载荷对半导体中载流子分布的调控[6]。

考虑如图 3.21 所示的压电半导体复合结构板 (总厚度为 $2h$)。其中，(非压电) 半导体层厚度为 h_2，压电电介质层的厚度为 $2h_1$。x_1 和 x_2 轴在复合结构板中面上。

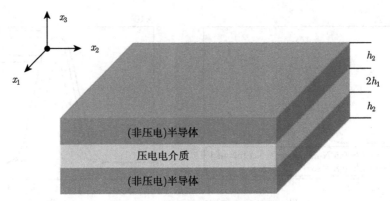

图 3.21　压电半导体复合结构板

3.8.1　复合结构板的一阶剪切方程

考虑基本未知量的如下展开形式：

$$\begin{cases} u_i(x_1,x_2,x_3,t) \cong u_i^{(0)}(x_1,x_2,t) + x_3 u_i^{(1)}(x_1,x_2,t) + x_3^2 u_i^{(2)}(x_1,x_2,t) \\ \varphi(x_1,x_2,x_3,t) \cong \varphi^{(0)}(x_1,x_2,t) + x_3 \varphi^{(1)}(x_1,x_2,t) \end{cases} \tag{3.92}$$

$$\begin{cases} \Delta n(x_1,x_2,x_3,t) \cong n^{(0)}(x_1,x_2,t) + x_3 n^{(1)}(x_1,x_2,t) \\ \Delta p(x_1,x_2,x_3,t) \cong p^{(0)}(x_1,x_2,t) + x_3 p^{(1)}(x_1,x_2,t) \end{cases} \tag{3.93}$$

在一阶理论中，式 (3.92) 中的 $u_3^{(1)}$ 与 $u_i^{(2)}$ 可通过应力释放条件确定，而不给出其所对应的偏微分方程。根据式 (3.26)，可以得到应变、电场和载流子浓度扰动的梯度：

$$\begin{cases} S_{ij} = S_{ij}^{(0)} + x_3 S_{ij}^{(1)}, \quad E_i = E_i^{(0)} + x_3 E_i^{(1)} \\ N_i = N_i^{(0)} + x_3 N_i^{(1)}, \quad P_i = P_i^{(0)} + x_3 P_i^{(1)} \end{cases} \tag{3.94}$$

根据式 (3.27)，可知分量的表达式为

$$\begin{cases} S_{11}^{(0)} = u_{1,1}^{(0)}, \quad S_{22}^{(0)} = u_{2,2}^{(0)}, \quad S_{33}^{(0)} = u_3^{(1)} \\ 2S_{23}^{(0)} = u_{3,2}^{(0)} + u_2^{(1)}, \quad 2S_{31}^{(0)} = u_{3,1}^{(0)} + u_1^{(1)}, \quad 2S_{12}^{(0)} = u_{1,2}^{(0)} + u_{2,1}^{(0)} \end{cases} \tag{3.95}$$

$$\begin{cases} S_{11}^{(1)} = u_{1,1}^{(1)}, \quad S_{22}^{(1)} = u_{2,2}^{(1)}, \quad S_{33}^{(1)} = 2u_3^{(2)} \\ 2S_{23}^{(1)} = u_{3,2}^{(1)} + 2u_2^{(2)}, \quad 2S_{31}^{(1)} = u_{3,1}^{(1)} + 2u_1^{(2)}, \quad 2S_{12}^{(1)} = u_{1,2}^{(1)} + u_{2,1}^{(1)} \end{cases} \tag{3.96}$$

$$\begin{cases} E_1^{(0)} = -\varphi_{,1}^{(0)}, \quad E_2^{(0)} = -\varphi_{,2}^{(0)}, \quad E_3^{(0)} = -\varphi^{(1)} \\ E_1^{(1)} = -\varphi_{,1}^{(1)}, \quad E_2^{(1)} = -\varphi_{,2}^{(1)}, \quad E_3^{(1)} \cong 0 \end{cases} \tag{3.97}$$

$$\begin{cases} N_1^{(0)} = n_{,1}^{(0)}, & N_2^{(0)} = n_{,2}^{(0)}, & N_3^{(0)} = n^{(1)} \\ N_1^{(1)} = n_{,1}^{(1)}, & N_2^{(1)} = n_{,2}^{(1)}, & N_3^{(1)} \cong 0 \end{cases} \tag{3.98}$$

$$\begin{cases} P_1^{(0)} = p_{,1}^{(0)}, & P_2^{(0)} = p_{,2}^{(0)}, & P_3^{(0)} = p^{(1)} \\ P_1^{(1)} = p_{,1}^{(1)}, & P_2^{(1)} = p_{,2}^{(1)}, & P_3^{(1)} \cong 0 \end{cases} \tag{3.99}$$

根据式 (3.28)，可以得到压电半导体复合结构板的零阶和一阶场方程：

$$\begin{cases} T_{11,1}^{(0)} + T_{12,2}^{(0)} + t_1^{(0)} = \rho^{(0)} \ddot{u}_1^{(0)} \\ T_{21,1}^{(0)} + T_{22,2}^{(0)} + t_2^{(0)} = \rho^{(0)} \ddot{u}_2^{(0)} \\ T_{31,1}^{(0)} + T_{32,2}^{(0)} + t_3^{(0)} = \rho^{(0)} \ddot{u}_3^{(0)} \\ T_{11,1}^{(1)} + T_{12,2}^{(1)} - T_{31}^{(0)} + t_1^{(1)} = \rho^{(2)} \ddot{u}_1^{(1)} \\ T_{21,1}^{(1)} + T_{22,2}^{(1)} - T_{32}^{(0)} + t_2^{(1)} = \rho^{(2)} \ddot{u}_2^{(1)} \end{cases} \tag{3.100}$$

$$\begin{cases} D_{1,1}^{(0)} + D_{2,2}^{(0)} + d^{(0)} = q^{(0)}(p^{(0)} - n^{(0)}) \\ D_{1,1}^{(1)} + D_{2,2}^{(1)} - D_3^{(0)} + d^{(1)} = q^{(2)}(p^{(1)} - n^{(1)}) \end{cases} \tag{3.101}$$

$$\begin{cases} J_{1,1}^{n(0)} + J_{2,2}^{n(0)} + j^{n(0)} = q^{(0)} \dot{n}^{(0)} \\ J_{1,1}^{n(1)} + J_{2,2}^{n(1)} - J_3^{n(0)} + j^{n(1)} = q^{(2)} \dot{n}^{(1)} \end{cases} \tag{3.102}$$

$$\begin{cases} J_{1,1}^{p(0)} + J_{2,2}^{p(0)} + j^{p(0)} = -q^{(0)} \dot{p}^{(0)} \\ J_{1,1}^{p(1)} + J_{2,2}^{p(1)} - J_3^{p(0)} + j^{p(1)} = -q^{(2)} \dot{p}^{(1)} \end{cases} \tag{3.103}$$

根据式 (3.31)，可以得到压电半导体复合结构板的零阶和一阶本构关系：

$$T_{ij}^{(0)} = c_{ijkl}^{(0)} S_{kl}^{(0)} - e_{kij}^{(0)} E_k^{(0)} \tag{3.104a}$$

$$D_i^{(0)} = e_{ijk}^{(0)} S_{jk}^{(0)} + \varepsilon_{ij}^{(0)} E_j^{(0)} \tag{3.104b}$$

$$\begin{cases} J_i^{n(0)} = \mu_{ij}^{n(0)} E_j^{(0)} + D_{ij}^{n(0)} N_j^{(0)} \\ J_i^{p(0)} = \mu_{ij}^{p(0)} E_j^{(0)} - D_{ij}^{p(0)} P_j^{(0)} \end{cases} \tag{3.105}$$

$$\begin{cases} T_{ij}^{(1)} = c_{ijkl}^{(2)} S_{kl}^{(1)} - e_{kij}^{(2)} E_k^{(1)} \\ D_i^{(1)} = e_{ijk}^{(2)} S_{jk}^{(1)} + \varepsilon_{ij}^{(2)} E_j^{(1)} \end{cases} \tag{3.106}$$

$$\begin{cases} J_i^{n(1)} = \mu_{ij}^{n(2)} E_j^{(1)} + D_{ij}^{n(2)} N_j^{(1)} \\ J_i^{p(1)} = \mu_{ij}^{p(2)} E_j^{(1)} - D_{ij}^{p(2)} P_j^{(1)} \end{cases} \tag{3.107}$$

在以上给出的本构关系中，$S_{33}^{(0)}$ 包含了厚度伸缩分量 $u_3^{(1)}$，$S_{3j}^{(1)}$ 包含厚度伸缩分量 $u_3^{(1)}$、二阶剪切分量 $u_1^{(2)}$、$u_2^{(2)}$ 以及二阶厚度伸缩分量 $u_3^{(2)}$。

下面，通过引入应力释放条件得到自洽的本构关系。对于零阶本构关系式 (3.104a)，使

$$T_3^{(0)} = c_{3q}^{(0)} S_q^{(0)} - e_{k3}^{(0)} E_k^{(0)} = 0 \tag{3.108}$$

从而得到厚度方向的零阶应变分量 $S_3^{(0)}$：

$$S_3^{(0)} = -\frac{1}{c_{33}^{(0)}}(c_{3q}^{(0)} S_q^{(0)} - c_{33}^{(0)} S_3^{(0)} - e_{k3}^{(0)} E_k^{(0)}) \tag{3.109}$$

式 (3.109) 中，右侧不包含 $S_3^{(0)}$，因为当 $q = 3$ 时，包含 $S_3^{(0)}$ 的两项之和为零。将式 (3.109) 代入式 (3.104)，可以得到自洽的零阶本构关系：

$$\begin{cases} T_p^{(0)} = \bar{c}_{pq} S_q^{(0)} - \bar{e}_{kp} E_k^{(0)} \\ D_i^{(0)} = \bar{e}_{iq}^{(0)} S_q^{(0)} + \bar{\varepsilon}_{ij}^{(0)} E_j^{(0)} \end{cases} \tag{3.110}$$

式 (3.110) 中，经过应力释放的修正材料常数为

$$\begin{cases} \bar{c}_{pq}^{(0)} = c_{pq}^{(0)} - c_{p3}^{(0)} c_{3q}^{(0)} / c_{33}^{(0)} \\ \bar{e}_{kp}^{(0)} = e_{kp}^{(0)} - e_{k3}^{(0)} c_{3p}^{(0)} / c_{33}^{(0)} \\ \bar{\varepsilon}_{ij}^{(0)} = \varepsilon_{ij}^{(0)} + e_{i3}^{(0)} e_{j3}^{(0)} / c_{33}^{(0)} \end{cases} \tag{3.111}$$

对于一阶本构关系，应力释放条件为

$$T_v^{(1)} = 0, \quad v = 3, 4, 5 \tag{3.112}$$

考虑到一阶应力释放条件 (3.112)，式 (3.106) 可以重新表示为

$$T_r^{(1)} = c_{rs}^{(2)} S_s^{(1)} + c_{ru}^{(2)} S_u^{(1)} - e_{kr}^{(2)} E_k^{(1)} \tag{3.113a}$$

$$T_v^{(1)} = c_{vs}^{(2)} S_s^{(1)} + c_{vw}^{(2)} S_w^{(1)} - e_{kv}^{(2)} E_k^{(1)} = 0 \tag{3.113b}$$

$$D_i^{(1)} = e_{is}^{(2)} S_s^{(1)} + e_{iu}^{(2)} S_u^{(1)} + \varepsilon_{ij}^{(2)} E_j^{(1)} \tag{3.113c}$$

此处，约定下标 u、v、w 取 3、4 和 5，r 和 s 取 1、2 和 6。

根据式 (3.113b)，可以得到一阶应变为

$$S_u^{(1)} = -c_{uv}^{-1(2)} c_{vs}^{(2)} S_s^{(1)} + c_{uv}^{-1(2)} e_{kv}^{(2)} E_k^{(1)} \tag{3.114}$$

式 (3.114) 中的上标 "−1" 表示矩阵的逆。将式 (3.114) 代入式 (3.113a)、式 (3.113c)，可以得到修正后的一阶本构关系为

$$\begin{cases} T_r^{(1)} = \bar{c}_{rs}^{(2)} S_s^{(1)} - \bar{e}_{kr}^{(2)} E_k^{(1)} \\ D_i^{(1)} = \bar{e}_{is}^{(2)} S_s^{(1)} + \bar{\varepsilon}_{ij}^{(2)} E_j^{(1)} \end{cases} \tag{3.115}$$

其中，修正的二阶参数为

$$\begin{cases} \gamma_{rs} \equiv \bar{c}_{rs}^{(2)} = c_{rs}^{(2)} - c_{rv}^{(2)} c_{vw}^{-1(2)} c_{ws}^{(2)}, \quad r,s = 1,2,6 \\ \psi_{ks} \equiv \bar{e}_{ks}^{(2)} = e_{ks}^{(2)} - e_{kw}^{(2)} c_{wv}^{-1(2)} c_{vs}^{(2)}, \quad v,w = 3,4,5 \\ \zeta_{kj} \equiv \bar{\varepsilon}_{kj}^{(2)} = \varepsilon_{kj}^{(2)} + e_{kv}^{(2)} c_{vw}^{-1(2)} e_{jw}^{(2)}, \quad j,k = 1,2,3 \end{cases} \tag{3.116}$$

式 (3.110) 和式 (3.115) 为修正后的零阶和一阶本构关系，其中不包含 $S_{33}^{(0)}$ 和 $S_{3j}^{(1)}$ (即不包含 $u_3^{(1)}$ 和 $u_i^{(2)}$)。

3.8.2 锆钛酸铅–硅复合结构

在数值分析中，选取锆钛酸铅 (PZT) 作为压电电介质层的材料 (c 轴沿着板的厚度方向)，选取硅 (Si) 作为非压电半导体层的材料。锆钛酸铅为横观各向同性材料，假设其密度、弹性常数、压电常数和介电常数分别为 ρ、c_{pq}、e_{ip} 和 ε_{ij}。对于立方晶系 m3m 点群的硅晶体，用 ρ'、c_{pq}' 和 ε_{ij}' 分别表示其密度、弹性常数和介电常数。

以上定义的材料常数可以表示为

$$\begin{cases} \rho^{(0)} = 2\rho h_1 + 2\rho' h_2, \quad \rho^{(2)} = \dfrac{2}{3}\rho h_1^3 + \dfrac{2}{3}\rho'[(h_1 + h_2)^3 - h_1^3] \\ q^{(0)} = 2q h_2, \quad q^{(2)} = \dfrac{2}{3}q[(h_1 + h_2)^3 - h_1^3] \end{cases} \tag{3.117}$$

$$\begin{cases} c_{pq}^{(0)} = 2c_{pq}h_1 + 2c_{pq}'h_2, \quad \varepsilon_{ij}^{(0)} = 2\varepsilon_{ij}h_1 + 2\varepsilon_{ij}'h_2, \quad e_{kp}^{(0)} = 2e_{kp}h_1 \\ \mu_{ij}^{n(0)} = 2qn_0\mu_{ij}^n h_2, \quad D_{ij}^{n(0)} = 2qD_{ij}^n h_2 \\ \mu_{ij}^{p(0)} = 2qp_0\mu_{ij}^p h_2, \quad D_{ij}^{p(0)} = 2qD_{ij}^p h_2 \end{cases} \tag{3.118}$$

$$
\begin{cases}
c_{pq}^{(2)} = \dfrac{2}{3} c_{pq} h_1^3 + \dfrac{2}{3} c_{pq}'[(h_1+h_2)^3 - h_1^3], \quad \varepsilon_{ij}^{(2)} = \dfrac{2}{3}\varepsilon_{ij}h_1^3 + \dfrac{2}{3}\varepsilon_{ij}'[(h_1+h_2)^3-h_1^3] \\[2mm]
e_{kp}^{(2)} = \dfrac{2}{3} e_{kp}h_1^3, \quad \mu_{ij}^{n(2)} = \dfrac{2}{3}qn_0\mu_{ij}^{n}[(h_1+h_2)^3-h_1^3] \\[2mm]
D_{ij}^{n(2)} = \dfrac{2}{3}qD_{ij}^{n}[(h_1+h_2)^3-h_1^3] \\[2mm]
\mu_{ij}^{p(2)} = \dfrac{2}{3}qp_0\mu_{ij}^{p}[(h_1+h_2)^3-h_1^3], \quad D_{ij}^{p(2)} = \dfrac{2}{3}qD_{ij}^{p}[(h_1+h_2)^3-h_1^3]
\end{cases}
\tag{3.119}
$$

修正后的材料常数为

$$
\begin{cases}
\bar{c}_{11}^{(0)} = \bar{c}_{22}^{(0)} = c_{11}^{(0)} - c_{13}^{(0)}c_{31}^{(0)}/c_{33}^{(0)}, \quad \bar{c}_{12}^{(0)} = c_{12}^{(0)} - c_{13}^{(0)}c_{32}^{(0)}/c_{33}^{(0)} \\[2mm]
\bar{c}_{44}^{(0)} = \bar{c}_{55}^{(0)} = c_{44}^{(0)}, \quad \bar{c}_{66}^{(0)} = c_{66}^{(0)} \\[2mm]
\bar{e}_{15}^{(0)} = \bar{e}_{24}^{(0)} = e_{15}^{(0)}, \quad \bar{e}_{31}^{(0)} = \bar{e}_{32}^{(0)} = e_{31}^{(0)} - e_{33}^{(0)}c_{31}^{(0)}/c_{33}^{(0)} \\[2mm]
\bar{\varepsilon}_{11}^{(0)} = \bar{\varepsilon}_{22}^{(0)} = \varepsilon_{11}^{(0)}, \quad \bar{\varepsilon}_{33}^{(0)} = \varepsilon_{33}^{(0)} + e_{33}^{(0)}e_{33}^{(0)}/c_{33}^{(0)}
\end{cases}
\tag{3.120}
$$

$$
\begin{cases}
\bar{c}_{11}^{(2)} = c_{11}^{(2)} - c_{13}^{(2)}c_{31}^{(2)}/c_{33}^{(2)}, \quad \bar{c}_{22}^{(2)} = c_{22}^{(2)} - c_{23}^{(2)}c_{32}^{(2)}/c_{33}^{(2)} \\[2mm]
\bar{c}_{12}^{(2)} = c_{12}^{(2)} - c_{13}^{(2)}c_{32}^{(2)}/c_{33}^{(2)}, \quad \bar{c}_{66}^{(2)} = c_{66}^{(2)} \\[2mm]
\bar{\varepsilon}_{11}^{(2)} = \varepsilon_{11}^{(2)} + e_{15}^{(2)}e_{15}^{(2)}/c_{55}^{(2)}, \quad \bar{\varepsilon}_{22}^{(2)} = \varepsilon_{22}^{(2)} + e_{24}^{(2)}e_{24}^{(2)}/c_{44}^{(2)}
\end{cases}
\tag{3.121}
$$

由于 PZT 和 Si 均具有较高的材料对称性, 零阶和一阶方程解耦为两组: 一组关于面内拉伸、一阶电势和一阶载流子浓度扰动 ($u_1^{(0)}$、$u_2^{(0)}$、$\varphi^{(1)}$、$n^{(1)}$ 和 $p^{(1)}$); 另一组包括弯曲、厚度剪切以及面内的零阶电势和零阶载流子浓度扰动 ($u_3^{(0)}$、$u_1^{(1)}$、$u_2^{(1)}$、$\varphi^{(0)}$、$n^{(0)}$ 和 $p^{(0)}$)。

有关弯曲、剪切变形、面内电势和载流子浓度扰动的控制方程为

$$
\begin{cases}
\bar{c}_{44}^{(0)}\kappa^2(u_{3,11}^{(0)} + u_{3,22}^{(0)} + u_{1,1}^{(1)} + u_{2,2}^{(1)}) + \bar{e}_{15}^{(0)}\kappa(\varphi_{,11}^{(0)} + \varphi_{,22}^{(0)}) + t_3^{(0)} = \rho^{(0)}\ddot{u}_3^{(0)} \\[2mm]
\gamma_{11}u_{1,11}^{(1)} + \gamma_{12}u_{2,12}^{(1)} + \gamma_{55}(u_{1,22}^{(1)} + u_{2,12}^{(1)}) - \bar{c}_{44}^{(0)}\kappa^2(u_{3,1}^{(0)} + u_1^{(1)}) \\[2mm]
\quad -\bar{e}_{15}^{(0)}\kappa\varphi_{,1}^{(0)} + t_1^{(1)} = \rho^{(2)}\ddot{u}_1^{(1)} \\[2mm]
\gamma_{66}(u_{1,12}^{(1)} + u_{2,11}^{(1)}) + \gamma_{12}u_{1,12}^{(1)} + \gamma_{11}u_{2,22}^{(1)} - \bar{c}_{44}^{(0)}\kappa^2(u_{3,2}^{(0)} + u_2^{(1)}) \\[2mm]
\quad -\bar{e}_{15}^{(0)}\kappa\varphi_{,2}^{(0)} + t_2^{(1)} = \rho^{(2)}\ddot{u}_2^{(1)} \\[2mm]
\bar{e}_{15}^{(0)}\kappa(u_{3,11}^{(0)} + u_{3,22}^{(0)} + u_{1,1}^{(1)} + u_{2,2}^{(1)}) - \bar{\varepsilon}_{11}^{(0)}(\varphi_{,11}^{(0)} + \varphi_{,22}^{(0)}) + d^{(0)} = q^{(0)}(p^{(0)} - n^{(0)}) \\[2mm]
-\mu_{11}^{n(0)}(\varphi_{,11}^{(0)} + \varphi_{,22}^{(0)}) + D_{11}^{n(0)}(n_{,11}^{(0)} + n_{,22}^{(0)}) + j^{n(0)} = q^{(0)}\dot{n}^{(0)} \\[2mm]
-\mu_{11}^{p(0)}(\varphi_{,11}^{(0)} + \varphi_{,22}^{(0)}) - D_{11}^{p(0)}(p_{,11}^{(0)} + p_{,22}^{(0)}) + j^{p(0)} = -q^{(0)}\dot{p}^{(0)}
\end{cases}
$$

$$
\tag{3.122}
$$

在板的边界处, 需要确定以下数值作为边界条件:

$$T_{3n}^{(0)} \quad \text{或} \quad u_3^{(0)}, \quad T_{nn}^{(1)} \quad \text{或} \quad u_n^{(1)}, \quad T_{sn}^{(1)} \quad \text{或} \quad u_s^{(1)}$$

$$D_n^{(0)} \quad \text{或} \quad \varphi^{(0)}, \quad J_n^{p(0)} \quad \text{或} \quad p^{(0)}, \quad J_n^{n(0)} \quad \text{或} \quad n^{(0)}$$

3.8.3 矩形复合结构板在弯曲变形时的载流子分布

本小节主要研究 3.8.2 小节中讨论的复合结构在横向载荷作用下半导体层中的载流子分布情况。在静态横向载荷的作用下, 式 (3.122) 可以简化为

$$
\begin{cases}
\bar{c}_{44}^{(0)} \kappa^2 (u_{3,11}^{(0)} + u_{3,22}^{(0)} + u_{1,1}^{(1)} + u_{2,2}^{(1)}) + \bar{e}_{15}^{(0)} \kappa (\varphi_{,11}^{(0)} + \varphi_{,22}^{(0)}) + t_3^{(0)} = 0 \\
\gamma_{11} u_{1,11}^{(1)} + \gamma_{12} u_{2,12}^{(1)} + \gamma_{55} (u_{1,22}^{(1)} + u_{2,12}^{(1)}) - \bar{c}_{44}^{(0)} \kappa^2 (u_{3,1}^{(0)} + u_1^{(1)}) - \bar{e}_{15}^{(0)} \kappa \varphi_{,1}^{(0)} = 0 \\
\gamma_{66} (u_{1,12}^{(1)} + u_{2,11}^{(1)}) + \gamma_{12} u_{1,12}^{(1)} + \gamma_{11} u_{2,22}^{(1)} - \bar{c}_{44}^{(0)} \kappa^2 (u_{3,2}^{(0)} + u_2^{(1)}) - \bar{e}_{15}^{(0)} \kappa \varphi_{,2}^{(0)} = 0 \\
\bar{e}_{15}^{(0)} \kappa (u_{3,11}^{(0)} + u_{3,22}^{(0)} + u_{1,1}^{(1)} + u_{2,2}^{(1)}) - \bar{\varepsilon}_{11}^{(0)} (\varphi_{,11}^{(0)} + \varphi_{,22}^{(0)}) = q^{(0)} (p^{(0)} - n^{(0)}) \\
-\mu_{11}^{n(0)} (\varphi_{,11}^{(0)} + \varphi_{,22}^{(0)}) + D_{11}^{n(0)} (n_{,11}^{(0)} + n_{,22}^{(0)}) = 0 \\
-\mu_{11}^{p(0)} (\varphi_{,11}^{(0)} + \varphi_{,22}^{(0)}) - D_{11}^{p(0)} (p_{,11}^{(0)} + p_{,22}^{(0)}) = 0
\end{cases}
$$

$$(3.123)$$

考虑简支边界条件且板的边缘接地, 相应的边界条件可以写为

$$
\begin{cases}
u_3^{(0)} = 0, \quad T_1^{(1)} = 0, \quad u_2^{(1)} = 0, \quad x_1 = 0, \, a \\
\varphi^{(0)} = 0, \quad n^{(0)} = 0, \quad p^{(0)} = 0, \quad x_1 = 0, \, a \\
u_3^{(0)} = 0, \quad u_1^{(1)} = 0, \quad T_2^{(1)} = 0, \quad x_2 = 0, \, b \\
\varphi^{(0)} = 0, \quad n^{(0)} = 0, \quad p^{(0)} = 0, \quad x_2 = 0, \, b
\end{cases}
$$

$$(3.124)$$

将横向载荷和基本未知量按照如下的三角级数进行展开, 有

$$
\begin{cases}
[t_3^{(0)}, u_3^{(0)}, \varphi^{(0)}, n^{(0)}, p^{(0)}] = \sum_{m,n}^{\infty} [F_{mn}, W_{mn}, \Phi_{mn}, N_{mn}, P_{mn}] \sin(\xi_m x_1) \sin(\eta_n x_2) \\
u_1^{(1)} = \sum_{m,n}^{\infty} U_{mn} \cos(\xi_m x_1) \sin(\eta_n x_2), \qquad u_2^{(1)} = \sum_{m,n}^{\infty} V_{mn} \sin(\xi_m x_1) \cos(\eta_n x_2) \\
\xi_m = \frac{m\pi}{a}, \quad \eta_n = \frac{n\pi}{b}
\end{cases}
$$

$$(3.125)$$

式中, F_{mn} 是已知的; U_{mn}、V_{mn}、W_{mn}、Φ_{mn}、N_{mn} 和 P_{mn} 为待定常数。式 (3.125) 自动满足边界条件 (3.124)。将式 (3.125) 代入式 (3.123) 可得到关于待定常数的线性方程组。

在数值计算中, 采用的几何参数为: $h_1 = 10\,\text{nm}$, $h_2 = 15\,\text{nm}$, $a = 400\,\text{nm}$, $b = 300\,\text{nm}$, 掺杂浓度为: $p_0 = n_0 = 10^{23}\,\text{m}^{-3}$, 机械载荷的幅值为: $2 \times 10^6\text{N·m}^{-2}$。图 3.22~图 3.25 给出了不同机械载荷作用时厚度–剪切变形与载流子浓度扰动分布。

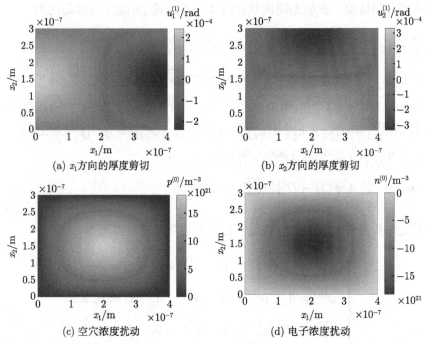

图 3.22   机电场的平面分布 ($m = 1$, $n = 1$, 其他 $F_{mn} = 0$, 当 $m \neq 1$, $n \neq 1$)

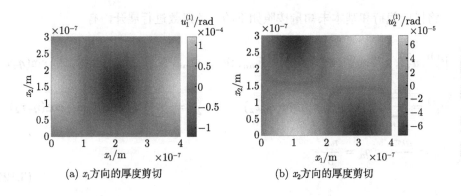

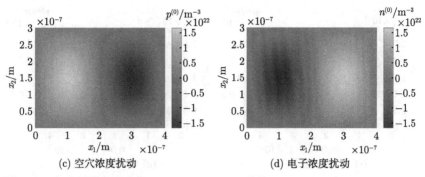

(c) 空穴浓度扰动 (d) 电子浓度扰动

图 3.23 机电场的平面分布 ($m = 2$, $n = 1$, 其他 $F_{mn} = 0$, 当 $m \neq 2$, $n \neq 1$)

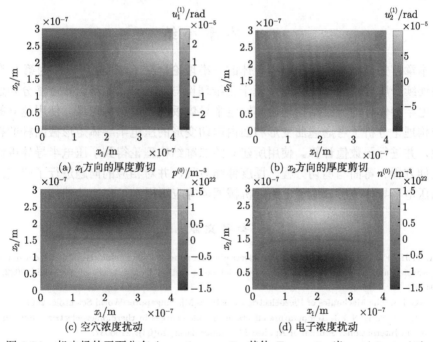

(a) x_1 方向的厚度剪切 (b) x_2 方向的厚度剪切

(c) 空穴浓度扰动 (d) 电子浓度扰动

图 3.24 机电场的平面分布 ($m = 1$, $n = 2$, 其他 $F_{mn} = 0$, 当 $m \neq 1$, $n \neq 2$)

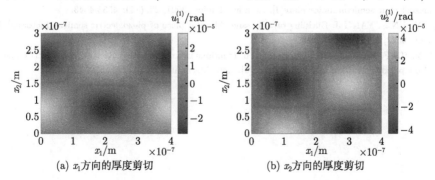

(a) x_1 方向的厚度剪切 (b) x_2 方向的厚度剪切

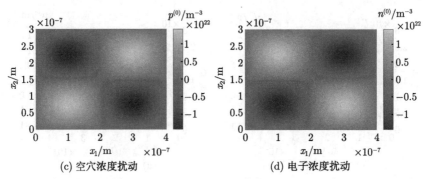

(c) 空穴浓度扰动   (d) 电子浓度扰动

图 3.25　机电场的平面分布 ($m = 2$, $n = 2$, 其他 $F_{mn} = 0$, 当 $m \neq 2$, $n \neq 2$)

3.9　本章小结

　　本章首先简要总结了压电半导体的三维理论框架 (本框架可以作为第 2 章非线性连续介质理论的一个特例), 基于三维理论与 Mindlin 的幂级数方法分别建立了压电半导体杆的一维结构理论和压电半导体板的二维结构理论。使用建立的一维结构理论分析了考虑翘曲变形和面内剪切变形的压电半导体矩形截面杆的扭转问题, 并进行了数值计算。使用所建立的二维结构理论得到了压电半导体板结构的拉伸方程、弯曲与剪切方程、厚度伸缩方程, 并对相应的问题进行了研究。本章为压电半导体传感、电子电路的机械调控等应用提供了理论基础。

参 考 文 献

[1] QU Y, JIN F, YANG J. Torsion of a piezoelectric semiconductor rod of cubic crystals with consideration of warping and in-plane shear of its rectangular cross section[J]. Mechanics of Materials, 2022, 172: 104407.

[2] YANG J S. The Mechanics of Piezoelectric Structures[M]. Singapore: World Scientific, 2006.

[3] QU Y, JIN F, YANG J. Temperature effects on mobile charges in thermopiezoelectric semiconductor plates[J]. International Journal of Applied Mechanics, 2021, 13(03): 2150037.

[4] QU Y, JIN F, YANG J. Stress-induced electric potential barriers in thickness-stretch deformations of a piezoelectric semiconductor plate[J]. Acta Mechanica, 2021, 232(11): 4533-4543.

[5] QU Y, JIN F, YANG J. Buckling of a Reissner-Mindlin plate of piezoelectric semiconductors[J]. Meccanica, 2022, 57(11): 2797-2807.

[6] QU Y, JIN F, YANG J. Electromechanical interactions in a composite plate with piezoelectric dielectric and nonpiezoelectric semiconductor layers[J]. Acta Mechanica, 2022, 233: 3795-3812.

第 4 章　挠曲电半导体的结构理论

本章以线性化的挠曲电半导体三维理论为基础，建立了纤维结构的一维结构理论以及薄膜结构的二维结构理论。一维结构理论可用于分析挠曲电半导体纤维结构在拉伸、弯曲、剪切、扭转、翘曲、失稳等变形时的多场耦合问题；二维结构理论可用于分析薄膜结构多种变形时的多场耦合问题 (包括拉伸、弯曲、剪切、厚度伸缩、二阶剪切等)。在数值分析中，本章重点研究了挠曲电半导体纤维在扭转变形与失稳时的载流子分布规律，以及挠曲电半导体薄膜在弯曲和失稳时的载流子分布特性。

4.1　挠曲电半导体的三维理论

为建立纤维结构的一维近似理论和薄膜结构的二维近似理论，本节首先对挠曲电半导体的三维理论进行总结 [1-3]。线性化的挠曲电半导体三维理论包括运动学方程、静电学方程、电子和空穴的电荷守恒方程，即

$$T_{ij,j} - \tau_{ijk,jk} + f_i = \rho \ddot{u}_i \tag{4.1a}$$

$$D_{i,i} = q(\Delta p - \Delta n) \tag{4.1b}$$

$$J_{i,i}^n = q \frac{\partial(\Delta n)}{\partial t} \tag{4.1c}$$

$$J_{i,i}^p = -q \frac{\partial(\Delta p)}{\partial t} \tag{4.1d}$$

式中，T_{ij} 为 Cauchy 应力张量；τ_{ijk} 为高阶应力张量；f_i 为体力；u_i 为位移矢量；D_i 为电位移矢量；q 为元电荷的电荷量；Δn 和 Δp 分别为电子和空穴的浓度扰动；J_i^n 和 J_i^p 分别为电子和空穴的电流密度。

场方程 (4.1a~d) 对应的边界条件为

$$(T_{ij} - \tau_{ijk,k})n_j - (\tau_{ijk}n_k)_{,j} + (\tau_{ijk}n_k n_l)_{,l}n_j = \bar{t}_i \quad \text{或} \quad u_i = \bar{u}_i \tag{4.2a}$$

$$\tau_{ijk}n_j n_k = \bar{q}_i \quad \text{或} \quad u_{i,l}n_l = \overline{\frac{\partial u_i}{\partial_n}} \tag{4.2b}$$

$$D_i n_i = \bar{\omega} \quad \text{或} \quad \varphi = \bar{\varphi} \tag{4.2c}$$

$$J_i^n n_i = \bar{J}^n \quad \text{或} \quad \Delta p = 0 \tag{4.2d}$$

$$J_i^p n_i = \bar{J}^p \quad \text{或} \quad \Delta p = 0 \tag{4.2e}$$

式中, n_j 为单位外法向量; $\bar{t}_i$ 为面力; $\bar{q}_i$ 为高阶面力; $\bar{\omega}$ 为面电荷; $\bar{J}^n$ 与 $\bar{J}^p$ 分别为电子与空穴的面电流。

对于中心对称的挠曲电半导体材料, 线性化的三维本构关系可以表示为

$$\begin{cases} T_{ij} = c_{ijkl}S_{kl} \\ \tau_{ijk} = g_{ijklmn}\eta_{lmn} - f_{lijk}E_l \\ D_i = \varepsilon_{ij}E_j + f_{ijkl}\eta_{jkl} \\ J_i^n = qn_0\mu_{ij}^n E_j + qD_{ij}^n N_j \\ J_i^p = qp_0\mu_{ij}^p E_j - qD_{ij}^p P_j \end{cases} \tag{4.3}$$

式中, S_{ij} 为应变张量; η_{ijk} 为应变梯度张量; E_i 为电场矢量; N_j 和 P_j 分别为电子和空穴的浓度扰动梯度; c_{ijkl} 为弹性常数; g_{ijklmn} 为高阶弹性常数; f_{ijkl} 为挠曲电系数; ε_{ij} 为介电常数; μ_{ij}^n 和 μ_{ij}^p 分别为电子和空穴的迁移率; D_{ij}^n 和 D_{ij}^p 分别为电子和空穴的扩散常数。

梯度关系 (S_{ij} 与 u_i、η_{ijk} 与 S_{ij}、E_i 与 φ、N_i 与 Δn、P_i 与 Δp 之间的关系) 可以表示为

$$\begin{cases} S_{ij} = \dfrac{1}{2}(u_{i,j} + u_{j,i}), \quad \eta_{ijk} = S_{ij,k}, \quad E_i = -\varphi_{,i} \\ N_i = (\Delta n)_{,i}, \quad P_i = (\Delta p)_{,i} \end{cases} \tag{4.4}$$

将式 (4.4) 代入式 (4.3), 可以得到用基本未知量表示的本构关系, 再将结果代入场方程 (4.1), 可以得到用基本未知量表示的控制方程。

4.2 挠曲电半导体的一维结构理论

本节基于 4.1 节给出的挠曲电半导体三维理论与 Mindlin 的双幂级数方法建立了挠曲电半导体纤维结构的一维理论。基于本节建立的一维结构理论, 通过对级数进行截断, 可以得到不同变形模式 (如拉伸、弯曲、扭转、翘曲等) 多场耦合问题的控制方程。

考虑如图 4.1 所示的宽为 $2b$, 高为 $2c$ 的挠曲电半导体矩形截面杆, x_2 和 x_3 轴为横截面上过质心的主轴。用 C 表示截面的边界曲线, 截面边界曲线的单位外法向量记为 n_i。

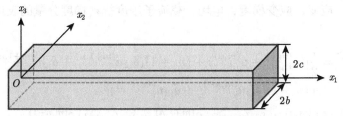

图 4.1 挠曲电半导体矩形截面杆

根据 Mindlin 的双幂级数方法,将基本未知量 u_i、φ、Δn 和 Δp 展开成关于坐标 x_2 和 x_3 的双幂级数 [2]:

$$
\left\{
\begin{aligned}
u_i(x_1,x_2,x_3,t) &= \sum_{m,n=0}^{\infty} x_2^m x_3^n u_i^{(m,n)}(x_1,t) \\
\varphi(x_1,x_2,x_3,t) &= \sum_{m,n=0}^{\infty} x_2^m x_3^n \varphi^{(m,n)}(x_1,t) \\
\Delta n(x_1,x_2,x_3,t) &= \sum_{m,n=0}^{\infty} x_2^m x_3^n n^{(m,n)}(x_1,t) \\
\Delta p(x_1,x_2,x_3,t) &= \sum_{m,n=0}^{\infty} x_2^m x_3^n p^{(m,n)}(x_1,t)
\end{aligned}
\right.
\tag{4.5}
$$

式中,$u_i^{(m,n)}$、$\varphi^{(m,n)}$、$n^{(m,n)}$ 和 $p^{(m,n)}$ 仅为 x_1 与时间 t 的函数。

将式 (4.5) 代入式 (4.4),可以得到应变、应变梯度、电场以及载流子浓度扰动梯度的双幂级数表达式:

$$
\left\{
\begin{aligned}
S_{ij}(x_1,x_2,x_3,t) &= \sum_{m,n=0}^{\infty} x_2^m x_3^n S_{ij}^{(m,n)}(x_1,t) \\
\eta_{ijk}(x_1,x_2,x_3,t) &= \sum_{m,n=0}^{\infty} x_2^m x_3^n \eta_{ijk}^{(m,n)}(x_1,t) \\
E_i(x_1,x_2,x_3,t) &= \sum_{m,n=0}^{\infty} x_2^m x_3^n E_i^{(m,n)}(x_1,t) \\
N_i(x_1,x_2,x_3,t) &= \sum_{m,n=0}^{\infty} x_2^m x_3^n N_i^{(m,n)}(x_1,t) \\
P_i(x_1,x_2,x_3,t) &= \sum_{m,n=0}^{\infty} x_2^m x_3^n P_i^{(m,n)}(x_1,t)
\end{aligned}
\right.
\tag{4.6}
$$

式 (4.6) 中，应变、应变梯度、电场、载流子浓度扰动梯度分量的表达式为

$$
\begin{cases}
S_{ij}^{(m,n)} = \dfrac{1}{2}[(u_{i,j}^{(m,n)} + u_{j,i}^{(m,n)}) + (m+1)(\delta_{i2}u_j^{(m+1,n)} + \delta_{j2}u_i^{(m+1,n)}) \\
\qquad\quad +(n+1)(\delta_{i3}u_j^{(m,n+1)} + \delta_{j3}u_i^{(m,n+1)})] \\
\eta_{ijk}^{(m,n)} = S_{ij,k}^{(m,n)} + \delta_{k2}(m+1)S_{ij}^{(m+1,n)} + \delta_{k3}(n+1)S_{ij}^{(m,n+1)} \\
E_i^{(m,n)} = -[\varphi_{,i}^{(m,n)} + \delta_{i2}(m+1)\varphi^{(m+1,n)} + \delta_{i3}(n+1)\varphi^{(m+1,n)}] \\
N_i^{(m,n)} = n_{,i}^{(m,n)} + \delta_{i2}(m+1)n^{(m+1,n)} + \delta_{i3}(n+1)n^{(m+1,n)} \\
P_i^{(m,n)} = p_{,i}^{(m,n)} + \delta_{i2}(m+1)p^{(m+1,n)} + \delta_{i3}(n+1)p^{(m,n+1)}
\end{cases}
\tag{4.7}
$$

为得到一维问题的场方程，对式 (4.1a~d) 与 $x_2^m x_3^n$ 的乘积在挠曲电半导体杆的横截面 A 上进行积分，有

$$
\begin{cases}
[T_{i1,1}^{(m,n)} - mT_{i2}^{(m-1,n)} - nT_{i3}^{(m,n-1)} + f_i^{(m,n)}] - [\tau_{i11,11}^{(m,n)} - m\tau_{i12,1}^{(m-1,n)} - n\tau_{i13,1}^{(m,n-1)} \\
-m\tau_{i21,1}^{(m-1,n)} - n\tau_{i31,1}^{(m,n-1)} + m(m-1)\tau_{i22}^{(m-2,n)} + n(n-1)\tau_{i33}^{(m,n-2)} \\
+mn\tau_{i23}^{(m-1,n-1)} + mn\tau_{i32}^{(m-1,n-1)}] = \sum_{p,q=0}^{\infty}[\rho^{(m+p,n+q)}\ddot{u}_i^{(p,q)}] \\
D_{1,1}^{(m,n)} - mD_2^{(m-1,n)} - nD_3^{(m,n-1)} = \sum_{p,q=0}^{\infty}[q^{(m+p,n+q)}(p^{(p,q)} - n^{(p,q)})] \\
J_{1,1}^{n(m,n)} - mJ_2^{n(m-1,n)} - nJ_3^{n(m,n-1)} = \sum_{p,q=0}^{\infty}[q^{(m+p,n+q)}\dot{n}^{(p,q)}] \\
J_{1,1}^{p(m,n)} - mJ_2^{p(m-1,n)} - nJ_3^{p(m,n-1)} = -\sum_{p,q=0}^{\infty}[q^{(m+p,n+q)}\dot{p}^{(p,q)}]
\end{cases}
\tag{4.8}
$$

在一维场方程 (4.8) 中，高阶矩的定义为

$$
[\rho^{(m,n)}, q^{(m,n)}, T_{ij}^{(m,n)}, \tau_{ijk}^{(m,n)}, D_i^{(m,n)}, J_i^{n(m,n)}, J_i^{p(m,n)}, f_i^{(m,n)}]
$$

$$
= \int_A [(\rho, q, T_{ij}, \tau_{ijk}, D_i, J_i^n, J_i^p, f_i)x_2^m x_3^n]\mathrm{d}A
\tag{4.9}
$$

将式 (4.3) 代入式 (4.9)，使用式 (4.6) 中的级数展开，可以得到一维问题的

本构关系:

$$
\begin{cases}
T_{ij}^{(m,n)} = \sum_{p,q=0}^{\infty} [c_{ijkl}^{(m+p,n+q)} S_{kl}^{(p,q)}] \\[2mm]
\tau_{ijk}^{(m,n)} = \sum_{p,q=0}^{\infty} [g_{ijklmn}^{(m+p,n+q)} \eta_{lmn}^{(p,q)} - f_{lijk}^{(m+p,n+q)} E_l^{(p,q)}] \\[2mm]
D_i^{(m,n)} = \sum_{p,q=0}^{\infty} [\varepsilon_{ij}^{(m+p,n+q)} E_j^{(p,q)} + f_{ijkl}^{(m+p,n+q)} \eta_{jkl}^{(p,q)}] \\[2mm]
J_i^{n(m,n)} = \sum_{p,q=0}^{\infty} [\mu_{ij}^{n(m+p,n+q)} E_j^{(p,q)} + D_{ij}^{n(m+p,n+q)} N_j^{(p,q)}] \\[2mm]
J_i^{p(m,n)} = \sum_{p,q=0}^{\infty} [\mu_{ij}^{p(m+p,n+q)} E_j^{(p,q)} - D_{ij}^{p(m+p,n+q)} P_j^{(p,q)}]
\end{cases}
\tag{4.10}
$$

式 (4.10) 中，高阶材料常数的定义为

$$
[c_{ijkl}^{(m,n)}, g_{ijklmn}^{(m,n)}, f_{ijkl}^{(m,n)}, \varepsilon_{ij}^{(m,n)}, \mu_{ij}^{n(m,n)}, D_{ij}^{n(m,n)}, \mu_{ij}^{p(m,n)}, D_{ij}^{p(m,n)}]
$$

$$
= \int_A [(c_{ijkl}, g_{ijklmn}, f_{ijkl}, \varepsilon_{ij}, qn_0\mu_{ij}^n, qD_{ij}^n, qp_0\mu_{ij}^p, qD_{ij}^p)x_2^m x_3^n]\mathrm{d}A
\tag{4.11}
$$

根据式 (4.7) 和式 (4.10)，可以将式 (4.8) 表示为一组关于 $u_i^{(m,n)}$、$\varphi^{(m,n)}$、$n^{(m,n)}$ 和 $p^{(m,n)}$ 的常微分方程。杆件的边界条件可以通过类似的方法推导得到:

$$
[\sigma_{i1}^{(m,n)} - \tau_{i11,1}^{(m,n)} + m\tau_{i12}^{(m-1,n)} + n\tau_{i13}^{(m,n-1)}]n_1 = \bar{t}_i^{(m,n)} \quad \text{或} \quad u_i^{(m,n)} = \bar{u}_i^{(m,n)}
\tag{4.12a}
$$

$$
\tau_{i11}^{(m,n)} = \bar{q}_i^{(m,n)} \quad \text{或} \quad u_{i,1}^{(m,n)} = \bar{u}_{i,1}^{(m,n)}
\tag{4.12b}
$$

$$
D_1^{(m,n)} = \bar{\omega}^{(m,n)} \quad \text{或} \quad \varphi^{(m,n)} = \bar{\varphi}^{(m,n)}
\tag{4.12c}
$$

$$
J_1^{n(m,n)} = \bar{J}^{n(m,n)} \quad \text{或} \quad n^{(m,n)} = \bar{n}^{(m,n)}
\tag{4.12d}
$$

$$
J_1^{p(m,n)} = \bar{J}^{p(m,n)} \quad \text{或} \quad p^{(m,n)} = \bar{p}^{(m,n)}
\tag{4.12e}
$$

其中，$\bar{t}_i^{(m,n)}$、$\bar{q}_i^{(m,n)}$、$\bar{\omega}^{(m,n)}$、$\bar{J}^{n(m,n)}$、$\bar{J}^{p(m,n)}$ 的定义为

$$
[\bar{t}_i^{(m,n)}, \bar{q}_i^{(m,n)}, \bar{\omega}^{(m,n)}, \bar{J}^{n(m,n)}, \bar{J}^{p(m,n)}] = \int_A [(\bar{t}_i, \bar{q}_i, \bar{\omega}, \bar{J}^n, \bar{J}^p)x_2^m x_3^n]\mathrm{d}A
\tag{4.13}
$$

4.3 挠曲电半导体一维方程的应用

以 4.2 节推导的一维结构理论为基础，本节将给出挠曲电半导体杆在拉伸、弯曲、扭转变形中描述力–电–载流子分布的多场耦合控制方程 [2,3]。

4.3.1　挠曲电半导体杆的拉伸方程

通过尝试，对于挠曲电半导体杆的拉伸问题，式 (4.5) 中的级数表达式可以截断为 [3]

$$
\begin{cases}
u_1(x_1, x_2, x_3, t) \cong u_1^{(0,0)}(x_1, t) \\
\varphi(x_1, x_2, x_3, t) \cong \varphi^{(0,0)}(x_1, t) \\
\Delta n(x_1, x_2, x_3, t) \cong n^{(0,0)}(x_1, t) \\
\Delta p(x_1, x_2, x_3, t) \cong p^{(0,0)}(x_1, t)
\end{cases}
\tag{4.14}
$$

此处仅考虑轴向的挠曲电极化，因此电势及载流子浓度扰动仅保留零阶近似。

根据式 (4.14) 及梯度关系式 (4.7)，可以得到

$$
\begin{cases}
S_{11}^{(0,0)} = u_{1,1}^{(0,0)}, \quad \eta_{111}^{(0,0)} = u_{1,11}^{(0,0)} \\
E_1^{(0,0)} = -\varphi_{,1}^{(0,0)} \\
N_1^{(0,0)} = n_{,1}^{(0,0)}, \quad P_1^{(0,0)} = p_{,1}^{(0,0)}
\end{cases}
\tag{4.15}
$$

根据式 (4.8)，可以得到零阶场方程为

$$
\begin{cases}
T_{11,1}^{(0,0)} - \tau_{111,11}^{(0,0)} + f_1^{(0,0)} = \rho^{(0,0)} \ddot{u}_1^{(0,0)} \\
D_{1,1}^{(0,0)} = q^{(0,0)}(p^{(0,0)} - n^{(0,0)}) \\
J_{1,1}^{n(0,0)} = q^{(0,0)} \dot{n}^{(0,0)} \\
J_{1,1}^{p(0,0)} = -q^{(0,0)} \dot{p}^{(0,0)}
\end{cases}
\tag{4.16}
$$

对于立方晶系 m3m 点群的半导体材料 (本构矩阵与材料常数见附录 B)，根据式 (4.7) 和式 (4.10)，可以得到其一维本构关系：

$$
\begin{cases}
T_{11}^{(0,0)} = \bar{c}_{11}^{(0,0)} u_{1,1}^{(0,0)} \\
\tau_{111}^{(0,0)} = f_{1111}^{(0,0)} \varphi_{,1}^{(0,0)} \\
D_1^{(0,0)} = -\varepsilon_{11}^{(0,0)} \varphi_{,1}^{(0,0)} + f_{1111}^{(0,0)} u_{1,11}^{(0,0)} \\
J_1^{n(0,0)} = -\mu_{11}^{n(0,0)} \varphi_{,1}^{(0,0)} + D_{11}^{n(0,0)} n_{,1}^{(0,0)} \\
J_1^{p(0,0)} = -\mu_{11}^{p(0,0)} \varphi_{,1}^{(0,0)} - D_{11}^{p(0,0)} p_{,1}^{(0,0)}
\end{cases}
\tag{4.17}
$$

式中，$\bar{c}_{11}^{(0,0)}$ 为应力释放条件修正后的材料常数，另外，由于本章主要关心挠曲电极化对载流子分布的影响，因此在式 (4.17) 及后续的本构关系中，假设 $g_{ijklmn} = 0$。

将本构关系式 (4.17) 代入零阶场方程 (4.16)，可以得到用基本未知量表示的控制方程：

$$\begin{cases} c_{11}^{(0,0)} u_{1,11}^{(0,0)} - f_{1111}^{(0,0)} \varphi_{,111}^{(0,0)} + f_1^{(0,0)} = \rho^{(0,0)} \ddot{u}_1^{(0,0)} \\ -\varepsilon_{11}^{(0,0)} \varphi_{,11}^{(0,0)} + f_{1111}^{(0,0)} u_{1,111}^{(0,0)} = q^{(0,0)} (p^{(0,0)} - n^{(0,0)}) \\ -\mu_{11}^{n(0,0)} \varphi_{,11}^{(0,0)} + D_{11}^{n(0,0)} n_{,11}^{(0,0)} = q^{(0,0)} \dot{n}^{(0,0)} \\ -\mu_{11}^{p(0,0)} \varphi_{,11}^{(0,0)} - D_{11}^{p(0,0)} p_{,11}^{(0,0)} = -q^{(0,0)} \dot{p}^{(0,0)} \end{cases} \tag{4.18}$$

拉伸问题的边界条件可以表示为

$$T_{11}^{(0,0)} - \tau_{111,1}^{(0,0)} = \bar{t}_1^{(0,0)} \quad \text{或} \quad u_1^{(0,0)} = \bar{u}_1^{(0,0)} \tag{4.19a}$$

$$\tau_{111}^{(0,0)} = \bar{q}_1^{(0,0)} \quad \text{或} \quad u_{1,1}^{(0,0)} = \bar{u}_{1,1}^{(0,0)} \tag{4.19b}$$

$$D_1^{(0,0)} = \bar{\omega}^{(0,0)} \quad \text{或} \quad \varphi^{(0,0)} = \bar{\varphi}^{(0,0)} \tag{4.19c}$$

$$J_1^{n(0,0)} = \bar{J}^{n(0,0)} \quad \text{或} \quad n^{(0,0)} = \bar{n}^{(0,0)} \tag{4.19d}$$

$$J_1^{p(0,0)} = \bar{J}^{p(0,0)} \quad \text{或} \quad p^{(0,0)} = \bar{p}^{(0,0)} \tag{4.19e}$$

4.3.2 挠曲电半导体梁的弯曲方程

对于厚度方向上的弯曲问题，考虑 Bernoulli-Euler 梁假设以及电势与载流子浓度扰动的一阶近似，基本未知量可以近似展开为 [3]

$$\begin{cases} u_1(x_1, x_2, x_3, t) \cong -x_3 u_{3,1}^{(0,0)}(x_1, t) \\ u_3(x_1, x_2, x_3, t) \cong u_3^{(0,0)}(x_1, t) \\ \varphi(x_1, x_2, x_3, t) \cong x_3 \varphi^{(0,1)}(x_1, t) \\ \Delta n(x_1, x_2, x_3, t) \cong x_3 n^{(0,1)}(x_1, t) \\ \Delta p(x_1, x_2, x_3, t) \cong x_3 p^{(0,1)}(x_1, t) \end{cases} \tag{4.20}$$

根据梯度关系式 (4.7)，有

$$\begin{cases} S_{11}^{(0,1)} = -u_{3,11}^{(0,0)} \quad \eta_{111}^{(0,1)} = -u_{3,111}^{(0,0)}, \quad \eta_{113}^{(0,0)} = -u_{3,11}^{(0,0)} \\ E_1^{(0,1)} = -\varphi_{,1}^{(0,1)}, \quad E_3^{(0,0)} = -\varphi^{(0,1)} \\ N_1^{(0,1)} = n_{,1}^{(0,1)}, \quad N_3^{(0,0)} = -n^{(0,1)} \\ P_1^{(0,1)} = p_{,1}^{(0,1)}, \quad P_3^{(0,0)} = -p^{(0,1)} \end{cases} \tag{4.21}$$

根据场方程 (4.8)，x_1 方向的一阶场方程和 x_3 方向的零阶场方程可以表示为

$$T_{11,1}^{(0,1)} - T_{13}^{(0,0)} - \tau_{111,11}^{(0,1)} + \tau_{113,1}^{(0,0)} + \tau_{131,1}^{(0,0)} + f_1^{(0,1)} = \rho^{(0,2)} \ddot{u}_1^{(0,1)} \tag{4.22}$$

$$T_{31,1}^{(0,0)} - \tau_{311,11}^{(0,0)} + f_3^{(0,0)} = \rho^{(0,0)} \ddot{u}_3^{(0,0)} \tag{4.23}$$

忽略式 (4.22) 中的转动惯量 $\rho^{(0,2)}$ 后将式 (4.22) 对 x_1 的导数与式 (4.23) 求和，得到厚度方向弯曲问题的场方程为

$$[T_{11}^{(0,1)} - \tau_{111,1}^{(0,1)} + \tau_{113}^{(0,0)}]_{,11} + f_3^{(0,0)} + f_{1,1}^{(0,1)} = \rho^{(0,0)} \ddot{u}_3^{(0,0)} \tag{4.24}$$

根据式 (4.8)，一阶静电学方程与一阶电流的连续性方程可以表示为

$$\begin{cases} D_{1,1}^{(0,1)} - D_3^{(0,0)} = q^{(0,2)}(p^{(0,1)} - n^{(0,1)}) \\ J_{1,1}^{n(0,1)} - J_3^{n(0,0)} = q^{(0,2)} \dot{n}^{(0,1)} \\ J_{1,1}^{p(0,1)} - J_3^{p(0,0)} = -q^{(0,2)} \dot{p}^{(0,1)} \end{cases} \tag{4.25}$$

对于立方晶系 m3m 点群的半导体材料 (本构矩阵与材料常数见附录 B)，根据式 (4.7) 和式 (4.10)，一维本构关系可以表示为

$$\begin{cases} T_{11}^{(0,1)} = -\bar{c}_{11}^{(0,2)} u_{3,11}^{(0,0)} \\ \tau_{111}^{(0,1)} = f_{1111}^{(0,2)} \varphi_{,1}^{(0,1)} \\ \tau_{113}^{(0,0)} = f_{3113}^{(0,0)} \varphi^{(0,1)} \end{cases} \tag{4.26}$$

$$\begin{cases} D_1^{(0,1)} = -\varepsilon_{11}^{(0,2)} \varphi_{,1}^{(0,1)} - f_{1111}^{(0,2)} u_{3,111}^{(0,0)} \\ D_3^{(0,0)} = -\varepsilon_{11}^{(0,0)} \varphi^{(0,1)} - f_{3113}^{(0,0)} u_{3,11}^{(0,0)} \end{cases} \tag{4.27}$$

$$\begin{cases} J_1^{n(0,1)} = -\mu_{11}^{n(0,2)} \varphi_{,1}^{(0,1)} + D_{11}^{n(0,2)} n_{,1}^{(0,1)} \\ J_3^{n(0,0)} = -\mu_{11}^{n(0,0)} \varphi^{(0,1)} + D_{11}^{n(0,0)} n^{(0,1)} \end{cases} \tag{4.28}$$

$$\begin{cases} J_1^{p(0,1)} = -\mu_{11}^{p(0,2)} \varphi_{,1}^{(0,1)} - D_{11}^{p(0,2)} p_{,1}^{(0,1)} \\ J_3^{p(0,0)} = -\mu_{11}^{p(0,0)} \varphi^{(0,1)} - D_{11}^{p(0,0)} p^{(0,1)} \end{cases} \tag{4.29}$$

式中，$\bar{c}_{11}^{(0,2)}$ 为应力释放条件修正后的材料常数。

将式 (4.26)~ 式 (4.29) 代入式 (4.24)、式 (4.25)，可以得到用基本未知量表示的控制方程：

$$
\begin{cases}
-c_{11}^{(0,2)}u_{3,1111}^{(0,0)} + f_{3113}^{(0,0)}\varphi_{,11}^{(0,1)} - f_{1111}^{(0,2)}\varphi_{,1111}^{(0,1)} + f_3^{(0,0)} + f_{1,1}^{(0,1)} = \rho^{(0,0)}\ddot{u}_3^{(0,0)} \\
-\varepsilon_{11}^{(0,2)}\varphi_{,11}^{(0,1)} - f_{1111}^{(0,2)}u_{3,1111}^{(0,0)} + \varepsilon_{11}^{(0,0)}\varphi^{(0,1)} + f_{3113}^{(0,0)}u_{3,11}^{(0,0)} = q^{(0,2)}(p^{(0,1)} - n^{(0,1)}) \\
-\mu_{11}^{n(0,2)}\varphi_{,11}^{(0,1)} + D_{11}^{n(0,2)}n_{,11}^{(0,1)} + \mu_{11}^{n(0,0)}\varphi^{(0,1)} - D_{11}^{n(0,0)}n^{(0,1)} = q^{(0,2)}\dot{n}^{(0,1)} \\
-\mu_{11}^{p(0,2)}\varphi_{,11}^{(0,1)} - D_{11}^{p(0,2)}p_{,11}^{(0,1)} + \mu_{11}^{p(0,0)}\varphi^{(0,1)} + D_{11}^{p(0,0)}p^{(0,1)} = -q^{(0,2)}\dot{p}^{(0,1)}
\end{cases}
$$

$$(4.30)$$

当不考虑杆件端部 $(x_1 = 0, L)$ 的集中力与集中力偶时，根据方程 (4.12)，可以得到弯曲理论的边界条件为

$$T_{11,1}^{(0,1)} - \tau_{111,11}^{(0,1)} + \tau_{113,1}^{(0,0)} = 0 \quad \text{或} \quad u_3^{(0,0)} = \bar{u}_3^{(0,0)} \tag{4.31a}$$

$$T_{11}^{(0,1)} - \tau_{111,1}^{(0,1)} + \tau_{113}^{(0,0)} = 0 \quad \text{或} \quad u_{3,1}^{(0,0)} = \bar{u}_{3,1}^{(0,0)} \tag{4.31b}$$

$$\tau_{111}^{(0,1)} = 0 \quad \text{或} \quad u_{3,11}^{(0,0)} = \bar{u}_{3,11}^{(0,0)} \tag{4.31c}$$

$$D_1^{(0,1)} = \bar{\omega}^{(0,1)} \quad \text{或} \quad \varphi^{(0,1)} = \bar{\varphi}^{(0,1)} \tag{4.31d}$$

$$J_1^{n(0,1)} = \bar{J}^{n(0,1)} \quad \text{或} \quad n^{(0,1)} = \bar{n}^{(0,1)} \tag{4.31e}$$

$$J_1^{p(0,1)} = \bar{J}^{p(0,1)} \quad \text{或} \quad p^{(0,1)} = \bar{p}^{(0,1)} \tag{4.31f}$$

4.3.3 挠曲电半导体杆的扭转方程

经过尝试，对于考虑翘曲变形的矩形截面杆的扭转问题，式 (4.5) 的级数展开式可以截断为 [2]

$$
\begin{cases}
u_1(x_1, x_2, x_3, t) \cong x_2 x_3 u_1^{(1,1)}(x_1, t) \\
u_2(x_1, x_2, x_3, t) \cong x_3 u_2^{(0,1)}(x_1, t) \\
u_3(x_1, x_2, x_3, t) \cong x_2 u_3^{(1,0)}(x_1, t) \\
\varphi(x_1, x_2, x_3, t) \cong x_2 x_3 \varphi^{(1,1)}(x_1, t) \\
\Delta n(x_1, x_2, x_3, t) \cong x_2 x_3 n^{(1,1)}(x_1, t) \\
\Delta p(x_1, x_2, x_3, t) \cong x_2 x_3 p^{(1,1)}(x_1, t)
\end{cases}
$$

$$(4.32)$$

式中，$u_2^{(0,1)}$ 和 $u_3^{(1,0)}$ 用于描述扭转变形；$u_1^{(1,1)}$ 用于描述翘曲变形。式 (4.32) 中涉及的位移分量的几何意义如图 4.2 所示。

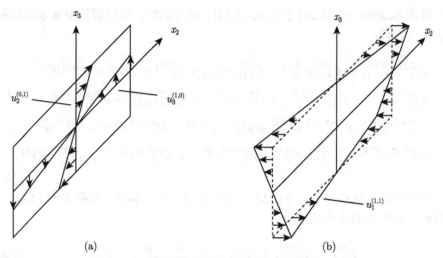

图 4.2　矩形截面杆的扭转变形 (a) 与翘曲变形 (b)

根据式 (4.32) 以及梯度关系式 (4.7)，可以得到

$$\begin{cases} S_{11}^{(1,1)} = u_{1,1}^{(1,1)}, \quad S_{32}^{(0,0)} = \dfrac{1}{2}(u_3^{(1,0)} + u_2^{(0,1)}) \\ S_{31}^{(1,0)} = \dfrac{1}{2}(u_{3,1}^{(1,0)} + u_1^{(1,1)}), \quad S_{21}^{(0,1)} = \dfrac{1}{2}(u_{2,1}^{(0,1)} + u_1^{(1,1)}) \end{cases} \tag{4.33}$$

$$\begin{cases} \eta_{112}^{(0,1)} = u_{1,1}^{(1,1)}, \quad \eta_{113}^{(1,0)} = u_{1,1}^{(1,1)} \\ \eta_{131}^{(1,0)} = \eta_{311}^{(1,0)} = \dfrac{1}{2}u_{1,1}^{(1,1)}, \quad \eta_{121}^{(0,1)} = \eta_{211}^{(0,1)} = \dfrac{1}{2}u_{1,1}^{(1,1)} \end{cases} \tag{4.34}$$

$$\begin{cases} E_1^{(1,1)} = -\varphi_{,1}^{(1,1)}, \quad E_2^{(0,1)} = -\varphi^{(1,1)}, \quad E_3^{(1,0)} = -\varphi^{(1,1)} \\ P_1^{(1,1)} = p_{,1}^{(1,1)}, \quad P_2^{(0,1)} = p^{(1,1)}, \quad P_3^{(1,0)} = p^{(1,1)} \\ N_1^{(1,1)} = n_{,1}^{(1,1)}, \quad N_2^{(0,1)} = n^{(1,1)}, \quad N_3^{(1,0)} = n^{(1,1)} \end{cases} \tag{4.35}$$

根据场方程 (4.8)，可以得到弯曲与翘曲的场方程为

$$T_{31,1}^{(1,0)} - T_{32}^{(0,0)} + f_3^{(1,0)} = \rho^{(2,0)}\ddot{u}_3^{(1,0)} \tag{4.36a}$$

$$T_{21,1}^{(0,1)} - T_{23}^{(0,0)} + f_2^{(0,1)} = \rho^{(0,2)}\ddot{u}_2^{(0,1)} \tag{4.36b}$$

$$T_{11,1}^{(1,1)} - T_{12}^{(0,1)} - T_{13}^{(1,0)} + f_1^{(1,1)} + \tau_{112,1}^{(0,1)} + \tau_{113,1}^{(1,0)} + \tau_{121,1}^{(0,1)} + \tau_{131,1}^{(1,0)} = \rho^{(2,2)}\ddot{u}_1^{(1,1)} \tag{4.36c}$$

$$D_{1,1}^{(1,1)} - D_2^{(0,1)} - D_3^{(1,0)} = q^{(2,2)}(p^{(1,1)} - n^{(1,1)}) \tag{4.36d}$$

$$J_{1,1}^{n(1,1)} - J_2^{n(0,1)} - J_3^{n(1,0)} = q^{(2,2)}\dot{n}^{(1,1)} \tag{4.36e}$$

$$J_{1,1}^{p(1,1)} - J_2^{p(0,1)} - J_3^{p(1,0)} = -q^{(2,2)}\dot{p}^{(1,1)} \tag{4.36f}$$

对于立方晶系 m3m 点群的半导体材料 (本构矩阵与材料常数见附录 B), 根据式 (4.7) 和式 (4.10), 可以得到其一维本构关系:

$$\begin{cases} T_{32}^{(0,0)} = c_{44}^{(0,0)}(u_3^{(1,0)} + u_2^{(0,1)}) \\ T_{31}^{(1,0)} = c_{44}^{(2,0)}(u_{3,1}^{(1,0)} + u_1^{(1,1)}) \\ T_{21}^{(0,1)} = c_{44}^{(0,2)}(u_{2,1}^{(0,1)} + u_1^{(1,1)}) \\ T_{11}^{(1,1)} = c_{11}^{(2,2)}u_{1,1}^{(1,1)} \end{cases} \tag{4.37}$$

$$\begin{cases} \tau_{112}^{(0,1)} = f_{14}^{(0,2)}\varphi^{(1,1)} \\ \tau_{113}^{(1,0)} = f_{14}^{(2,0)}\varphi^{(1,1)} \\ \tau_{211}^{(0,1)} = f_{111}^{(0,2)}\varphi^{(1,1)} \\ \tau_{311}^{(1,0)} = f_{111}^{(2,0)}\varphi^{(1,1)} \\ \tau_{121}^{(0,1)} = f_{111}^{(0,2)}\varphi^{(1,1)} \\ \tau_{131}^{(1,0)} = f_{111}^{(2,0)}\varphi^{(1,1)} \end{cases} \tag{4.38}$$

$$\begin{cases} D_1^{(1,1)} = -\varepsilon_{11}^{(2,2)}\varphi_{,1}^{(1,1)} \\ D_2^{(0,1)} = -\varepsilon_{11}^{(0,2)}\varphi^{(1,1)} + (f_{14}^{(0,2)} + f_{111}^{(0,2)})u_{1,1}^{(1,1)} \\ D_3^{(1,0)} = -\varepsilon_{11}^{(2,0)}\varphi^{(1,1)} + (f_{14}^{(2,0)} + f_{111}^{(2,0)})u_{1,1}^{(1,1)} \end{cases} \tag{4.39}$$

$$\begin{cases} J_1^{n(1,1)} = -\mu_{11}^{n(2,2)}\varphi_{,1}^{(1,1)} + D_{11}^{n(2,2)}n_{,1}^{(1,1)} \\ J_2^{n(0,1)} = -\mu_{11}^{n(0,2)}\varphi^{(1,1)} + D_{11}^{n(0,2)}n^{(1,1)} \\ J_3^{n(1,0)} = -\mu_{11}^{n(2,0)}\varphi^{(1,1)} + D_{11}^{n(2,0)}n^{(1,1)} \\ J_1^{p(1,1)} = -\mu_{11}^{p(2,2)}\varphi_{,1}^{(1,1)} - D_{11}^{p(2,2)}p_{,1}^{(1,1)} \\ J_2^{p(0,1)} = -\mu_{11}^{p(0,2)}\varphi^{(1,1)} - D_{11}^{p(0,2)}p^{(1,1)} \\ J_3^{p(1,0)} = -\mu_{11}^{p(2,0)}\varphi^{(1,1)} - D_{11}^{p(2,0)}p^{(1,1)} \end{cases} \tag{4.40}$$

引入扭转角 θ, 并忽略横截面的剪切变形, 有

$$\theta = \frac{1}{2}(u_3^{(1,0)} - u_2^{(0,1)}), \quad S_{23}^{(0,0)} = \frac{1}{2}(u_3^{(1,0)} + u_2^{(0,1)}) = 0 \tag{4.41}$$

由式 (4.41)，可以得到

$$u_3^{(1,0)} = \theta, \quad u_2^{(0,1)} = -\theta \tag{4.42}$$

根据式 (4.41)，式 (4.36a) 和式 (4.36b) 可以重新表述为

$$M_{,1}^t + f_\theta = \rho^+ \ddot{\theta} \tag{4.43}$$

其中，M^t 与 f_θ 的定义为

$$\begin{cases} M^t = T_{31}^{(1,0)} - T_{21}^{(0,1)} = c_{44}^+ \theta_{,1} + c_{44}^- u_1^{(1,1)}, \quad f_\theta = f_3^{(1,0)} - f_2^{(0,1)} \\ \rho^+ = \rho^{(2,0)} + \rho^{(0,2)}, \quad c_{44}^+ = c_{44}^{(2,0)} + c_{44}^{(0,2)}, \quad c_{44}^- = c_{44}^{(2,0)} - c_{44}^{(0,2)} \end{cases} \tag{4.44}$$

对于扭转问题，其边界条件可以表示为

$$M^t = \bar{M}^t \quad \text{或} \quad \theta = \bar{\theta} \tag{4.45a}$$

$$T_{11}^{(1,1)} + \tau_{121}^{(0,1)} + \tau_{131}^{(1,0)} + \tau_{112}^{(0,1)} + \tau_{113}^{(1,0)} = \bar{t}_{11}^{(1,1)} \quad \text{或} \quad u_1^{(1,1)} = \bar{u}_1^{(1,1)} \tag{4.45b}$$

$$D_1^{(1,1)} = \bar{\omega}^{(1,1)} \quad \text{或} \quad \varphi^{(1,1)} = \bar{\varphi}^{(1,1)} \tag{4.45c}$$

$$J_1^{n(1,1)} = \bar{J}^{n(1,1)} \quad \text{或} \quad n^{(1,1)} = \bar{n}^{(1,1)} \tag{4.45d}$$

$$J_1^{p(1,1)} = \bar{J}^{p(1,1)} \quad \text{或} \quad p^{(1,1)} = \bar{p}^{(1,1)} \tag{4.45e}$$

4.4　挠曲电半导体杆的扭转与翘曲分析

4.4.1　扭转波与翘曲波

本小节以 4.3.3 小节中建立的挠曲电半导体杆的扭转理论为基础，研究 x_1 方向为无限长的杆中弹性波–电场–载流子浓度扰动之间的多场耦合问题。以 p 型半导体为例 ($n_0 = \Delta n = 0$)，相关的一维场方程可以表示为

$$\begin{cases} M_{,1}^t = \rho^+ \ddot{\theta} \\ T_{11,1}^{(1,1)} - T_{12}^{(0,1)} - T_{13}^{(1,0)} + \tau_{112,1}^{(0,1)} + \tau_{113,1}^{(1,0)} + \tau_{121,1}^{(0,1)} + \tau_{131,1}^{(1,0)} = \rho^{(2,2)} \ddot{u}_1^{(1,1)} \\ D_{1,1}^{(1,1)} - D_2^{(0,1)} - D_3^{(1,0)} = q^{(2,2)} p^{(1,1)} \\ J_{1,1}^{p(1,1)} - J_2^{p(0,1)} - J_3^{p(1,0)} = -q^{(2,2)} \dot{p}^{(1,1)} \end{cases} \tag{4.46}$$

将式 (4.37)～式 (4.40) 代入式 (4.46)，得到的波动方程为

$$
\begin{cases}
c_{44}^+ \theta_{,11} + c_{44}^- u_{1,1}^{(1,1)} = \rho^+ \ddot{\theta} \\
c_{11}^{(2,2)} u_{1,11}^{(1,1)} - c_{44}^+ u_1^{(1,1)} - c_{44}^- \theta_{,1} + 2f_0^+ \varphi_{,1}^{(1,1)} = \rho^{(2,2)} \ddot{u}_1^{(1,1)} \\
-2f_0^+ u_{1,1}^{(1,1)} - \varepsilon_{11}^{(2,2)} \varphi_{,11}^{(1,1)} + \varepsilon_{11}^+ \varphi^{(1,1)} - q^{(2,2)} p^{(1,1)} = 0 \\
\mu_{11}^{p(2,2)} \varphi_{,11}^{(1,1)} - \mu_{11}^+ \varphi^{(1,1)} + D_{11}^{p(2,2)} p_{,11}^{(1,1)} - D_{11}^+ p^{(1,1)} = -q^{(2,2)} \dot{p}^{(1,1)}
\end{cases}
\tag{4.47}
$$

式中，ε_{11}^+、μ_{11}^+、D_{11}^+、f_0^+、f_0 的定义为

$$
\begin{cases}
\varepsilon_{11}^+ = \varepsilon_{11}^{(2,0)} + \varepsilon_{11}^{(0,2)}, \quad \mu_{11}^+ = \mu_{11}^{p(2,0)} + \mu_{11}^{p(0,2)}, \quad D_{11}^+ = D_{11}^{p(2,0)} + D_{11}^{p(0,2)} \\
f_0^+ = f_0^{(2,0)} + f_0^{(0,2)}, \quad f_0 = (f_{14} + f_{111})/2
\end{cases}
\tag{4.48}
$$

假设基本未知量有以下形式的驻波解：

$$
\begin{Bmatrix}
\theta \\
u_1^{(1,1)} \\
\varphi^{(1,1)} \\
p^{(1,1)}
\end{Bmatrix}
=
\begin{Bmatrix}
A\sin(\xi x_1) \\
B\cos(\xi x_1) \\
C\sin(\xi x_1) \\
D\sin(\xi x_1)
\end{Bmatrix}
\exp(\mathrm{i}\omega t)
\tag{4.49}
$$

式中，ξ 为波数；ω 为波的频率；A、B、C、D 为待定常数。

将式 (4.49) 代入式 (4.47)，可以得到关于待定常数 A、B、C、D 的齐次线性方程组。由于方程组存在非零解，方程组系数矩阵的行列式应为零。由此，可以得到驻波的色散关系 (频率 ω 与波数 ξ 的关系)。

在数值分析中，假设挠曲电半导体杆由硅构成 (材料常数见附录 B)，半导体的掺杂浓度为 $p_0 = 10^{20}$ m^{-3}，杆件结构的尺寸为 $b = 5$ μm，$c = 4$ μm。数值计算得到的色散曲线如图 4.3(a) 所示。靠近实平面的两个分支表示扭转波和翘曲波，下方的分支是扭转波，几乎为一条直线，色散较弱，上方的分支为翘曲波，翘曲波存在一个非零的截止频率 (在截止频率以下，波数为虚数，翘曲波无法传播)。虚平面上两条垂直的线主要由静电学方程和电荷守恒方程确定，不表示传播的波，这是因为静电学方程不具有时间导数项 (其本质上是椭圆方程)，而电荷守恒方程具有时间的一阶导数项 (其本质是抛物方程)。在图 4.3(a) 中的方形点处 (Re(ξ)= 60220m^{-1}，$\omega = 3.28 \times 10^9$ rad·s^{-1}) 空穴浓度扰动分布如图 4.3(b) 所示。

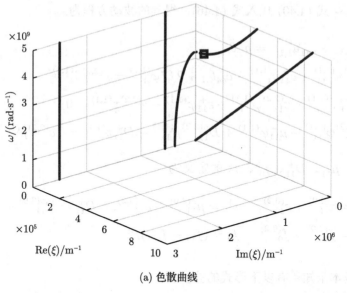

(a) 色散曲线

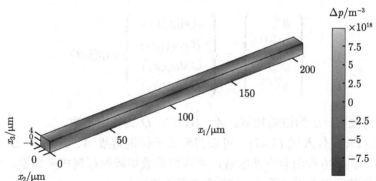

(b) 翘曲波传播时的空穴浓度扰动分布

图 4.3　色散曲线与翘曲波传播时的空穴浓度扰动分布

4.4.2　静态扭转与翘曲

本小节研究有限长的 p 型挠曲电半导体杆的静态扭转问题。杆件的一端固定，另一端施加扭矩，两端均绝缘，则相应的边界条件为

$$\theta = 0, \quad u_1^{(1,1)} = 0, \quad D_1^{(1,1)} = 0, \quad J_1^{p(1,1)} = 0, \quad x_1 = 0 \tag{4.50}$$

$$\begin{cases} M^t = M_0, \quad T_{11}^{(1,1)} + \tau_{121}^{(0,1)} + \tau_{131}^{(1,0)} + \tau_{112}^{(0,1)} + \tau_{113}^{(1,0)} = 0, \quad x_1 = L \\ D_1^{(1,1)} = 0, \quad J_1^{p(1,1)} = 0, \quad x_1 = L \end{cases} \tag{4.51}$$

在数值计算中，考虑杆件的尺寸 $b = 5\ \mu m$，$c = 4\ \mu m$，$L = 30\ \mu m$，扭矩 $M_0 = 10^{-10} N \cdot m$。如图 4.4(a) 所示，除了杆的固定端没有翘曲之外，轴向位移 (翘曲) 沿杆方向基本是均匀的。在一个横截面内，翘曲变形随着坐标象限变化而变化。如图 4.4(b) 所示，除固定端附近外，空穴浓度扰动几乎为零，这是因为空穴浓度扰动与翘曲函数的轴向梯度有关，如式 (4.47) 所示。

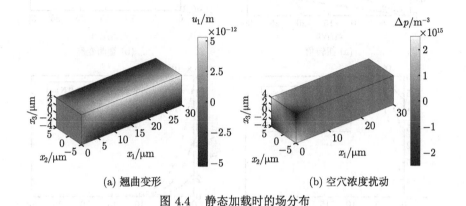

(a) 翘曲变形   (b) 空穴浓度扰动

图 4.4 静态加载时的场分布

在一个截面内，漂移和扩散电流的总和 (总电流) 为零。然而，漂移和扩散电流本身非零，从图 4.5 可以看出，它们远离或者流向截面的四个角落。

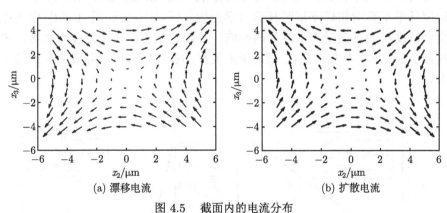

(a) 漂移电流   (b) 扩散电流

图 4.5 截面内的电流分布

图 4.6 给出了保持其他参数不变仅改变端部扭矩的大小对场的影响。数值分析表明：扭转变形、翘曲变形、电场、载流子浓度扰动对扭矩的大小均十分敏感。

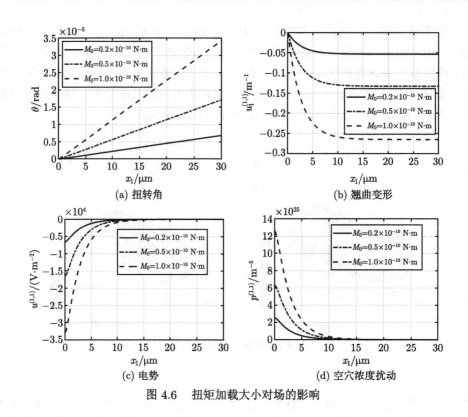

图 4.6　扭矩加载大小对场的影响

图 4.7 给出了掺杂浓度 p_0 对场的影响。图 4.7(a) 和图 4.7(b) 表明：掺杂浓度几乎不影响扭转变形时杆的力学行为。图 4.7(c) 和图 4.7(d) 中的电势和空穴浓度扰动直接受掺杂浓度的影响，且影响显著，掺杂浓度增加时，电场逐渐减小 (极化电荷被屏蔽)，载流子浓度扰动在一定范围内随着掺杂的增大而变大。

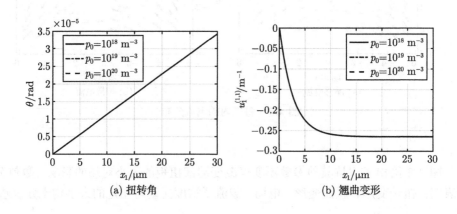

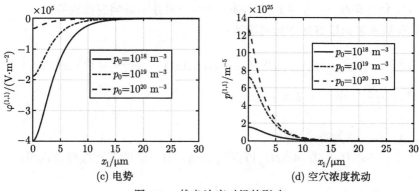

图 4.7 掺杂浓度对场的影响

4.5 挠曲电半导体梁的稳定性分析

本节主要研究挠曲电半导体梁在轴向载荷 N 作用下的稳定性问题, 如图 4.8 所示[4]。

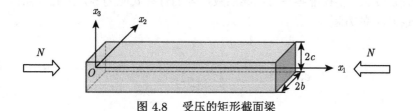

图 4.8 受压的矩形截面梁

在轴向载荷 N 的作用下, p 型挠曲电半导体梁的控制方程为

$$
\begin{cases}
-c_{11}^{(0,2)}u_{3,1111}^{(0,0)} + f_{3113}^{(0,0)}\varphi_{,11}^{(0,1)} = Nu_{3,11}^{(0,0)} \\
-\varepsilon_{11}^{(0,2)}\varphi_{,11}^{(0,1)} + \varepsilon_{11}^{(0,0)}\varphi^{(0,1)} + f_{3113}^{(0,0)}u_{3,11}^{(0,0)} = q^{(0,2)}p^{(0,1)} \\
-\mu_{11}^{p(0,2)}\varphi_{,11}^{(0,1)} - D_{11}^{p(0,2)}p_{,11}^{(0,1)} + \mu_{11}^{p(0,0)}\varphi^{(0,1)} + D_{11}^{p(0,0)}p^{(0,1)} = 0
\end{cases}
\tag{4.52}
$$

4.5.1 可滑动边界分析

考虑梁两端可以自由滑动但不能自由旋转的情况, 两端绝缘且没有自由电荷, 则边界条件可以表示为

$$
\begin{cases}
T_{11,1}^{(0,1)} + \tau_{113,1}^{(0,0)} = 0, \quad u_{3,1}^{(0,0)} = 0, \quad x_1 = 0, L \\
D_1^{(0,1)} = 0, \quad J_1^{p(0,1)} = 0, \quad x_1 = 0, L
\end{cases}
\tag{4.53}
$$

式 (4.53) 允许梁在 x_3 方向上产生刚性平移，但并不影响屈曲载荷。

　　假设基本未知量有如下形式的解：

$$\begin{cases} u_3^{(0,0)} = A\cos(\beta x_1), \quad \varphi^{(0,1)} = B\cos(\beta x_1), \quad p^{(0,1)} = C\cos(\beta x_1) \\ \beta = \dfrac{m\pi}{L}, \quad m = 1,2,3,\cdots \end{cases} \tag{4.54}$$

式中，A、B、C 为待定常数。

　　将式 (4.54) 代入式 (4.52)，得到关于 A、B、C 的齐次线性方程组：

$$\begin{bmatrix} N\beta^2 - c_{11}^{(0,2)}\beta^4 & -f_{3113}^{(0,0)}\beta^2 & 0 \\ -f_{3113}^{(0,0)}\beta^2 & \varepsilon_{11}^{(0,2)}\beta^2 + \varepsilon_{11}^{(0,0)} & -q^{(0,2)} \\ 0 & \mu_{11}^{p(0,2)}\beta^2 + \mu_{11}^{p(0,0)} & D_{11}^{p(0,2)}\beta^2 + D_{11}^{p(0,0)} \end{bmatrix} \begin{Bmatrix} A \\ B \\ C \end{Bmatrix} = \begin{Bmatrix} 0 \\ 0 \\ 0 \end{Bmatrix} \tag{4.55}$$

　　方程 (4.55) 存在非零解时，其系数矩阵的行列式应为零，因此可以得到关于轴向载荷 N 的方程：

$$\frac{N}{c_{11}^{(0,2)}\beta^2} = 1 + \frac{\delta^2}{1 + (\beta r)^2 + \dfrac{r^2}{\lambda_D^2}} = \overline{N} \tag{4.56}$$

其中，

$$\delta^2 = \frac{(f_{3113}^{(0,0)})^2}{c_{11}^{(0,2)}\varepsilon_{11}^{(0,0)}}, \quad \frac{1}{\lambda_D^2} = \frac{q^2 p_0}{\varepsilon_{11} k_B \vartheta} \tag{4.57}$$

$$r = \sqrt{\frac{I}{A}} \tag{4.58}$$

式中，A 和 I 分别为截面的面积和惯性矩；r 为梁横截面的回转半径；δ 和 λ_D 分别表示挠曲电效应和半导体效应对屈曲载荷的贡献。当 $\delta = 0$ 时，式 (4.56) 简化为端部可滑动的弹性梁的屈曲载荷。当 λ_D 不变时，随着挠曲电效应的增大，屈曲载荷随之增大，类似于压电强化效应，可称这种效应为挠曲电强化效应。一般而言，在屈曲过程中，压电效应或挠曲电效应所诱导的电极化都倾向于抵抗屈曲，从而使屈曲载荷增大。式 (4.56) 表明，对于 β 较大的高阶屈曲模态，这种强化效应较小，这是因为在高阶模态下，电极化的方向在梁的轴向上持续改变，导致梁的强化效应变小。式 (4.56) 还表明梁的半导体特性降低了挠曲电强化效应，这是因为在半导体中，移动电荷通过重新分布来屏蔽挠曲电诱导的极化电荷，从而削弱挠曲电强化效应。

在数值计算中，假设挠曲电半导体梁由硅构成，半导体的掺杂浓度 $p_0 = 10^{21}$ m^{-3}，几何尺寸 $L = 200$ μm，$b = 10$ μm，$c = 5$ μm。当 $m = 1$ 时，$\overline{N}$ 与 δ、$\overline{N}$ 与 r/λ_D 的关系分别如图 4.9(a) 和 (b) 所示。图 4.9(a) 表明：由于挠曲电强化效应，$\overline{N}$ 随 δ 的增加而增加，与压电强化效应相似，$\overline{N}$ 取决于 δ^2 或 $(f_{3113}^{(0,0)})^2$。当半导体梁的掺杂浓度非常小时，λ_D 较大而 r/λ_D 较小，在这种情况下，空穴对电极化的屏蔽作用减小，屈曲载荷增大，这种现象可以在图 4.9(a) 和 (b) 中看到。总体上，屈曲载荷是一个力学量，挠曲电效应和半导体效应对屈曲载荷的影响较小，而更值得关注的是伴随着结构失稳的载流子重分布现象。

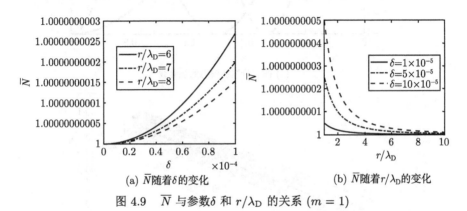

(a) $\overline{N}$ 随着 δ 的变化　　　　(b) $\overline{N}$ 随着 r/λ_D 的变化

图 4.9　$\overline{N}$ 与参数 δ 和 r/λ_D 的关系 $(m = 1)$

下面，引入量纲为 1 的坐标、挠度以及空穴浓度扰动：

$$\begin{cases} \overline{x}_1 = \dfrac{x_1}{L}, \quad \overline{x}_2 = \dfrac{x_2}{b}, \quad \overline{x}_3 = \dfrac{x_3}{c} \\ \overline{u}_3^{(0,0)} = \cos(m\pi\overline{x}_1), \quad \overline{\Delta p} = \overline{x}_3 \cos(m\pi\overline{x}_1) \end{cases} \tag{4.59}$$

图 4.10(a) 给出了前三阶屈曲模态的挠曲线，图 4.10(b)、(c)、(d) 为前三阶屈曲模态对应的空穴浓度扰动分布云图。图 4.10(a) 中的挠曲线沿轴向分别有 1 个、2 个、3 个节点 (零点)，它们与滑动端弹性梁的屈曲模态相同，而载流子浓度扰动的分布在穿过节点时符号发生改变。

本节的模型与一端固定一端滑动的梁相比，允许存在 x_3 方向上的刚性平移，这并不会影响屈曲荷载。因此，本节得到的结果也适用于一端固定一端滑动的梁。

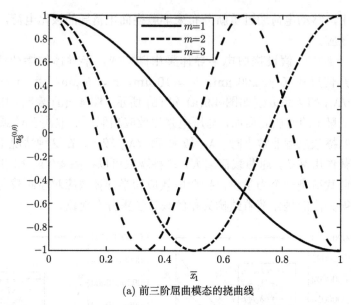

(a) 前三阶屈曲模态的挠曲线

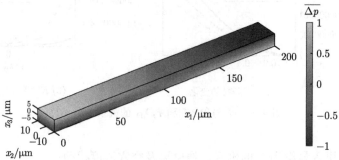

(b) 一阶屈曲时的空穴浓度扰动分布($m=1$)

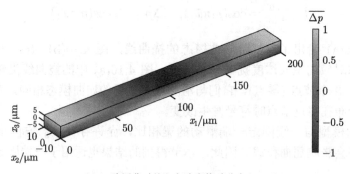

(c) 二阶屈曲时的空穴浓度扰动分布($m=2$)

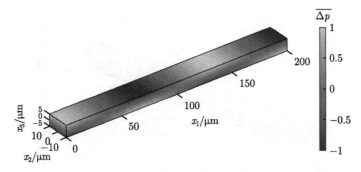

(d) 三阶屈曲时的空穴浓度扰动分布(m=3)

图 4.10   前三阶屈曲模态的挠曲线及空穴浓度扰动分布 (可滑动边界)

4.5.2   简支边界分析

本小节考虑具有简支边界的 p 型挠曲电半导体梁结构，即两端挠度为零且弯矩为零，电学上，考虑两端接地，即电势为零，空穴浓度扰动为零，相应的边界条件可以写为

$$\begin{cases} T_{11}^{(0,1)} + \tau_{113}^{(0,0)} = 0, \quad u_3^{(0,0)} = 0, \quad x_1 = 0, \ L \\ \varphi^{(0,1)} = 0, \quad p^{(0,1)} = 0, \quad x_1 = 0, \ L \end{cases} \tag{4.60}$$

假设基本未知量有以下形式的解：

$$u_3^{(0,0)} = A\sin(\beta x_1), \quad \varphi^{(0,1)} = B\sin(\beta x_1), \quad p^{(0,1)} = C\sin(\beta x_1) \tag{4.61}$$

将式 (4.61) 代入式 (4.52)，可以得到一组关于待定常数的线性方程组 (4.55)。本小节所用的材料常数与几何参数与 4.5.1 小节相同，梁前三阶屈曲模态的挠曲线及空穴浓度扰动分布如图 4.11 所示。

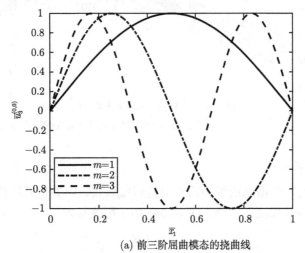

(a) 前三阶屈曲模态的挠曲线

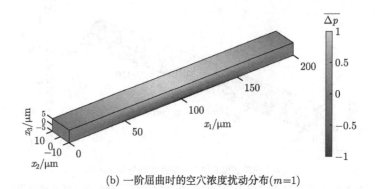

(b) 一阶屈曲时的空穴浓度扰动分布($m=1$)

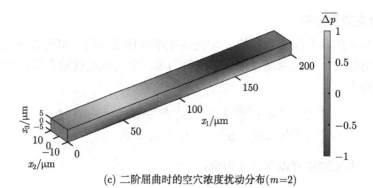

(c) 二阶屈曲时的空穴浓度扰动分布($m=2$)

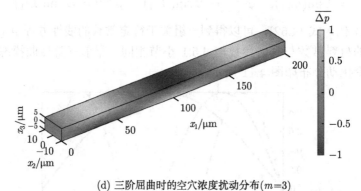

(d) 三阶屈曲时的空穴浓度扰动分布($m=3$)

图 4.11   前三阶屈曲模态的挠曲线及空穴浓度扰动分布 (简支边界)

4.5.3   其他边界分析

当求出了两端可滑动的梁和简支梁的屈曲荷载时，其他几种情况下的屈曲荷载可用梁的 "等效长度" 求得，式 (4.56) 中 β 可改写为

$$\beta = \frac{m\pi}{kL} \tag{4.62}$$

端部可滑动但不可转动的梁与简支梁对应 $k=1$；两端固定的梁对应 $k=1/2$；一端固定一端自由的梁对应 $k=2$。

4.6 挠曲电半导体的二维结构理论

本节基于 4.1 节给出的挠曲电半导体的三维理论和 Mindlin 的幂级数方法，建立了挠曲电半导体板的二维结构理论。利用本节建立的二维结构理论，通过保留级数的有限项可以得到不同变形模式下的多场耦合问题的控制方程，为分析二维结构的多场耦合问题提供了有效的模型 [5]。

考虑如图 4.12 所示的挠曲电半导体板 (厚度为 $2h$)，坐标系建立于板的几何中面。

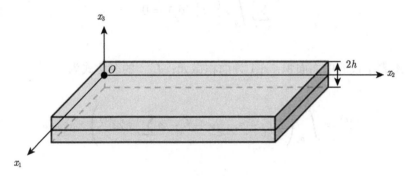

图 4.12　挠曲电半导体板

根据 Mindlin 的幂级数方法，基本未知量 u_i、φ、Δn 和 Δp 可以展开为关于厚度坐标 x_3 的幂级数：

$$u_i(x_1, x_2, x_3, t) = \sum_{l=0}^{\infty} x_3^l u_i^{(l)}(x_1, x_2, t) \tag{4.63a}$$

$$\varphi(x_1, x_2, x_3, t) = \sum_{l=0}^{\infty} x_3^l \varphi^{(l)}(x_1, x_2, t) \tag{4.63b}$$

$$\Delta n(x_1, x_2, x_3, t) = \sum_{l=0}^{\infty} x_3^l n^{(l)}(x_1, x_2, t) \tag{4.63c}$$

$$\Delta p(x_1, x_2, x_3, t) = \sum_{l=0}^{\infty} x_3^l p^{(l)}(x_1, x_2, t) \tag{4.63d}$$

式中，$u_i^{(l)}$、$\varphi^{(l)}$、$n^{(l)}$ 和 $p^{(l)}$ 分别为 l 阶的位移分量、电势分量、电子浓度扰动分量和空穴浓度扰动分量。

下面，对场方程进行推导。三维运动学方程可以等价地表示为以下积分形式：

$$\int_V (T_{ij,j} - \tau_{ijk,jk} + f_i - \rho\ddot{u}_i)\dot{u}_i\mathrm{d}V = 0 \tag{4.64}$$

式中，V 是挠曲电半导体板所占据的空间；$\mathrm{d}V$ 是体积微元，将式 (4.63a) 代入式 (4.64)，考虑到 $\mathrm{d}V = \mathrm{d}x_3\mathrm{d}A$，有

$$\sum_{r=0}^{\infty}\int_A L_i^{(r)}\dot{u}_i^{(r)}\mathrm{d}A = 0 \tag{4.65}$$

式中，A 表示板的中面面积；$\mathrm{d}A$ 为面积微元；$L_i^{(r)}$ 的表达式为

$$L_i^{(r)} = \int_{-h}^{h}\left(T_{ij,j} - \tau_{ijk,jk} + f_i - \rho\sum_{s=0}^{\infty}x_3^s\ddot{u}_i^{(s)}\right)x_3^r\mathrm{d}x_3 \tag{4.66}$$

由 $\dot{u}_i^{(r)}$ 的任意性可知，对于任意的阶数 r，有 $L_i^{(r)} = 0$，即

$$\int_{-h}^{h}(T_{ij,j} - \tau_{ijk,jk} + f_i)x_3^r\mathrm{d}x_3 = \int_{-h}^{h}\rho\sum_{s=0}^{\infty}x_3^{r+s}\ddot{u}_i^{(s)}\mathrm{d}x_3 \tag{4.67}$$

对于式 (4.67) 左侧的定积分，有

$$\begin{aligned}
\int_{-h}^{h}(T_{ij,j})x_3^r\mathrm{d}x_3 &= \int_{-h}^{h}(T_{i\alpha,\alpha} + T_{i3,3})x_3^r\mathrm{d}x_3 \\
&= \int_{-h}^{h}(T_{i\alpha}x_3^r)_{,\alpha} + (T_{i3}x_3^r)_{,3} - rT_{i3}x_3^{r-1}\mathrm{d}x_3 \\
&= T_{i\alpha,\alpha}^{(r)} - rT_{i3}^{(r-1)} + T_i^{(r)}
\end{aligned} \tag{4.68a}$$

和

$$\int_{-h}^{h} (\tau_{ijk,jk} x_3^r) \mathrm{d}x_3 = \int_{-h}^{h} [\tau_{i\alpha\beta,\alpha\beta} + (\tau_{i\alpha3,\alpha} + \tau_{i3\beta,\beta} + \tau_{i33,3})_{,3}] x_3^r \mathrm{d}x_3$$

$$= \int_{-h}^{h} \{ (\tau_{i\alpha\beta} x_3^r)_{,\alpha\beta} + [(\tau_{i\alpha3,\alpha} + \tau_{i3\beta,\beta} + \tau_{i33,3}) x_3^r]_{,3}$$

$$- r(\tau_{i\alpha3,\alpha} + \tau_{i3\beta,\beta} + \tau_{i33,3}) x_3^{r-1} \} \mathrm{d}x_3$$

$$= \int_{-h}^{h} \{ (\tau_{i\alpha\beta} x_3^r)_{,\alpha\beta} + [(\tau_{i\alpha3,\alpha} + \tau_{i3\beta,\beta} + \tau_{i33,3}) x_3^r]_{,3} - r(\tau_{i\alpha3,\alpha} + \tau_{i3\beta,\beta}) x_3^{r-1}$$

$$- r(\tau_{i33} x_3^{r-1})_{,3} + r(r-1) \tau_{i33} x_3^{r-2} \} \mathrm{d}x_3$$

$$= \tau_{i\alpha\beta,\alpha\beta}^{(r)} - r[\tau_{i\alpha3,\alpha}^{(r-1)} + \tau_{i3\beta,\beta}^{(r-1)}] + r(r-1) \tau_{i33}^{(r-2)} + \tau_i^{(r)}$$

$$(4.68\mathrm{b})$$

式中，α 和 β 的取值为 1 和 2(满足爱因斯坦求和约定)。式 (4.68) 中，高阶内力和面力的定义为

$$\{ T_{ij}^{(r)}, \tau_{ijk}^{(r)} \} = \int_{-h}^{h} \{ T_{ij}, \tau_{ijk} \} x_3^r \mathrm{d}x_3 \qquad (4.69\mathrm{a})$$

$$T_i^{(r)} = [T_{i3} x_3^r]_{-h}^{h} \qquad (4.69\mathrm{b})$$

$$\tau_i^{(r)} = [(\tau_{i\alpha3,\alpha} + \tau_{i3\beta,\beta} + \tau_{i33,3}) x_3^r]_{-h}^{h} - r[\tau_{i33} x_3^{r-1}]_{-h}^{h} \qquad (4.69\mathrm{c})$$

根据式 (4.68) 得到的积分结果，式 (4.67) 可以进一步表示为

$$T_{i\alpha,\alpha}^{(r)} - r T_{i3}^{(r-1)} - \{ \tau_{i\alpha\beta,\alpha\beta}^{(r)} - r[\tau_{i\alpha3,\alpha}^{(r-1)} + \tau_{i3\alpha,\alpha}^{(r-1)}] + r(r-1) \tau_{i33}^{(r-2)} \} + f_i^{(r)} = \sum_{s=0}^{\infty} \rho^{(r+s)} \ddot{u}_i^{(s)}$$

$$(4.70)$$

式 (4.70) 中高阶外力和惯性项的定义为

$$f_i^{(r)} = \int_{-h}^{h} (f_i x_3^r) \mathrm{d}x_3 + T_i^{(r)} - \tau_i^{(r)} \qquad (4.71\mathrm{a})$$

$$\rho^{(r+s)} = \int_{-h}^{h} (\rho x_3^{r+s}) \mathrm{d}x_3 \qquad (4.71\mathrm{b})$$

在板的上下表面 ($x_3 = \pm h$)，单位外法线 $\boldsymbol{n} = (0,0,\pm 1)$，根据式 (4.2a)，式 (4.71a) 可以进一步表示为

$$T_i^{(r)} - \tau_i^{(r)} = [(T_{i3} - \tau_{i\alpha3,\alpha} - \tau_{i3\beta,\beta} - \tau_{i33,3}) x_3^r]_{-h}^{h} + r[\tau_{i33} x_3^{r-1}]_{-h}^{h}$$

$$=[(T_{i3} - \tau_{i3j,j} - \tau_{ij3,j} + \tau_{i33,3})x_3^r]_{-h}^h + r[\tau_{i33}x_3^{r-1}]_{-h}^h$$

$$= \left\{ \left[\bar{t}_i(h) + \frac{r}{h}\bar{q}_i(h) \right] + (-1)^r \left[\bar{t}_i(-h) + \frac{r}{h}\bar{q}_i(-h) \right] \right\} h^r \tag{4.72}$$

根据式 (4.72) 可知，r 阶机械力由三部分组成：体力的 r 阶矩、面力的矩以及高阶面力的矩。对于没有外力的情况，式 (4.70) 中的 $f_i^{(r)}$ 为零。

式 (4.70) 中，内力独立于 x_3，即 $T_{ij,3}^{(r)} = \tau_{ijk,3}^{(r)} = 0$。因此，为了方便，可以用三维的指标 i、j、k 代替式 (4.70) 中二维的指标 α、β。式 (4.70) 可以重新整理为

$$T_{ij,j}^{(r)} - rT_{i3}^{(r-1)} - \{\tau_{ijk,jk}^{(r)} - r[\tau_{ij3,j}^{(r-1)} + \tau_{i3j,j}^{(r-1)}] + r(r-1)\tau_{i33}^{(r-2)}\} + f_i^{(r)} = \sum_{s=0}^{\infty} m^{(r+s)}\ddot{u}_i^{(s)} \tag{4.73}$$

当忽略高阶应力时，式 (4.73) 退化为

$$T_{ij,j}^{(r)} - rT_{i3}^{(r-1)} + f_i^{(r)} = \sum_{s=0}^{\infty} m^{(r+s)}\ddot{u}_i^{(s)} \tag{4.74}$$

与式 (4.73) 的推导相似，静电学场方程可以表示为

$$D_{i,i}^{(r)} - rD_3^{(r-1)} + d^{(r)} = \sum_{s=0}^{\infty} q^{(r+s)}(p^{(s)} - n^{(s)}) \tag{4.75}$$

其中，$D_i^{(r)}$、$d^{(r)}$、$q^{(r+s)}$ 的定义为

$$D_i^{(r)} = \int_{-h}^{h} (D_i x_3^r)\mathrm{d}x_3 \tag{4.76a}$$

$$d^{(r)} = [D_3 x_3^r]_{-h}^h \tag{4.76b}$$

$$q^{(r+s)} = q \int_{-h}^{h} (x_3^{r+s})\mathrm{d}x_3 \tag{4.76c}$$

二维电子和空穴的连续性方程 (电荷守恒方程) 可以分别表示为

$$J_{i,i}^{n(r)} - rJ_3^{n(r-1)} + j^{n(r)} = \sum_{s=0}^{\infty} q^{(r+s)}\dot{n}^{(s)} \tag{4.77a}$$

$$J_{i,i}^{p(r)} - rJ_3^{p(r-1)} + j^{p(r)} = -\sum_{s=0}^{\infty} q^{(r+s)}\dot{p}^{(s)} \tag{4.77b}$$

其中, 高阶电流密度和高阶表面电流密度的定义为

$$\{J_i^{n(r)}, J_i^{p(r)}\} = \int_{-h}^{h} \{J_i^n, J_i^p\} x_3^r \mathrm{d}x_3 \tag{4.78a}$$

$$j^{n(r)} = [J_3^n x_3^r]_{-h}^h \tag{4.78b}$$

$$j^{p(r)} = [J_3^p x_3^r]_{-h}^h \tag{4.78c}$$

下面, 对二维理论的边界条件进行推导。式 (4.2a) 中的三维边界条件可以等价表示为

$$\int_{A_{\mathrm{L}}} [(T_{ij} - \tau_{ijk,k}) n_j - (\tau_{ijk} n_k)_{,j} + (\tau_{ijk} n_k n_l)_{,l} n_j - \bar{t}_i] \dot{u}_i \mathrm{d}A = 0 \tag{4.79}$$

式中, A_{L} 表示板的侧面。将式 (4.63a) 代入式 (4.79), 考虑 $\boldsymbol{n} = (n_1, n_2, 0)$, $\mathrm{d}A = \mathrm{d}\Gamma\mathrm{d}x_3$, 其中 $\mathrm{d}\Gamma$ 为沿侧面中线的线元, 有

$$\sum_{r=0}^{\infty} \int_{\Gamma} \left\{ \int_{-h}^{h} [(T_{i\alpha} - \tau_{i\alpha k,k}) n_\alpha - (\tau_{ij\alpha} n_\alpha)_{,j} + (\tau_{i\alpha\beta} n_\beta n_\gamma)_{,\gamma} n_\alpha - \bar{t}_i] x_3^r \mathrm{d}x_3 \right\} \dot{u}_i^{(r)} \mathrm{d}\Gamma = 0 \tag{4.80}$$

根据式 (4.80) 及 $\dot{u}_i^{(r)}$ 的任意性, 有

$$\int_{-h}^{h} [(T_{i\alpha} - \tau_{i\alpha k,k}) n_\alpha - (\tau_{ij\alpha} n_\alpha)_{,j} + (\tau_{i\alpha\beta} n_\beta n_\gamma)_{,\gamma} n_\alpha - \bar{t}_i] x_3^r \mathrm{d}x_3 = 0 \tag{4.81}$$

沿厚度方向对式 (4.81) 进行积分, 可以得到板侧向的二维边界条件为

$$(T_{i\alpha}^{(r)} - \tau_{i\alpha\beta,\beta}^{(r)} + r\tau_{i\alpha3}^{(r-1)}) n_\alpha - (\tau_{i\beta\alpha}^{(r)} n_\alpha)_{,\beta} + r\tau_{i3\alpha}^{(r-1)} n_\alpha$$

$$+ (\tau_{i\beta\alpha}^{(r)} n_\beta n_\gamma)_{,\gamma} n_\alpha = \bar{t}_i^{(r)} \quad 或 u_i^{(r)} = \bar{u}_i^{(r)} \tag{4.82}$$

其中, $\bar{t}_i^{(r)}$ 的定义为

$$\bar{t}_i^{(r)} = \int_{-h}^{h} (\bar{t}_i x_3^r) \mathrm{d}x_3 \tag{4.83}$$

板位移梯度的边界条件为

$$\tau_{i\alpha\beta}^{(r)} n_\alpha n_\beta = \bar{q}_i^{(r)} \quad 或 \quad u_{i,\alpha}^{(r)} n_\alpha = \bar{u}_{i,n}^{(r)} \tag{4.84}$$

其中，$\bar{q}_i^{(r)}$ 的定义为

$$\bar{q}_i^{(r)} = \int_{-h}^{h} (\bar{q}_i x_3^r) \mathrm{d}x_3 \tag{4.85}$$

静电方程和载流子连续性方程的二维边界条件为

$$D_\alpha^{(r)} n_\alpha = \bar{\omega}^{(r)} \quad \text{或} \quad \varphi^{(r)} = \bar{\varphi}^{(r)} \tag{4.86}$$

$$J_\alpha^{n(r)} n_\alpha = \bar{J}^{n(r)} \quad \text{或} \quad n^{(r)} = 0 \tag{4.87}$$

$$J_\alpha^{p(r)} n_\alpha = \bar{J}^{p(r)} \quad \text{或} \quad p^{(r)} = 0 \tag{4.88}$$

式中，$\bar{\omega}^{(r)}$、$\bar{J}^{n(r)}$、$\bar{J}^{p(r)}$ 的定义为

$$\{\bar{\omega}^{(r)}, \bar{J}^{n(r)}, \bar{J}^{p(r)}\} = \int_{-h}^{h} \{\bar{\omega}, \bar{J}^n, \bar{J}^p\} x_3^r \mathrm{d}x_3 \tag{4.89}$$

至此，本节已经得到了挠曲电半导体板的二维场方程，即式 (4.73)、式 (4.75)、式 (4.77a)、式 (4.77b)，以及相应的边界条件，即式 (4.82)、式 (4.84)、式 (4.86)～式 (4.88)。

将式 (4.63) 代入式 (4.4)，可以得到应变、应变梯度、电场以及载流子浓度扰动梯度的幂级数表达式：

$$\begin{cases} S_{ij}(x_1, x_2, x_3, t) = \displaystyle\sum_{l=0}^{\infty} x_3^l S_{ij}^{(l)}(x_1, x_2, t) \\[2mm] \eta_{ijk}(x_1, x_2, x_3, t) = \displaystyle\sum_{l=0}^{\infty} x_3^l \eta_{ijk}^{(l)}(x_1, x_2, t) \\[2mm] E_i(x_1, x_2, x_3, t) = \displaystyle\sum_{l=0}^{\infty} x_3^l E_i^{(l)}(x_1, x_2, t) \\[2mm] N_i(x_1, x_2, x_3, t) = \displaystyle\sum_{l=0}^{\infty} x_3^l N_i^{(l)}(x_1, x_2, t) \\[2mm] P_i(x_1, x_2, x_3, t) = \displaystyle\sum_{l=0}^{\infty} x_3^l P_i^{(l)}(x_1, x_2, t) \end{cases} \tag{4.90}$$

其中，l 阶应变、应变梯度、电场、载流子浓度扰动梯度的分量分别为

$$S_{ij}^{(l)} = \frac{1}{2}[(u_{i,j}^{(l)} + u_{j,i}^{(l)}) + (l+1)(\delta_{j3} u_i^{(l+1)} + \delta_{i3} u_j^{(l+1)})] \tag{4.91a}$$

$$\eta_{ijk}^{(l)} = S_{ij,k}^{(l)} + (l+1)\delta_{3k} S_{ij}^{(l+1)} \tag{4.91b}$$

$$E_i^{(l)} = -[\varphi_{,i}^{(l)} + (l+1)\delta_{i3}\varphi^{(l+1)}] \tag{4.92a}$$

$$N_i^{(l)} = n_{,i}^{(l)} + (l+1)\delta_{i3}n^{(l+1)} \tag{4.92b}$$

$$P_i^{(l)} = p_{,i}^{(l)} + (l+1)\delta_{i3}p^{(l+1)} \tag{4.92c}$$

根据式 (4.3)、式 (4.69a)、式 (4.76a)、式 (4.78a)、式 (4.90)，可以得到二维结构理论的本构方程：

$$T_{ij}^{(r)} = \sum_{s=0}^{\infty} (c_{ijkl}^{(r+s)} S_{kl}^{(s)} - e_{kij}^{(r+s)} E_k^{(s)}) \tag{4.93a}$$

$$\tau_{ijk}^{(r)} = \sum_{s=0}^{\infty} (g_{ijklmn}^{(r+s)} \eta_{lmn}^{(s)} - f_{lijk}^{(r+s)} E_l^{(s)}) \tag{4.93b}$$

$$D_i^{(r)} = \sum_{s=0}^{\infty} (\varepsilon_{ij}^{(r+s)} E_j^{(s)} + e_{ijk}^{(r+s)} S_{jk}^{(s)} + f_{ijkl}^{(r+s)} \eta_{jkl}^{(s)}) \tag{4.93c}$$

$$J_i^{n(r)} = \sum_{s=0}^{\infty} (\mu_{ij}^{n(r+s)} E_j^{(s)} + D_{ij}^{n(r+s)} N_j^{(s)}) \tag{4.93d}$$

$$J_i^{p(r)} = \sum_{s=0}^{\infty} (\mu_{ij}^{p(r+s)} E_j^{(s)} - D_{ij}^{p(r+s)} P_j^{(s)}) \tag{4.93e}$$

其中，高阶材料常数的定义为

$$[c_{ijkl}^{(r)}, g_{ijklmn}^{(r)}, e_{kij}^{(r)}, f_{ijkl}^{(r)}, \varepsilon_{ij}^{(r)}, \mu_{ij}^{n(r)}, D_{ij}^{n(r)}, \mu_{ij}^{p(r)}, D_{ij}^{p(r)}]$$

$$= \int_{-h}^{h} [(c_{ijkl}, g_{ijklmn}, e_{kij}, f_{ijkl}, \varepsilon_{ij}, qn_0\mu_{ij}^n, qD_{ij}^n, qp_0\mu_{ij}^p, qD_{ij}^p)x_3^r] \mathrm{d}x_3 \tag{4.94}$$

本章中，采用简化的应变梯度理论 (simplified strain gradient theory)，非局部弹性刚度 g 可以通过引入材料尺度参数 ℓ 进行化简，即

$$g_{ijklmn}S_{lm,n} = \ell^2 c_{ijmn}S_{mn,k} \tag{4.95}$$

根据式 (4.91b)，将式 (4.95) 代入式 (4.93b)，高阶应力的合力可以改写为

$$\tau_{ijk}^{(r)} = \sum_{s=0}^{\infty} (\ell^2 c_{ijmn}^{(r+s)} \eta_{mnk}^{(s)} - f_{lijk}^{(r+s)} E_l^{(s)})$$

$$=\sum_{s=0}^{\infty}\{\ell^2 c_{ijmn}^{(r+s)}[S_{mn,k}^{(s)}+(s+1)\delta_{3k}S_{mn}^{(s+1)}]-f_{lijk}^{(r+s)}E_l^{(s)}\}$$

$$=\ell^2[\sum_{s=0}^{\infty}(c_{ijmn}^{(r+s)}S_{mn}^{(s)}-e_{lij}^{(r+s)}E_l^{(s)})+\sum_{s=0}^{\infty}e_{lij}^{(r+s)}E_l^{(s)}]_{,k}$$

$$+\delta_{3k}\ell^2\sum_{s=0}^{\infty}[(s+1)(c_{ijmn}^{(r+s)}S_{mn}^{(s+1)})]-\sum_{s=0}^{\infty}(f_{lijk}^{(r+s)}E_l^{(s)})$$

$$=\ell^2\{T_{ij,k}^{(r)}+[\sum_{s=0}^{\infty}e_{lij}^{(r+s)}E_l^{(s)}]_{,k}+\delta_{3k}\sum_{s=0}^{\infty}[(s+1)(c_{ijmn}^{(r+s)}S_{mn}^{(s+1)})]\}$$

$$-\sum_{s=0}^{\infty}(f_{lijk}^{(r+s)}E_l^{(s)}) \tag{4.96}$$

采用简化的应变梯度理论时，使用式 (4.96) 替换一般的二维本构方程中的第二式 (4.93b) 即可。

4.7 挠曲电半导体板的弯曲分析

作为 4.6 节二维理论的应用，本节主要分析挠曲电半导体板的弯曲问题。

经过分析，基于 Kirchhoff-Love 假设且保留电势和载流子浓度扰动的一阶分量可用于描述半导体弯曲时的挠曲电效应，此时，式 (4.63) 可以近似地截断为如下形式[6]：

$$\begin{cases} u_3(x_1,x_2,x_3,t)\cong u_3^{(0)}(x_1,x_2,t)\\ u_1(x_1,x_2,x_3,t)\cong -x_3 u_{3,1}^{(0)}(x_1,x_2,t)\\ u_2(x_1,x_2,x_3,t)\cong -x_3 u_{3,2}^{(0)}(x_1,x_2,t)\\ \varphi(x_1,x_2,x_3,t)\cong x_3\varphi^{(1)}(x_1,x_2,t)\\ \Delta n(x_1,x_2,x_3,t)\cong x_3 n^{(1)}(x_1,x_2,t)\\ \Delta p(x_1,x_2,x_3,t)\cong x_3 p^{(1)}(x_1,x_2,t) \end{cases} \tag{4.97}$$

根据式 (4.91)、式 (4.92)、式 (4.97)，可以得到梯度关系：

$$\begin{cases} S_{11}^{(1)}=-u_{3,11}^{(0)},\quad S_{22}^{(1)}=-u_{3,22}^{(0)},\quad S_{12}^{(1)}=S_{21}^{(1)}=-u_{3,12}^{(0)}\\ \eta_{113}^{(0)}=-u_{3,11}^{(0)},\quad \eta_{223}^{(0)}=-u_{3,22}^{(0)},\quad \eta_{123}^{(0)}=\eta_{213}^{(0)}=-u_{3,12}^{(0)}\\ E_1^{(1)}=-\varphi_{,1}^{(1)},\quad E_2^{(1)}=-\varphi_{,2}^{(1)},\quad E_3^{(0)}=-\varphi^{(1)}\\ N_1^{(1)}=n_{,1}^{(1)},\quad N_2^{(1)}=n_{,2}^{(1)},\quad N_3^{(0)}=n^{(1)}\\ P_1^{(1)}=p_{,1}^{(1)},\quad P_2^{(1)}=p_{,2}^{(1)},\quad P_3^{(0)}=p^{(1)} \end{cases} \tag{4.98}$$

式 (4.97) 中保留的基本未知量的场方程为

$$
\begin{cases}
T_{11,1}^{(1)} + T_{12,2}^{(1)} - T_{13}^{(0)} + \tau_{113,1}^{(0)} + f_1^{(1)} = -\rho^{(2)} u_{3,1}^{(0)} \\
T_{12,1}^{(1)} + T_{22,2}^{(1)} - T_{23}^{(0)} + \tau_{223,2}^{(0)} + f_2^{(1)} = -\rho^{(2)} u_{3,2}^{(0)} \\
T_{13,1}^{(0)} + T_{23,2}^{(0)} + f_3^{(0)} = \rho^{(0)} \ddot{u}_3^{(0)}
\end{cases}
\tag{4.99a}
$$

$$
\begin{cases}
D_{1,1}^{(1)} + D_{2,2}^{(1)} - D_3^{(0)} + d^{(1)} = q^{(2)}(p^{(1)} - n^{(1)}) \\
J_{1,1}^{n(1)} + J_{2,2}^{n(1)} - J_3^{n(0)} + j^{n(1)} = q^{(2)} \dot{n}^{(1)} \\
J_{1,1}^{p(1)} + J_{2,2}^{p(1)} - J_3^{p(0)} + j^{p(1)} = -q^{(2)} \dot{p}^{(1)}
\end{cases}
\tag{4.99b}
$$

对于不考虑剪切变形的 Kirchhoff-Love 板的弯曲问题, 通过令转动惯量 $\rho^{(2)}$ 为 0 可以得到剪力与力矩 (弯矩、扭矩) 的关系:

$$
\begin{cases}
T_{13}^{(0)} = T_{11,1}^{(1)} + T_{12,2}^{(1)} + \tau_{113,1}^{(0)} + f_1^{(1)} \\
T_{23}^{(0)} = T_{12,1}^{(1)} + T_{22,2}^{(1)} + \tau_{223,2}^{(0)} + f_2^{(1)}
\end{cases}
\tag{4.100}
$$

将式 (4.100) 代入式 (4.99a) 可以得到弯曲方程:

$$
T_{11,11}^{(1)} + 2T_{12,12}^{(1)} + T_{22,22}^{(1)} + \tau_{113,11}^{(0)} + \tau_{223,22}^{(0)} + f_3^{(0)} + f_{1,1}^{(1)} + f_{2,2}^{(1)} = \rho^{(0)} \ddot{u}_3^{(0)} \tag{4.101}
$$

将应力产生的弯矩与高阶应力产生的弯矩合并, 有

$$
\begin{cases}
M_{11} = T_{11}^{(1)} + \tau_{113}^{(0)} \\
M_{22} = T_{22}^{(1)} + \tau_{223}^{(0)} \\
M_{12} = M_{21} = T_{12}^{(1)} = T_{21}^{(1)}
\end{cases}
\tag{4.102}
$$

使用二维指标 α 和 β, 式 (4.100) 和式 (4.101) 可以写成:

$$
T_{\alpha 3}^{(0)} = M_{\alpha\beta,\beta} + f_\alpha^{(1)} \tag{4.103}
$$

$$
M_{\alpha\beta,\alpha\beta} + f_{\alpha,\alpha}^{(1)} + f_3^{(0)} = \rho^{(0)} \ddot{u}_3^{(0)} \tag{4.104}
$$

对于立方晶系 m3m 点群的材料, 忽略高阶刚度时, 其二维本构关系可以写为

$$
\begin{cases}
M_{11} = -\bar{c}_{11}^{(2)} u_{3,11}^{(0)} - \bar{c}_{12}^{(2)} u_{3,22}^{(0)} + f_{14}^{(0)} \varphi^{(1)} \\
M_{22} = -\bar{c}_{11}^{(2)} u_{3,22}^{(0)} - \bar{c}_{12}^{(2)} u_{3,11}^{(0)} + f_{14}^{(0)} \varphi^{(1)} \\
M_{12} = -2\bar{c}_{44}^{(2)} u_{3,12}^{(0)}
\end{cases}
\tag{4.105a}
$$

$$
\begin{cases}
D_1^{(1)} = -\varepsilon_{11}^{(2)} \varphi_{,1}^{(1)} \\
D_2^{(1)} = -\varepsilon_{11}^{(2)} \varphi_{,2}^{(1)} \\
D_3^{(0)} = -\varepsilon_{11}^{(0)} \varphi^{(1)} - f_{14}^{(0)} u_{3,11}^{(0)} - f_{14}^{(0)} u_{3,22}^{(0)}
\end{cases}
\tag{4.105b}
$$

$$\begin{cases} J_1^{n(1)} = -\mu_{11}^{n(2)}\varphi_{,1}^{(1)} + D_{11}^{n(2)}n_{,1}^{(1)} \\ J_2^{n(1)} = -\mu_{11}^{n(2)}\varphi_{,2}^{(1)} + D_{11}^{n(2)}n_{,2}^{(1)} \\ J_3^{n(0)} = -\mu_{11}^{n(0)}\varphi^{(1)} + D_{11}^{n(0)}n^{(1)} \end{cases} \tag{4.105c}$$

$$\begin{cases} J_1^{p(1)} = -\mu_{11}^{p(2)}\varphi_{,1}^{(1)} - D_{11}^{p(2)}p_{,1}^{(1)} \\ J_2^{p(1)} = -\mu_{11}^{p(2)}\varphi_{,2}^{(1)} - D_{11}^{p(2)}p_{,2}^{(1)} \\ J_3^{p(0)} = -\mu_{11}^{p(0)}\varphi^{(1)} - D_{11}^{p(0)}p^{(1)} \end{cases} \tag{4.105d}$$

式中采用了应力释放条件修正的材料常数 (仅对弹性部分进行修正)。

将式 (4.105) 代入式 (4.104) 和式 (4.99b)，得到用基本未知量表示的控制方程为

$$\begin{cases} -\bar{c}_{11}^{(2)}u_{3,1111}^{(0)} - 2(\bar{c}_{12}^{(2)} + 2\bar{c}_{44}^{(2)})u_{3,1122}^{(0)} - \bar{c}_{11}^{(2)}u_{3,2222}^{(0)} \\ +f_{14}^{(0)}(\varphi_{,11}^{(1)} + \varphi_{,22}^{(1)}) + f_{\alpha,\alpha}^{(1)} + f_3^{(0)} = \rho^{(0)}\ddot{u}_3^{(0)} \\ -\varepsilon_{11}^{(2)}(\varphi_{,11}^{(1)} + \varphi_{,22}^{(1)}) + \varepsilon_{11}^{(0)}\varphi^{(1)} + f_{14}^{(0)}(u_{3,11}^{(0)} + u_{3,22}^{(0)}) + d^{(1)} = q^{(2)}(p^{(1)} - n^{(1)}) \\ -\mu_{11}^{n(2)}(\varphi_{,11}^{(1)} + \varphi_{,22}^{(1)}) + D_{11}^{n(2)}(n_{,11}^{(1)} + n_{,22}^{(1)}) + \mu_{11}^{n(0)}\varphi^{(1)} - D_{11}^{n(0)}n^{(1)} + j^{n(1)} = q^{(2)}\dot{n}^{(1)} \\ -\mu_{11}^{p(2)}(\varphi_{,11}^{(1)} + \varphi_{,22}^{(1)}) - D_{11}^{p(2)}(p_{,11}^{(1)} + p_{,22}^{(1)}) + \mu_{11}^{p(0)}\varphi^{(1)} + D_{11}^{p(0)}p^{(1)} + j^{p(1)} = -q^{(2)}\dot{p}^{(1)} \end{cases} \tag{4.106}$$

求解边值问题时，还需给定 $T_{n3}^{(0)} + M_{ns,s}$ 或 $u_3^{(0)}$、M_{nn} 或 $u_{3,n}^{(0)}$、$D_n^{(1)}$ 或 $\varphi^{(1)}$、$J_n^{p(1)}$ 或 $p^{(1)}$、$J_n^{n(1)}$ 或 $n^{(1)}$ 在板边界处的值作为边界条件。

4.7.1　纯弯曲分析

本小节主要分析具有光滑曲线边界的板的静态弯曲问题。边界上单位长度仅受均匀弯矩 M_0 的作用，其边界条件为

$$T_{n3}^{(0)} + M_{ns,s} = 0, \quad M_{nn} = M_0, \quad D_n^{(1)} = 0, \quad J_n^{n(1)} = 0, \quad J_n^{p(1)} = 0 \tag{4.107}$$

板的顶部和底部绝缘且没有表面电荷和电流。由式 (4.104) 和式 (4.99b)，得到控制方程为

$$\begin{cases} M_{\alpha\beta,\alpha\beta} = 0 \\ D_{1,1}^{(1)} + D_{2,2}^{(1)} - D_3^{(0)} = q^{(2)}(p^{(1)} - n^{(1)}) \\ J_{1,1}^{p(1)} + J_{2,2}^{p(1)} - J_3^{p(0)} = 0 \\ J_{1,1}^{n(1)} + J_{2,2}^{n(1)} - J_3^{n(0)} = 0 \end{cases} \tag{4.108}$$

可以验证 $u_{3,11}^{(0)}$、$u_{3,22}^{(0)}$、$u_{3,12}^{(0)}$、$\varphi^{(1)}$、$p^{(1)}$、$n^{(1)}$、$M_{\alpha\beta}$ 均为常数时满足边界条件 (4.107)

和场方程 (4.108)。因此，可以求得解析解为

$$
\begin{cases}
n^{(1)} = \dfrac{4hM_0 D_{11}^p \mu_{11}^n f_{14} n_0}{\Delta}, \quad p^{(1)} = -\dfrac{4hM_0 D_{11}^n \mu_{11}^p f_{14} p_0}{\Delta} \\[2mm]
\Delta = 8h^2 D_{11}^n D_{11}^p f_{14}^2 + \dfrac{2h^3}{3}(\bar{c}_{11} + \bar{c}_{12}) \\[2mm]
\quad \times \left[2h\varepsilon_{11} D_{11}^n D_{11}^p + \dfrac{2qh^3}{3}(n_0 D_{11}^p \mu_{11}^n + p_0 D_{11}^n \mu_{11}^p) \right]
\end{cases}
\tag{4.109}
$$

根据式 (4.109)，可以得到板的上半部分每单位面积的电荷积累为

$$
\begin{cases}
Q^e = \displaystyle\int_0^h q(\Delta p - \Delta n)\mathrm{d}x_3 = \gamma M_0 \\[2mm]
\gamma = -\dfrac{2qh^3 f_{14}(D_{11}^n \mu_{11}^p p_0 + D_{11}^p \mu_{11}^n n_0)}{\Delta}
\end{cases}
\tag{4.110}
$$

式中，γ 描述了由单位 M_0 产生的电荷积累，可用于表征纯弯曲变形中机械载荷和电荷运动之间相互作用的强度，γ 只取决于板的几何参数和材料常数，并与挠曲电系数 f_{14} 成正比。

在数值计算中，假设挠曲电半导体板由硅构成，不同掺杂水平下 γ 与 h 的关系如图 4.13 所示。当材料给定时，γ 主要取决于板的抗弯刚度 $(2h^3/3)$。当厚度 h 较小时，板容易发生弯曲变形，但其中性面上每单位面积的载流子较少；当厚度 h 较大时，载流子较多，但板不易发生弯曲变形。因此，$|\gamma|$ 在随着厚度 h 变化时存在最大值，同时，$|\gamma|$ 随掺杂浓度的增加而增加。

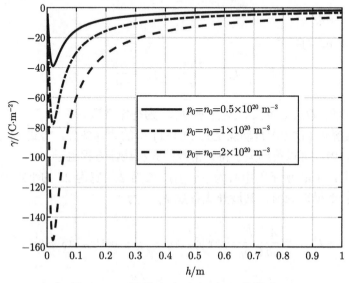

图 4.13 不同掺杂水平下 γ 与 h 的关系

4.7.2　局部势垒分析

本小节主要对局部荷载作用下矩形板的弯曲问题进行研究。考虑矩形板中性面所在区域为 $0 < x_1 < a$、$0 < x_2 < b$。假设挠曲电半导体板四边简支，同时四边接地 (电势为零且载流子浓度扰动为零)，相应的边界条件可以写为

$$\begin{cases} u_3^{(0)} = 0, & M_{11} = 0, & \varphi^{(1)} = 0, & n^{(1)} = 0, & p^{(1)} = 0, & x_1 = 0, a \\ u_3^{(0)} = 0, & M_{22} = 0, & \varphi^{(1)} = 0, & n^{(1)} = 0, & p^{(1)} = 0, & x_2 = 0, b \end{cases} \tag{4.111}$$

仅考虑横向载荷的作用，其控制方程为

$$-\bar{c}_{11}^{(2)} u_{3,1111}^{(0)} - 2(\bar{c}_{12}^{(2)} + 2\bar{c}_{44}^{(2)}) u_{3,1122}^{(0)} - \bar{c}_{11}^{(2)} u_{3,2222}^{(0)} + f_{14}^{(0)}(\varphi_{,11}^{(1)} + \varphi_{,22}^{(1)}) + f_3^{(0)} = 0 \tag{4.112a}$$

$$-\varepsilon_{11}^{(2)}(\varphi_{,11}^{(1)} + \varphi_{,22}^{(1)}) + \varepsilon_{11}^{(0)} \varphi^{(1)} + f_{14}^{(0)}(u_{3,11}^{(0)} + u_{3,22}^{(0)}) = q^{(2)}(p^{(1)} - n^{(1)}) \tag{4.112b}$$

$$-\mu_{11}^{n(2)}(\varphi_{,11}^{(1)} + \varphi_{,22}^{(1)}) + D_{11}^{n(2)}(n_{,11}^{(1)} + n_{,22}^{(1)}) + \mu_{11}^{n(0)} \varphi^{(1)} - D_{11}^{n(0)} n^{(1)} = 0 \tag{4.112c}$$

$$-\mu_{11}^{p(2)}(\varphi_{,11}^{(1)} + \varphi_{,22}^{(1)}) - D_{11}^{p(2)}(p_{,11}^{(1)} + p_{,22}^{(1)}) + \mu_{11}^{p(0)} \varphi^{(1)} + D_{11}^{p(0)} p^{(1)} = 0 \tag{4.112d}$$

考虑如下形式的三角级数展开：

$$\{f_3^{(0)}, u_3^{(0)}, \varphi^{(1)}, n^{(1)}, p^{(1)}\} = \sum_{m,n=1}^{\infty} \{F_{mn}, U_{mn}, \Phi_{mn}, N_{mn}, P_{mn}\} \sin(\xi_m x_1) \sin(\eta_n x_2) \tag{4.113}$$

式中，ξ_m 和 η_n 为

$$\xi_m = \frac{m\pi}{a}, \quad \eta_n = \frac{n\pi}{b} \tag{4.114}$$

F_{mn} 是已知的；U_{mn}、Φ_{mn}、N_{mn} 和 P_{mn} 为待定常数。

假设的解式 (4.113) 自动满足式 (4.111) 中的边界条件，将式 (4.113) 代入控制方程 (4.112)，可以得到关于待定常数的齐次线性方程组。

在如图 4.14(a) 所示的中心为 (x_0, y_0)、长为 $2c$、宽为 $2d$ 的小矩形区域内，施加大小为 $\hat{F}$ 的横向载荷，其展开式系数 F_{mn} 为

$$F_{mn} = \frac{4}{ab} \frac{\hat{F}}{\xi_m \eta_n} \{\cos[\xi_m(x_0 - c)] - \cos[\xi_m(x_0 + c)]\}$$

$$\times \{\cos[\eta_n(y_0 - d)] - \cos[\eta_n(y_0 + d)]\} \tag{4.115}$$

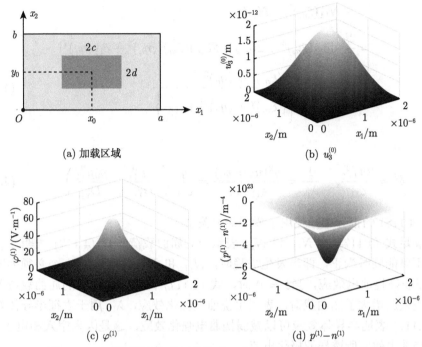

(a) 加载区域 (b) $u_3^{(0)}$

(c) $\varphi^{(1)}$ (d) $p^{(1)} - n^{(1)}$

图 4.14　加载区域与加载时的挠度、电势、载流子浓度扰动分布

在数值结算中，设加载的大小为 $10^4 \mathrm{N \cdot m^{-2}}$，半导体的掺杂浓度 $n_0 = p_0 = 10^{20}\ \mathrm{m^{-3}}$，板的结构尺寸 $h = 50\ \mathrm{nm}$，$a = b = 2000\ \mathrm{nm}$，$c = d = a/15$。数值计算的结果如图 4.14(b)~(d) 所示，图 4.14(b) 给出了挠度 $u_3^{(0)}$，图 4.14(c) 给出了一阶电势分量 $\varphi^{(1)}$，图 4.14(d) 给出了载流子浓度扰动的一阶分量 $p^{(1)} - n^{(1)}$。

4.8　挠曲电半导体板的稳定性分析

半导体器件通常为纤维或薄膜结构，该类结构易受外部载荷的作用发生失稳，从而影响半导体器件的性能，因此，研究半导体纤维或薄膜的稳定性问题十分重要。本节主要研究挠曲电半导体板的屈曲问题。板在 x_1 和 x_2 方向上分别受到轴向力 N_{11} 和 N_{22} 作用，板的预屈曲状态为面内均匀拉伸 (或压缩)。考虑 N_{11} 和 N_{22} 为常数的情况，且面内剪力 $N_{12} = 0$。此时，场方程可以写为

$$M_{\alpha\beta,\alpha\beta} + f_{\alpha,\alpha}^{(1)} + f_3^{(0)} + N_{\alpha\beta}u_{3,\alpha\beta}^{(0)} = \rho^{(0)}\ddot{u}_3^{(0)} \tag{4.116}$$

假设 $f_\alpha^{(1)} = 0$，$f_3^{(0)} = 0$，$\ddot{u}_3^{(0)} = 0$，将式 (4.113) 代入式 (4.116) 和式 (4.112b~d)，可以得到关于待定常数的齐次线性方程组，当方程组具有非零解时，系数矩阵的行列式应为零，由此得到

$$- N_{11}(\xi_m)^2 - N_{22}(\eta_n)^2$$

$$= \frac{2h^3}{3}[\bar{c}_{11}(\xi_m)^4 + 2(\bar{c}_{12} + 2\bar{c}_{44})(\xi_m)^2(\eta_n)^2 + \bar{c}_{11}(\eta_n)^4]$$

$$+ \frac{\delta^2[(\xi_m)^2 + (\eta_n)^2]^2}{1 + \dfrac{h^2}{3}\left\{[(\xi_m)^2 + (\eta_n)^2] + \dfrac{1}{\lambda_D^2}\right\}} \tag{4.117}$$

其中,

$$\delta^2 = \frac{2hf_{14}^2}{\varepsilon_{11}}, \quad \frac{1}{\lambda_D^2} = \frac{q^2(n_0 + p_0)}{\varepsilon_{11}k_B\vartheta} = \frac{q}{\varepsilon_{11}}\left(\frac{n_0\mu_{11}^n}{D_{11}^n} + \frac{p_0\mu_{11}^p}{D_{11}^p}\right) \tag{4.118}$$

在式 (4.118) 的推导中, 使用了爱因斯坦关系。

满足式 (4.117) 的 N_{11} 和 N_{22} 表示一对屈曲载荷, 式 (4.117) 表明 N_{11} 和 N_{22} 不可能同时为正, 即当发生失稳时, N_{11} 和 N_{22} 中至少有一个必须为压力。δ 用于表征挠曲电效应, 当 $\delta = 0$ 时, 式 (4.117) 简化为弹性板的屈曲载荷关系。挠曲电效应增大了屈曲载荷, 表现出挠曲电强化效应, λ_D 用于表征半导体效应。式 (4.117) 表明半导体效应可以减弱挠曲电强化效应, 这是因为空穴和电子可以屏蔽挠曲电效应所诱导的极化电荷。

在数值计算中, 假定挠曲电半导体板由硅构成, 半导体的掺杂浓度 $n_0 = p_0 = 10^{25}$ m^{-3}。挠曲电半导体板的几何参数 $a = 12$ nm, $b = 20$nm, $h = 1$ nm。当 m 和 n 取不同值时, 式 (4.117) 确定了屈曲载荷 (图 4.15), 相应的电荷分布情况见图 4.16。在图 4.15 中, 挠曲电半导体的直线位于弹性材料和挠曲电电介质材料之间。由于板为矩形 ($a < b$), $m = 1$, $n = 2$ 时与 $m = 2$, $n = 1$ 时的效应不同。由图 4.15 可见, 半导体效应对临界载荷的影响很小, 但失稳时载流子的重分布具有潜在的研究价值。由式 (4.97) 可知, 电荷在板的顶面和底面具有相反的符号, 在器件应用中, 图 4.16(a) 中的电荷可以很容易地通过在板的顶部和底部设置电极来进行调控。

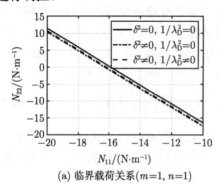

(a) 临界载荷关系($m=1$, $n=1$)

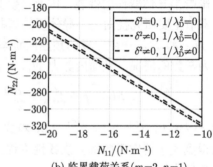

(b) 临界载荷关系($m=2$, $n=1$)

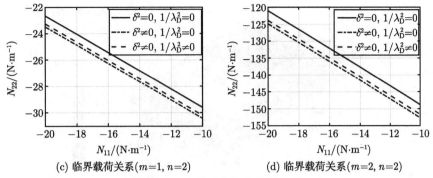

(c) 临界载荷关系($m=1$, $n=2$) (d) 临界载荷关系($m=2$, $n=2$)

图 4.15 失稳时的临界载荷关系

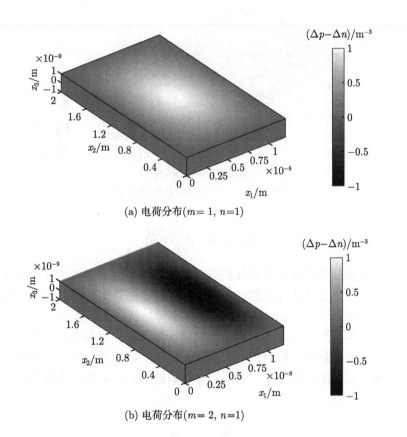

(a) 电荷分布($m=1$, $n=1$)

(b) 电荷分布($m=2$, $n=1$)

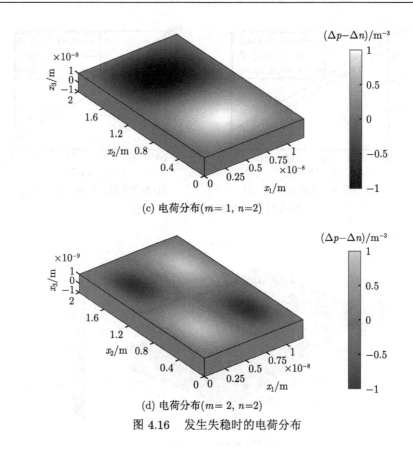

(c) 电荷分布($m=1$, $n=2$)

图 4.16   发生失稳时的电荷分布

(d) 电荷分布($m=2$, $n=2$)

4.9 本章小结

本章首先总结了挠曲电半导体的三维场方程、对应的边界条件及线性化的本构关系。其次，以三维线性化的挠曲电半导体理论框架为基础，使用 Mindlin 的幂级数方法，建立了一维与二维的挠曲电半导体结构理论。再次，基于一维模型，给出了挠曲电半导体纤维拉伸、弯曲、扭转、翘曲对应的场方程，分析了挠曲电半导体方杆在发生翘曲变形时的电荷分布。基于二维模型，分析了挠曲电半导体板在弯曲和失稳时的电荷分布。最后，以材料硅为例，对理论模型进行了定量化分析。

参 考 文 献

[1] QU Y L, JIN F, YANG J S. Effects of mechanical fields on mobile charges in a composite beam of flexoelectric dielectrics and semiconductors[J]. Journal of Applied Physics, 2020, 127: 194502.

[2] QU Y, JIN F, YANG J. Torsion of a flexoelectric semiconductor rod with a rectangular cross section[J]. Archive of Applied Mechanics, 2021, 91(5): 2027-2038.

[3] QU Y L, ZHANG G Y, GAO X L, et al. A new model for thermally induced redistributions of free carriers in centrosymmetric flexoelectric semiconductor beams[J]. Mechanics of Materials, 2022, 171: 104328.

[4] QU Y, JIN F, YANG J S. Buckling of flexoelectric semiconductor beams[J]. Acta Mechanica, 2021, 232(7): 2623-2633.

[5] QU Y, ZHU F, PAN E, et al. Analysis of wave-particle drag effect in flexoelectric semiconductor plates via Mindlin method[J]. Applied Mathematical Modelling, 2023, 118: 541-555.

[6] QU Y, JIN F, YANG J. Bending of a flexoelectric semiconductor plate[J]. Acta Mechanica Solida Sinica, 2022, 35(3): 434-445.

第 5 章　半导体行为的温度调控

本书的第 3 章与第 4 章系统地建立了压电半导体与挠曲电半导体结构的力–电–载流子分布三个物理场的耦合理论，在应用方面主要研究了结构产生机械变形时伴随的载流子重分布。在第 3 章与第 4 章的讨论中，没有考虑结构温度的变化，本章将重点讨论温度变化时结构的机械变形与载流子的分布问题。为了研究温度变化对半导体行为的影响，本章的研究以热应力问题 (温度变化已知) 为主，而不研究全耦合的热弹性问题 (温度变化未知) 以及电流的 Joule 热效应、Seebeck 效应、Peltier 效应等，半导体一般性的热弹性问题可以参考文献 [1]。另外，由于本章内容既涉及压电理论又涉及挠曲电理论，为了简洁，本章不建立一般性的一维和二维级数理论，而对每一个问题进行单独的建模和讨论。

本章涉及的各个问题相对独立，具体的内容包括：考虑热应力与热释电效应的半导体的三维理论、平面应力问题中局部升温产生的势垒分析、热压电半导体板的拉伸与弯曲、挠曲电半导体梁的温度效应。

5.1　考虑热应力与热释电效应的半导体三维理论

对于包含应变梯度效应的半导体多场耦合问题，场方程包括运动方程、考虑掺杂和移动电荷的静电学方程、空穴和电子的电荷守恒方程 [2]：

$$T_{ij,j} - \tau_{ijk,jk} + f_i = \rho \ddot{u}_i \tag{5.1a}$$

$$D_{i,i} = q(\Delta p - \Delta n) \tag{5.1b}$$

$$J_{i,i}^p = -q \frac{\partial(\Delta p)}{\partial t} \tag{5.1c}$$

$$J_{i,i}^n = q \frac{\partial(\Delta n)}{\partial t} \tag{5.1d}$$

式中，T_{ij} 为应力张量；τ_{ijk} 为高阶应力张量；f_i 为体力；ρ 为质量密度；u_i 为位移矢量；D_i 为电位移矢量；q 为元电荷；Δn 和 Δp 分别为电子和空穴的浓度扰动；J_i^p 和 J_i^n 分别为空穴和电子的电流密度。

光滑表面上的边界条件为

$$(T_{ij} - \tau_{ijk,k})n_j - (\tau_{ijk}n_k)_{,j} + (\tau_{ijk}n_k n_l)_{,l}n_j = \bar{t}_i \quad \text{或} \quad u_i = \bar{u}_i \tag{5.2a}$$

$$\tau_{ijk}n_jn_k = \bar{q}_i \quad 或 \quad u_{i,l}n_l = \overline{\frac{\partial u_i}{\partial n}} \tag{5.2b}$$

$$D_in_i = \bar{\omega} \quad 或 \quad \varphi = \bar{\varphi} \tag{5.2c}$$

$$J_i^p n_i = \bar{J}^p \quad 或 \quad \Delta p = 0 \tag{5.2d}$$

$$J_i^n n_i = \bar{J}^n \quad 或 \quad \Delta n = 0 \tag{5.2e}$$

其中，n_j 为单位外法向量；$\bar{t}_i$ 为面力；$\bar{q}_i$ 为高阶面力；$\bar{\omega}$ 为面电荷；$\bar{J}^n$ 与 $\bar{J}^p$ 分别为电子与空穴的面电流。

记热力学温度为 ϑ，参考温度为 ϑ_0，温差为 $\theta = \vartheta - \vartheta_0$。考虑热应力与热释电效应时，本构关系可以写成如下形式：

$$T_{ij} = c_{ijkl}S_{kl} - e_{kij}E_k - \lambda_{ij}\theta \tag{5.3a}$$

$$\tau_{ijk} = g_{ijklmn}\eta_{lmn} - f_{lijk}E_l \tag{5.3b}$$

$$D_i = \varepsilon_{ij}E_j + e_{ijk}S_{jk} + f_{ijkl}\eta_{jkl} + p_i\theta \tag{5.3c}$$

$$J_i^p = qp_0\mu_{ij}^p E_j - qD_{ij}^p P_i \tag{5.3d}$$

$$J_i^n = qn_0\mu_{ij}^n E_j + qD_{ij}^n N_i \tag{5.3e}$$

其中，S_{ij} 为应变张量；E_i 为电场强度；η_{ijk} 为应变梯度张量；P_i 和 N_i 分别为电子和空穴浓度扰度的梯度；c_{ijkl} 为弹性常数；e_{ijk} 为压电常数；λ_{ij} 为热弹性常数；f_{ijkl} 为挠曲电系数；ε_{ij} 为介电常数；p_i 为热释电常数；μ_{ij}^p 和 μ_{ij}^n 分别为空穴和电子的迁移率；D_{ij}^p 和 D_{ij}^n 分别为空穴和电子的扩散常数。

梯度关系可以表示为

$$S_{ij} = \frac{1}{2}(u_{i,j} + u_{j,i}), \quad \eta_{ijk} = S_{ij,k}, \quad E_i = -\varphi_{,i}, \quad P_i = (\Delta p)_{,i}, \quad N_i = (\Delta n)_{,i} \tag{5.4}$$

将式 (5.4) 代入式 (5.3)，可以得到用基本未知量表示的本构关系，再将结果代入场方程 (5.1)，可以得到用基本未知量表示的控制方程。

5.2 平面应力问题中局部升温产生的势垒分析

本节以 5.1 节的三维框架为基础，研究压电半导体薄膜在局部升温时的变形、势垒以及载流子分布问题。另外，本节的研究以热应力和热释电效应为主，忽略应变梯度效应及挠曲电效应 [3]。

考虑 x_1-x_3 面静态的平面应力问题，机械载荷和温度变化有如下形式：

$$\begin{cases} f_1(x_1, x_2, x_3, t) = f_1(x_1, x_3) \\ f_3(x_1, x_2, x_3, t) = f_3(x_1, x_3) \\ \theta(x_1, x_2, x_3, t) = \theta(x_1, x_3) \end{cases} \tag{5.5}$$

因此，基本未知量也可以假设为

$$\begin{cases} u_1(x_1, x_2, x_3, t) = u_1(x_1, x_3) \\ u_3(x_1, x_2, x_3, t) = u_3(x_1, x_3) \\ \varphi(x_1, x_2, x_3, t) = \varphi(x_1, x_3) \\ \Delta p(x_1, x_2, x_3, t) = \Delta p(x_1, x_3) \\ \Delta n(x_1, x_2, x_3, t) = \Delta n(x_1, x_3) \end{cases} \tag{5.6}$$

对于 x_1-x_3 平面，二维分量形式的场方程为

$$\begin{cases} T_{11,1} + T_{13,3} + f_1 = 0 \\ T_{13,1} + T_{33,3} + f_3 = 0 \\ D_{1,1} + D_{3,3} = q(\Delta p - \Delta n) \\ J_{1,1}^p + J_{3,3}^p = 0 \\ J_{1,1}^n + J_{3,3}^n = 0 \end{cases} \tag{5.7}$$

对应的二维本构关系为

$$\begin{cases} T_{11} = \bar{c}_{11} u_{1,1} + \bar{c}_{13} u_{3,3} + \bar{e}_{31} \varphi_{,3} - \bar{\lambda}_{11} \theta \\ T_{33} = \bar{c}_{13} u_{1,1} + \bar{c}_{33} u_{3,3} + \bar{e}_{33} \varphi_{,3} - \bar{\lambda}_{33} \theta \\ T_{13} = \bar{c}_{44}(u_{1,3} + u_{3,1}) + \bar{e}_{15} \varphi_{,1} \end{cases} \tag{5.8a}$$

$$\begin{cases} D_1 = -\bar{\varepsilon}_{11} \varphi_{,1} + \bar{e}_{15}(u_{1,3} + u_{3,1}) \\ D_3 = -\bar{\varepsilon}_{33} \varphi_{,3} + \bar{e}_{31} u_{1,1} + \bar{e}_{33} u_{3,3} + \bar{p}_3 \theta \end{cases} \tag{5.8b}$$

$$\begin{cases} J_1^p = -q p_0 \mu_{11}^p \varphi_{,1} - q D_{11}^p (\Delta p)_{,1} \\ J_3^p = -q p_0 \mu_{33}^p \varphi_{,3} - q D_{33}^p (\Delta p)_{,3} \\ J_1^n = -q n_0 \mu_{11}^n \varphi_{,1} + q D_{11}^n (\Delta n)_{,1} \\ J_3^n = -q n_0 \mu_{33}^n \varphi_{,3} + q D_{33}^n (\Delta n)_{,3} \end{cases} \tag{5.8c}$$

式中，平面应力问题的材料常数为

$$
\begin{cases}
\bar{c}_{11} = c_{11} - \dfrac{c_{12}^2}{c_{11}}, \quad \bar{c}_{13} = c_{13} - \dfrac{c_{12}c_{13}}{c_{11}}, \quad \bar{c}_{33} = c_{33} - \dfrac{c_{13}^2}{c_{11}}, \quad \bar{c}_{44} = c_{44} \\[2mm]
\bar{e}_{31} = e_{31} - \dfrac{c_{12}e_{31}}{c_{11}}, \quad \bar{e}_{33} = e_{33} - \dfrac{c_{13}e_{31}}{c_{11}}, \quad \bar{e}_{15} = e_{15} \\[2mm]
\bar{\varepsilon}_{11} = \varepsilon_{11}, \quad \bar{\varepsilon}_{33} = \varepsilon_{33} + \dfrac{e_{31}^2}{c_{11}} \\[2mm]
\bar{\lambda}_{11} = \lambda_{11} - \dfrac{c_{12}\lambda_{11}}{c_{11}}, \quad \bar{\lambda}_{33} = \lambda_{33} - \dfrac{c_{13}\lambda_{11}}{c_{11}}, \quad \bar{p}_3 = p_3 + \dfrac{\lambda_{11}e_{31}}{c_{11}}
\end{cases}
\tag{5.9}
$$

将式 (5.8a~c) 代入式 (5.7)，可以得到基本未知量 u_1、u_3、φ、p 和 n 的五个控制方程：

$$
\begin{cases}
\bar{c}_{11}u_{1,11} + \bar{c}_{44}u_{1,33} + (\bar{c}_{13} + \bar{c}_{44})u_{3,13} + (\bar{e}_{31} + \bar{e}_{15})\varphi_{,13} + f_1 - \bar{\lambda}_{11}\theta_{,1} = 0 \\
(\bar{c}_{13} + \bar{c}_{44})u_{1,13} + \bar{c}_{44}u_{3,11} + \bar{c}_{33}u_{3,33} + \bar{e}_{15}\varphi_{,11} + \bar{e}_{33}\varphi_{,33} + f_3 - \bar{\lambda}_{33}\theta_{,3} = 0 \\
(\bar{e}_{15} + \bar{e}_{31})u_{1,13} + \bar{e}_{15}u_{3,11} + \bar{e}_{33}u_{3,33} - \bar{\varepsilon}_{11}\varphi_{,11} - \bar{\varepsilon}_{33}\varphi_{,33} + \bar{p}_3\theta_{,3} = q(\Delta p - \Delta n) \\
-qp_0\mu_{11}^p\varphi_{,11} - qD_{11}^p(\Delta p)_{,11} - qp_0\mu_{33}^p\varphi_{,33} - qD_{33}^p(\Delta p)_{,33} = 0 \\
-qn_0\mu_{11}^n\varphi_{,11} + qD_{11}^n(\Delta n)_{,11} - qn_0\mu_{33}^n\varphi_{,33} + qD_{33}^n(\Delta n)_{,33} = 0
\end{cases}
\tag{5.10}
$$

对于 p 型半导体薄膜局部温度变化产生的静态拉伸问题，方程 (5.10) 可以简化为

$$
\begin{cases}
\bar{c}_{11}u_{1,11} + \bar{c}_{44}u_{1,33} + (\bar{c}_{13} + \bar{c}_{44})u_{3,13} + (\bar{e}_{31} + \bar{e}_{15})\varphi_{,13} - \bar{\lambda}_{11}\theta_{,1} = 0 \\
(\bar{c}_{13} + \bar{c}_{44})u_{1,13} + \bar{c}_{44}u_{3,11} + \bar{c}_{33}u_{3,33} + \bar{e}_{15}\varphi_{,11} + \bar{e}_{33}\varphi_{,33} - \bar{\lambda}_{33}\theta_{,3} = 0 \\
(\bar{e}_{15} + \bar{e}_{31})u_{1,13} + \bar{e}_{15}u_{3,11} + \bar{e}_{33}u_{3,33} - \bar{\varepsilon}_{11}\varphi_{,11} - \bar{\varepsilon}_{33}\varphi_{,33} + \bar{p}_3\theta_{,3} = q(\Delta p) \\
qp_0\mu_{11}^p\varphi_{,11} + qp_0\mu_{33}^p\varphi_{,33} + qD_{11}^p(\Delta p)_{,11} + qD_{33}^p(\Delta p)_{,33} = 0
\end{cases}
\tag{5.11}
$$

四边绝缘时，薄膜的边界条件可以假设为以下形式：

$$
\begin{cases}
u_1 = 0, \quad T_{13} = 0, \quad D_1 = 0, \quad J_1^p = 0, \quad x_1 = 0, a \\
u_1 = 0, \quad N_{33} = 0, \quad D_3 = 0, \quad J_3^p = 0, \quad x_3 = 0, b
\end{cases}
\tag{5.12}
$$

为了求解方程 (5.11)，考虑以下的三角级展开：

$$
\begin{cases}
\theta = \displaystyle\sum_{m=0}^{\infty}\sum_{n=0}^{\infty} \Theta_{mn}\cos(\xi_m x_1)\sin(\zeta_n x_3) \\
u_1 = \displaystyle\sum_{m=0}^{\infty}\sum_{n=0}^{\infty} U_{mn}\sin(\xi_m x_1)\sin(\zeta_n x_3) \\
\{u_3, \varphi, \Delta p\} = \displaystyle\sum_{m=0}^{\infty}\sum_{n=0}^{\infty} \{W_{mn}, \Psi_{mn}, P_{mn}\}\cos(\xi_m x_1)\cos(\zeta_n x_3)
\end{cases}
\tag{5.13}
$$

式中,

$$\xi_m = \frac{m\pi}{a}, \quad \zeta_n = \frac{n\pi}{b} \tag{5.14}$$

式 (5.13) 中, Θ_{mn} 已知, U_{mn}、W_{mn}、Ψ_{mn} 和 P_{mn} 为待定常数。可以验证, 式 (5.13) 满足边界条件 (5.12)。将式 (5.13) 代入式 (5.11) 可以得到关于待定常数的线性方程组。

在数值分析中,考虑方形薄膜的长和宽 (a 和 b) 均为 1000 nm,温度变化区域为

$$\theta = \begin{cases} \Theta, & x_0 - c \leqslant x_1 \leqslant x_0 + c, \quad z_0 - d \leqslant x_3 \leqslant z_0 + d \\ 0, & \text{其他} \end{cases} \tag{5.15}$$

式中,Θ 为给定常数 ($\Theta = 0.1$ K);c 与 d 均为 100 nm;薄膜的中心坐标 x_0 和 z_0 均为 500 nm;掺杂浓度 p_0 为 10^{21} m^{-3}。

图 5.1(a) 中给出了热加载区域的几何示意图。图 5.1(b) 给出了级数公式计算得到的温度变化。值得注意的是,式 (5.15) 中温度变化在加载区域的边界处不连续,由于吉布斯效应,图 5.1(b) 中靠近不连续点的附近存在振荡。图 5.1(c) 给出了全场的电势分布,此处的势垒和势阱是由 x_3 方向的电极化引起的。图 5.1(d)~(f) 给出了不同 Θ、c、p_0 时 $x_1 = x_0$ 处的电势分布。

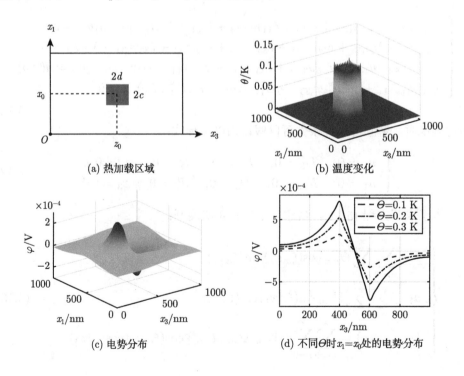

(a) 热加载区域

(b) 温度变化

(c) 电势分布

(d) 不同 Θ 时 $x_1 = x_0$ 处的电势分布

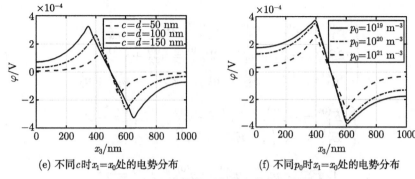

(e) 不同 c 时 $x_1=x_0$ 处的电势分布 (f) 不同 p_0 时 $x_1=x_0$ 处的电势分布

图 5.1   温度变化引起的电势垒和势阱

5.3   热压电半导体板的拉伸与弯曲理论

基于热压电半导体的三维框架，本节建立了热压电半导体板的一阶理论，其中包含了拉伸、弯曲、剪切的二维方程及本构关系等。利用上述方程，对六方晶系 6mm 晶类的压电半导体板在温度变化情况下的耦合场进行了分析。

5.3.1   热压电半导体板的一阶方程

根据 Mindlin 板理论，将基本场变量沿着厚度进行一阶展开[4]：

$$u_1(x_1,x_2,x_3,t) \cong u_1^{(0)}(x_1,x_2,t) + x_3 u_1^{(1)}(x_1,x_2,t) \tag{5.16a}$$

$$u_2(x_1,x_2,x_3,t) \cong u_2^{(0)}(x_1,x_2,t) + x_3 u_2^{(1)}(x_1,x_2,t) \tag{5.16b}$$

$$u_3(x_1,x_2,x_3,t) \cong u_3^{(0)}(x_1,x_2,t) \tag{5.16c}$$

$$\varphi(x_1,x_2,x_3,t) \cong \varphi^{(0)}(x_1,x_2,t) + x_3 \varphi^{(1)}(x_1,x_2,t) \tag{5.16d}$$

$$\Delta p(x_1,x_2,x_3,t) \cong p^{(0)}(x_1,x_2,t) + x_3 p^{(1)}(x_1,x_2,t) \tag{5.16e}$$

$$\Delta n(x_1,x_2,x_3,t) \cong n^{(0)}(x_1,x_2,t) + x_3 n^{(1)}(x_1,x_2,t) \tag{5.16f}$$

$$\theta(x_1,x_2,x_3,t) \cong \theta^{(0)}(x_1,x_2,t) + x_3 \theta^{(1)}(x_1,x_2,t) \tag{5.16g}$$

式中，$\theta^{(0)}$ 和 $\theta^{(1)}$ 已知，分别表示沿着厚度方向均匀的温度变化形式以及在厚度方向反对称分布的温度变化形式；$u_1^{(0)}$、$u_2^{(0)}$、$u_3^{(0)}$、$u_1^{(1)}$、$u_2^{(1)}$、$\varphi^{(0)}$、$\varphi^{(1)}$、$p^{(0)}$、$p^{(1)}$、$n^{(0)}$、$n^{(1)}$ 为未知函数，需要根据相应的二维控制方程确定。

将式 (5.16) 代入式 (5.3)，可以得到梯度关系：

$$\begin{cases} S_{ij} \cong S_{ij}^{(0)} + x_3 S_{ij}^{(1)}, & E_i \cong E_i^{(0)} + x_3 E_i^{(1)} \\ P_i \cong P_i^{(0)} + x_3 P_i^{(1)}, & N_i \cong N_i^{(0)} + x_3 N_i^{(1)} \end{cases} \tag{5.17}$$

式中，

$$
\begin{cases}
S_{11}^{(0)} = u_{1,1}^{(0)}, \quad S_{22}^{(0)} = u_{2,2}^{(0)}, \quad 2S_{12}^{(0)} = u_{1,2}^{(0)} + u_{2,1}^{(0)} \\
2S_{23}^{(0)} = u_{3,2}^{(0)} + u_2^{(1)}, \quad 2S_{31}^{(0)} = u_{3,1}^{(0)} + u_1^{(1)} \\
S_{11}^{(1)} = u_{1,1}^{(1)}, \quad S_{22}^{(1)} = u_{2,2}^{(1)}, \quad 2S_{12}^{(1)} = u_{1,2}^{(1)} + u_{2,1}^{(1)}
\end{cases}
\tag{5.18}
$$

$$
\begin{cases}
E_1^{(0)} = -\varphi_{,1}^{(0)}, \quad E_2^{(0)} = -\varphi_{,2}^{(0)}, \quad E_3^{(0)} = -\varphi^{(1)} \\
E_1^{(1)} = -\varphi_{,1}^{(1)}, \quad E_2^{(1)} = -\varphi_{,2}^{(1)}
\end{cases}
\tag{5.19}
$$

$$
\begin{cases}
P_1^{(0)} = p_{,1}^{(0)}, \quad P_2^{(0)} = p_{,2}^{(0)}, \quad P_3^{(0)} = p^{(1)} \\
P_1^{(1)} = p_{,1}^{(1)}, \quad P_2^{(1)} = p_{,2}^{(1)}
\end{cases}
\tag{5.20a}
$$

$$
\begin{cases}
N_1^{(0)} = n_{,1}^{(0)}, \quad N_2^{(0)} = n_{,2}^{(0)}, \quad N_3^{(0)} = n^{(1)} \\
N_1^{(1)} = n_{,1}^{(1)}, \quad N_2^{(1)} = n_{,2}^{(1)}
\end{cases}
\tag{5.20b}
$$

板的零阶和一阶方程可以根据式 (3.28) 得到：

$$
\begin{cases}
T_{\alpha\beta,\beta}^{(0)} + t_\alpha^{(0)} = \rho^{(0)}\ddot{u}_\alpha^{(0)} \\
T_{3\alpha,a}^{(0)} + t_3^{(0)} = \rho^{(0)}\ddot{u}_3^{(0)} \\
T_{\alpha\beta,\beta}^{(1)} - T_{3\alpha}^{(0)} + t_\alpha^{(1)} = \rho^{(2)}\ddot{u}_\alpha^{(1)}
\end{cases}
\tag{5.21}
$$

$$
\begin{cases}
D_{\alpha,\alpha}^{(0)} + d^{(0)} = q^{(0)}(p^{(0)} - n^{(0)}) \\
D_{\alpha,\alpha}^{(1)} - D_3^{(0)} + d^{(1)} = q^{(2)}(p^{(1)} - n^{(1)})
\end{cases}
\tag{5.22}
$$

$$
\begin{cases}
J_{\alpha,\alpha}^{p(0)} + j^{p(0)} = -q^{(0)}\dot{p}^{(0)} \\
J_{\alpha,\alpha}^{p(1)} - J_3^{p(0)} + j^{p(1)} = -q^{(2)}\dot{p}^{(1)} \\
J_{\alpha,\alpha}^{n(0)} + j^{n(0)} = q^{(0)}\dot{n}^{(0)} \\
J_{\alpha,\alpha}^{n(1)} - J_3^{n(0)} + j^{n(1)} = q^{(2)}\dot{n}^{(1)}
\end{cases}
\tag{5.23}
$$

对于薄板结构，使用应力释放条件 ($T_{33} = 0$)，可以得到 S_{33}：

$$
S_{33} = -\frac{1}{c_{3333}}(c_{33kl}S_{kl} - c_{3333}S_{33} - e_{k33}E_k - \lambda_{33}\theta)
\tag{5.24}
$$

考虑式 (5.24) 时，本构方程可以改写为

$$
\begin{cases}
T_{ij} = \bar{c}_{ijkl}S_{kl} - \bar{e}_{kij}E_k - \bar{\lambda}_{ij}\theta \\
D_i = \bar{e}_{ikl}S_{kl} + \bar{\varepsilon}_{ij}E_j + \bar{p}_i\theta
\end{cases}
\tag{5.25}
$$

式中，经过应力释放条件修正后的材料常数为

$$
\begin{cases}
\bar{c}_{ijkl} = c_{ijkl} - c_{ij33}c_{33kl}/c_{3333}, \quad \bar{\lambda}_{ij} = \lambda_{ij} - \lambda_{33}c_{ij33}/c_{3333} \\
\bar{\varepsilon}_{ij} = \varepsilon_{ij} + e_{i33}e_{j33}/c_{3333}, \quad \bar{e}_{kij} = e_{kij} - e_{k33}c_{33ij}/c_{3333} \\
\bar{p}_i = p_i + e_{i33}\lambda_{33}/c_{3333}
\end{cases}
\tag{5.26}
$$

对修正的本构关系方程 (5.25) 以及电流密度的本构关系方程 (5.3d)、方程 (5.3e) 积分，可以得到薄板内力的表达式：

$$
\begin{cases}
T_{ij}^{(0)} = \bar{c}_{ijkl}^{(0)} S_{kl}^{(0)} - \bar{e}_{kij}^{(0)} E_k^{(0)} - \bar{\lambda}_{ij}^{(0)} \theta^{(0)} \\
D_i^{(n)} = \bar{e}_{ikl}^{(0)} S_{kl}^{(0)} + \bar{\varepsilon}_{ij}^{(0)} E_j^{(0)} + \bar{p}_i^{(0)} \theta^{(0)} \\
J_i^{p(0)} = \mu_{ij}^{p(0)} E_j^{(0)} - D_{ij}^{p(0)} P_j^{(0)} \\
J_i^{n(0)} = \mu_{ij}^{n(0)} E_j^{(0)} + D_{ij}^{n(0)} N_j^{(0)}
\end{cases}
\tag{5.27}
$$

$$
\begin{cases}
T_{ij}^{(1)} = \bar{c}_{ijkl}^{(2)} S_{kl}^{(1)} - \bar{e}_{kij}^{(2)} E_k^{(1)} - \bar{\lambda}_{ij}^{(2)} \theta^{(1)} \\
D_i^{(1)} = \bar{e}_{ikl}^{(2)} S_{kl}^{(1)} + \bar{\varepsilon}_{ij}^{(2)} E_j^{(1)} + \bar{p}_i^{(2)} \theta^{(1)} \\
J_i^{p(1)} = \mu_{ij}^{p(2)} E_j^{(1)} - D_{ij}^{p(2)} P_j^{(1)} \\
J_i^{n(1)} = \mu_{ij}^{n(2)} E_j^{(1)} + D_{ij}^{n(2)} N_j^{(1)}
\end{cases}
\tag{5.28}
$$

将梯度关系方程 (5.17) 代入本构关系方程 (5.27) 和方程 (5.28)，可以得到基本未知量表示的本构方程，再将其代入场方程 (5.21) ~ 方程 (5.23)，可以得到关于 $u_1^{(0)}$、$u_2^{(0)}$、$u_3^{(0)}$、$u_1^{(1)}$、$u_2^{(1)}$、$\varphi^{(0)}$、$\varphi^{(1)}$、$p^{(0)}$、$p^{(1)}$、$n^{(0)}$、$n^{(1)}$ 的控制方程。在板的边界处，需要指定以下量作为边界条件：

$$T_{nn}^{(0)} \quad \text{或} \quad u_n^{(0)}、\quad T_{ns}^{(0)} \quad \text{或} \quad u_s^{(0)}、T_{n3}^{(0)} \quad \text{或} \quad u_3^{(0)}$$

$$T_{nn}^{(1)} \quad \text{或} \quad u_n^{(1)}、T_{ns}^{(1)} \quad \text{或} \quad u_s^{(1)}$$

$$D_n^{(0)} \quad \text{或} \quad \varphi^{(0)}、D_n^{(1)} \quad \text{或} \quad \varphi^{(1)}$$

$$J_n^{p(0)} \quad \text{或} \quad p^{(0)}、J_n^{p(1)} \quad \text{或} \quad p^{(1)}$$

$$J_n^{n(0)} \quad \text{或} \quad n^{(0)}、J_n^{n(1)} \quad \text{或} \quad n^{(1)}$$

经过推导可以发现：对于六方晶系 6mm 晶类材料构成的板结构 (本构矩阵和材料常数见附录 B)，本节中建立的一阶理论解耦为拉伸理论与弯曲理论。面内拉伸理论包含零阶温度变化 ($\theta^{(0)}$)、面内拉伸 ($u_1^{(0)}$、$u_2^{(0)}$)、一阶电势 ($\varphi^{(1)}$)、一阶载流子浓度扰动 ($p^{(1)}$、$n^{(1)}$)；弯曲与剪切理论包含一阶温度变化 ($\theta^{(1)}$)、弯曲位移 ($u_3^{(0)}$)、厚度剪切变形 ($u_1^{(1)}$、$u_2^{(1)}$)、零阶电势 ($\varphi^{(0)}$)、零阶载流子浓度扰动 ($p^{(0)}$、$n^{(0)}$)。

5.3.2　氧化锌板的拉伸方程

对于氧化锌 (六方晶系 6mm 晶类) 压电半导体板结构, 拉伸问题的场方程为

$$T_{\alpha\beta,\beta}^{(0)} + t_\alpha^{(0)} = \rho^{(0)}\ddot{u}_\alpha^{(0)} \tag{5.29a}$$

$$D_{\alpha,\alpha}^{(1)} - D_3^{(0)} + d^{(1)} = q^{(2)}(p^{(1)} - n^{(1)}) \tag{5.29b}$$

$$J_{\alpha,\alpha}^{p(1)} - J_3^{p(0)} + j^{p(1)} = -q^{(2)}\dot{p}^{(1)} \tag{5.30a}$$

$$J_{\alpha,\alpha}^{n(1)} - J_3^{n(0)} + j^{n(1)} = q^{(2)}\dot{n}^{(1)} \tag{5.30b}$$

其本构方程为

$$\begin{cases} T_{11}^{(0)} = \bar{c}_{11}^{(0)}u_{1,1}^{(0)} + \bar{c}_{12}^{(0)}u_{2,2}^{(0)} + \bar{e}_{31}^{(0)}\varphi^{(1)} - \bar{\lambda}_{11}^{(0)}\theta^{(0)} \\ T_{22}^{(0)} = \bar{c}_{12}^{(0)}u_{1,1}^{(0)} + \bar{c}_{11}^{(0)}u_{2,2}^{(0)} + \bar{e}_{31}^{(0)}\varphi^{(1)} - \bar{\lambda}_{11}^{(0)}\theta^{(0)} \\ T_{12}^{(0)} = \bar{c}_{66}^{(0)}(u_{1,2}^{(0)} + u_{2,1}^{(0)}) \end{cases} \tag{5.31}$$

$$\begin{cases} D_3^{(0)} = \bar{e}_{31}^{(0)}(u_{1,1}^{(0)} + u_{2,2}^{(0)}) - \bar{\varepsilon}_{33}^{(0)}\varphi^{(1)} + \bar{p}_3^{(0)}\theta^{(0)} \\ D_1^{(1)} = -\bar{\varepsilon}_{11}^{(2)}\varphi_{,1}^{(1)}, \quad D_2^{(1)} = -\bar{\varepsilon}_{11}^{(2)}\varphi_{,2}^{(1)} \end{cases} \tag{5.32}$$

$$\begin{cases} J_3^{p(0)} = -\mu_{33}^{p(0)}\varphi^{(1)} - D_{33}^{p(0)}p^{(1)} \\ J_1^{p(1)} = -\mu_{11}^{p(2)}\varphi_{,1}^{(1)} - D_{11}^{p(2)}p_{,1}^{(1)}, \quad J_2^{p(1)} = -\mu_{11}^{p(2)}\varphi_{,2}^{(1)} - D_{11}^{p(2)}p_{,2}^{(1)} \\ J_3^{n(0)} = -\mu_{33}^{n(0)}\varphi^{(1)} + D_{33}^{n(0)}n^{(1)} \\ J_1^{n(1)} = -\mu_{11}^{n(2)}\varphi_{,1}^{(1)} + D_{11}^{n(2)}n_{,1}^{(1)}, \quad J_2^{n(1)} = -\mu_{11}^{n(2)}\varphi_{,2}^{(1)} + D_{11}^{n(2)}n_{,2}^{(1)} \end{cases} \tag{5.33}$$

式中, 经过应力释放条件修正后的材料常数为

$$\begin{cases} \bar{c}_{11} = c_{11} - (c_{13})^2/c_{33}, \quad \bar{c}_{12} = c_{12} - (c_{13})^2/c_{33}, \quad \bar{c}_{66} = c_{66} \\ \bar{\varepsilon}_{11} = \varepsilon_{11}, \quad \bar{\varepsilon}_{33} = \varepsilon_{33} + e_{33}^2/c_{33}, \quad \bar{e}_{31} = e_{31} - e_{33}c_{13}/c_{33} \\ \bar{\lambda}_{11} = \lambda_{11} - \lambda_{33}c_{13}/c_{33}, \quad \bar{p}_3 = p_3 + e_{33}\lambda_{33}/c_{33} \end{cases} \tag{5.34}$$

将式 (5.31)～ 式 (5.33) 代入式 (5.29) 和式 (5.30), 可以得到关于 $u_1^{(0)}$、$u_2^{(0)}$、$\varphi^{(1)}$、$p^{(1)}$、$n^{(1)}$ 的控制方程:

$$\bar{c}_{11}u_{1,11}^{(0)} + \bar{c}_{66}u_{1,22}^{(0)} + (\bar{c}_{12} + \bar{c}_{66})u_{2,12}^{(0)} + \bar{e}_{31}\varphi_{,1}^{(1)} - \bar{\lambda}_{11}\theta_{,1}^{(0)} + \frac{t_1^{(0)}}{2h} = \ddot{u}_1^{(0)} \tag{5.35a}$$

$$\bar{c}_{66}u_{2,11}^{(0)} + \bar{c}_{11}u_{2,22}^{(0)} + (\bar{c}_{12} + \bar{c}_{66})u_{1,12}^{(0)} + \bar{e}_{31}\varphi_{,2}^{(1)} - \bar{\lambda}_{11}\theta_{,2}^{(0)} + \frac{t_2^{(0)}}{2h} = \ddot{u}_2^{(0)} \quad (5.35b)$$

$$-\bar{\varepsilon}_{11}\varphi_{,\alpha\alpha}^{(1)} + \frac{3}{h^2}\bar{\varepsilon}_{33}\varphi^{(1)} - \frac{3}{h^2}\bar{e}_{31}u_{\alpha,\alpha}^{(0)} - \frac{3}{h^2}\bar{p}_3\theta^{(0)} + \frac{3}{2h^3}d^{(1)} = q(p^{(1)} - n^{(1)}) \quad (5.35c)$$

$$-qp_0\mu_{11}^p\varphi_{,\alpha\alpha}^{(1)} - qD_{11}^p p_{,\alpha\alpha}^{(1)} + \frac{3}{h^2}(qp_0\mu_{33}^p\varphi^{(1)} + qD_{33}^p p^{(1)}) + \frac{3}{2h^3}j^{p(1)} = -q\dot{p}^{(1)} \quad (5.35d)$$

$$-qn_0\mu_{11}^n\varphi_{,\alpha\alpha}^{(1)} + qD_{11}^n n_{,\alpha\alpha}^{(1)} + \frac{3}{h^2}(qn_0\mu_{33}^n\varphi^{(1)} - qD_{33}^n n^{(1)}) + \frac{3}{2h^3}j^{n(1)} = q\dot{n}^{(1)} \quad (5.35e)$$

对于静态拉伸问题，$t_\alpha^{(0)} = 0$ 时，式 (5.29a) 简化为

$$T_{\alpha\beta,\beta}^{(0)} = 0 \quad (5.36)$$

引入应力函数 ψ，有

$$T_{11}^{(0)} = 2h\,\psi_{,22}, \quad T_{22}^{(0)} = 2h\,\psi_{,11}, \quad T_{12}^{(0)} = -2h\,\psi_{,12} \quad (5.37)$$

将式 (5.37) 代入式 (5.31) 得到

$$\begin{cases} T_{11}^{(0)} = 2h(\bar{c}_{11}u_{1,1}^{(0)} + \bar{c}_{12}u_{2,2}^{(0)} + \bar{e}_{31}\varphi^{(1)} - \bar{\lambda}_{11}\theta^{(0)}) = 2h\psi_{,22} \\ T_{22}^{(0)} = 2h(\bar{c}_{12}u_{1,1}^{(0)} + \bar{c}_{11}u_{2,2}^{(0)} + \bar{e}_{31}\varphi^{(1)} - \bar{\lambda}_{11}\theta^{(0)}) = 2h\psi_{,11} \\ T_{12}^{(0)} = 2h\bar{c}_{66}(u_{1,2}^{(0)} + u_{2,1}^{(0)}) = -2h\psi_{,12} \end{cases} \quad (5.38)$$

根据式 (5.38)，有

$$u_{1,1}^{(0)} = \frac{\bar{c}_{11}(\psi_{,22} - \bar{e}_{31}\varphi^{(1)} + \bar{\lambda}_{11}\theta^{(0)})}{\bar{c}_{11}^2 - \bar{c}_{12}^2} - \frac{\bar{c}_{12}(\psi_{,11} - \bar{e}_{31}\varphi^{(1)} + \bar{\lambda}_{11}\theta^{(0)})}{\bar{c}_{11}^2 - \bar{c}_{12}^2} \quad (5.39a)$$

$$u_{2,2}^{(0)} = \frac{\bar{c}_{11}(\psi_{,11} - \bar{e}_{31}\varphi^{(1)} + \bar{\lambda}_{11}\theta^{(0)})}{\bar{c}_{11}^2 - \bar{c}_{12}^2} - \frac{\bar{c}_{12}(\psi_{,22} - \bar{e}_{31}\varphi^{(1)} + \bar{\lambda}_{11}\theta^{(0)})}{\bar{c}_{11}^2 - \bar{c}_{12}^2} \quad (5.39b)$$

$$u_{1,2}^{(0)} + u_{2,1}^{(0)} = -\frac{1}{\bar{c}_{66}}\psi_{,12} \quad (5.39c)$$

下面，将式 (5.39) 代入相容方程：

$$(u_{1,1}^{(0)})_{,22} + (u_{2,2}^{(0)})_{,11} = (u_{1,2}^{(0)} + u_{2,1}^{(0)})_{,12} \quad (5.40)$$

可以得到关于应力函数的微分方程：

$$\bar{c}_{11}\psi_{,1111} + \left(\frac{\bar{c}_{11}^2 - \bar{c}_{12}^2 - 2\bar{c}_{12}\bar{c}_{66}}{\bar{c}_{66}}\right)\psi_{,1122} + \bar{c}_{11}\psi_{,2222}$$

$$= (\bar{c}_{11} - \bar{c}_{12})\bar{e}_{31}(\varphi_{,11}^{(1)} + \varphi_{,22}^{(1)}) - (\bar{c}_{11} - \bar{c}_{12})\bar{\lambda}_{11}(\theta_{,11}^{(0)} + \theta_{,22}^{(0)}) \quad (5.41)$$

将式 (5.39a) 和式 (5.39b) 代入式 (5.30a)，可以得到

$$
-\bar{\varepsilon}_{11}(\varphi_{,11}^{(1)} + \varphi_{,22}^{(1)}) + \frac{3}{h^2}\bar{\varepsilon}_{33}\varphi^{(1)} - \frac{3}{h^2}\frac{\bar{e}_{31}}{\bar{c}_{11}+\bar{c}_{12}}(\psi_{,11} + \psi_{,22})
$$

$$
+ \frac{6}{h^2}\frac{\bar{e}_{31}}{\bar{c}_{11}+\bar{c}_{12}}(\bar{e}_{31}\varphi^{(1)} - \bar{\lambda}_{11}\theta^{(0)}) - \frac{3}{h^2}\bar{p}_3\theta^{(0)} = q(p^{(1)} - n^{(1)}) \tag{5.42}
$$

引入应力函数后，无需求解面内位移，式 (5.41)、式 (5.42)、式 (5.30a) 和式 (5.30b) 构成了有关 ψ、$\varphi^{(1)}$、$p^{(1)}$、$n^{(1)}$ 的控制方程。

对于温度变化均匀的绝缘板的自由拉伸问题，所有未知函数均为常数，控制方程退化为

$$
\begin{cases}
\dfrac{3}{h^2}\left[\bar{\varepsilon}_{33} + \dfrac{2(\bar{e}_{31})^2}{\bar{c}_{11}+\bar{c}_{12}}\right]\varphi^{(1)} - qp^{(1)} + qn^{(1)} = \dfrac{3}{h^2}\left(\bar{p}_3 + \dfrac{2\bar{e}_{31}\bar{\lambda}_{11}}{\bar{c}_{11}+\bar{c}_{12}}\right)\theta^{(0)} \\[3mm]
p_0\mu_{33}^p\varphi^{(1)} + D_{33}^p p^{(1)} = 0 \\[3mm]
n_0\mu_{33}^n\varphi^{(1)} - D_{33}^n n^{(1)} = 0
\end{cases} \tag{5.43}
$$

根据式 (5.43)，可以解得

$$
\begin{cases}
\varphi^{(1)} = \dfrac{3D_{33}^n D_{33}^p}{\Delta}\left(\bar{p}_3 + \dfrac{2\bar{e}_{31}\bar{\lambda}_{11}}{\bar{c}_{11}+\bar{c}_{12}}\right)\theta^{(0)} \\[3mm]
p^{(1)} = \dfrac{-3p_0 D_{33}^n \mu_{33}^p}{\Delta}\left(\bar{p}_3 + \dfrac{2\bar{e}_{31}\bar{\lambda}_{11}}{\bar{c}_{11}+\bar{c}_{12}}\right)\theta^{(0)} \\[3mm]
n^{(1)} = \dfrac{3n_0 D_{33}^p \mu_{33}^n}{\Delta}\left(\bar{p}_3 + \dfrac{2\bar{e}_{31}\bar{\lambda}_{11}}{\bar{c}_{11}+\bar{c}_{12}}\right)\theta^{(0)} \\[3mm]
\Delta = 3D_{33}^n D_{33}^p\left(\bar{\varepsilon}_{33} + \dfrac{\bar{e}_{31}^2}{\bar{c}_{11}+\bar{c}_{12}}\right) + (n_0 D_{33}^p \mu_{33}^n + p_0 D_{33}^n \mu_{33}^p)qh^2
\end{cases} \tag{5.44}
$$

对板上层的电荷积累量进行积分计算，有

$$
\begin{cases}
Q^e = \displaystyle\int_0^h q(\Delta p - \Delta n)\mathrm{d}x_3 = \int_0^h qx_3(p^{(1)} - n^{(1)})\mathrm{d}x_3 = \gamma\theta^{(0)} \\[3mm]
\gamma = -\dfrac{3qh^2(p_0 D_{33}^n \mu_{33}^p + n_0 D_{33}^p \mu_{33}^n)}{2\Delta}\left(\bar{p}_3 + \dfrac{2\bar{e}_{31}\bar{\lambda}_{11}}{\bar{c}_{11}+\bar{c}_{12}}\right)
\end{cases} \tag{5.45}
$$

式中，γ 表示由单位温度变化产生的电荷积累，并且可以被用作温度变化和电荷积累相互作用强度的度量，可以看出，γ 只取决于板的几何参数及材料常数。

在数值计算中，选用氧化锌作为材料 (材料常数见附录 B)，厚度 $h = 50$ nm，温差 $\theta^{(0)} = 0.001$ K，掺杂浓度 $p_0 = n_0 = 10^{20}$ m^{-3}。根据数值计算的结果，图 5.2 给出了温度变化均匀时载流子浓度扰动分布情况。

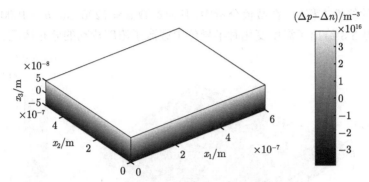

图 5.2 温度变化均匀时的载流子浓度扰动分布

对于温度变化非均匀的情况，考虑 $0 < x_1 < a$ 和 $0 < x_2 < b$ 区域内的方形板结构，仅受到温度载荷的作用时式 (5.35) 简化为

$$
\begin{cases}
\bar{c}_{11}u_{1,11}^{(0)} + \bar{c}_{66}u_{1,22}^{(0)} + (\bar{c}_{12} + \bar{c}_{66})u_{2,12}^{(0)} + \bar{e}_{31}\varphi_{,1}^{(1)} = \bar{\lambda}_{11}\theta_{,1}^{(0)} \\
\bar{c}_{66}u_{2,11}^{(0)} + \bar{c}_{11}u_{2,22}^{(0)} + (\bar{c}_{12} + \bar{c}_{66})u_{1,12}^{(0)} + \bar{e}_{31}\varphi_{,2}^{(1)} = \bar{\lambda}_{11}\theta_{,2}^{(0)} \\
-\bar{\varepsilon}_{11}(\varphi_{,11}^{(1)} + \varphi_{,22}^{(1)}) + \dfrac{3}{h^2}\bar{\varepsilon}_{33}\varphi^{(1)} - \dfrac{3}{h^2}\bar{e}_{31}(u_{1,1}^{(0)} + u_{2,2}^{(0)}) - q(p^{(1)} - n^{(1)}) = \dfrac{3}{h^2}\bar{p}_3\theta^{(0)} \\
-p_0\mu_{11}^p(\varphi_{,11}^{(1)} + \varphi_{,22}^{(1)}) - D_{11}^p(p_{,11}^{(1)} + p_{,22}^{(1)}) + \dfrac{3}{h^2}(p_0\mu_{33}^p\varphi^{(1)} + D_{33}^p p^{(1)}) = 0 \\
-n_0\mu_{11}^n(\varphi_{,11}^{(1)} + \varphi_{,22}^{(1)}) + D_{11}^n(n_{,11}^{(1)} + n_{,22}^{(1)}) + \dfrac{3}{h^2}(n_0\mu_{33}^n\varphi^{(1)} - D_{33}^n n^{(1)}) = 0
\end{cases}
\tag{5.46}
$$

力学上考虑混合边界条件，四边绝缘，具体边界条件为

$$
\begin{cases}
T_{11}^{(0)} = 0, & u_2^{(0)} = 0, & \varphi^{(1)} = 0, & p^{(1)} = 0, & n^{(1)} = 0, & x_1 = 0,\ a \\
u_1^{(0)} = 0, & T_{22}^{(0)} = 0, & \varphi^{(1)} = 0, & p^{(1)} = 0, & n^{(1)} = 0, & x_2 = 0,\ b
\end{cases}
\tag{5.47}
$$

$$
\begin{cases}
\{\theta^{(0)}, \varphi^{(1)}, p^{(1)}, n^{(1)}\} = \displaystyle\sum_{m,n}^{\infty} \{T_{mn}, \Phi_{mn}, P_{mn}, N_{mn}\} \sin(\xi_m x_1)\sin(\eta_n x_2) \\
u_1^{(0)} = \displaystyle\sum_{m,n}^{\infty} U_{mn}\cos(\xi_m x_1)\sin(\eta_n x_2), \quad u_2^{(2)} = \displaystyle\sum_{m,n}^{\infty} V_{mn}\sin(\xi_m x_1)\cos(\eta_n x_2) \\
\xi_m = \dfrac{m\pi}{a}, \quad \eta_n = \dfrac{n\pi}{b}, \quad m,n = 1,2,3,\cdots
\end{cases}
\tag{5.48}
$$

式中，T_{mn} 已知；U_{mn}、V_{mn}、Φ_{mn}、P_{mn} 和 N_{mn} 为待定常数。通过验证，式 (5.48) 自动满足边界条件。将式 (5.48) 代入式 (5.46)，通过计算可以求解得到

待定常数的线性方程组。在数值分析中，几何参数 $a = 1200\,\mathrm{nm}$，$b = 1000\,\mathrm{nm}$，$h = 50\,\mathrm{nm}$。图 5.3 给出了温度变化时半导体中载流子浓度扰动的分布情况。

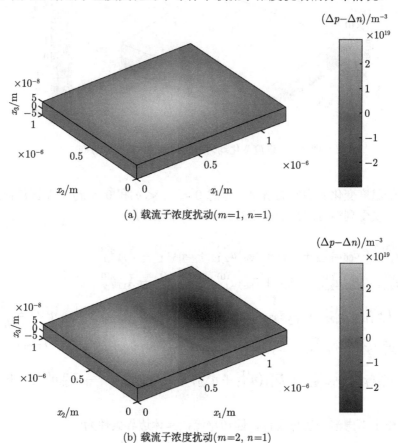

(a) 载流子浓度扰动$(m=1,\ n=1)$

(b) 载流子浓度扰动$(m=2,\ n=1)$

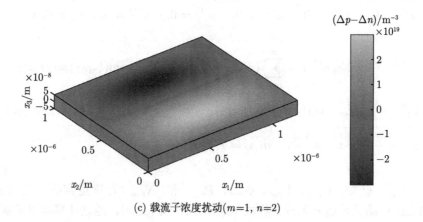

(c) 载流子浓度扰动$(m=1,\ n=2)$

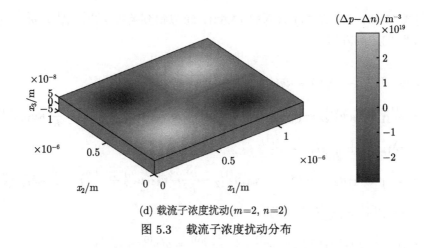

(d) 载流子浓度扰动($m=2$, $n=2$)

图 5.3 载流子浓度扰动分布

5.3.3 氧化锌板的弯曲与剪切方程

对于氧化锌板的弯曲问题，相应的本构关系为

$$T_{32}^{(0)} = \kappa^2 \bar{c}_{44}^{(0)} (u_{3,2}^{(0)} + u_2^{(1)}) + \kappa \bar{e}_{15}^{(0)} \varphi_{,2}^{(0)} \tag{5.49a}$$

$$T_{31}^{(0)} = \kappa^2 \bar{c}_{44}^{(0)} (u_{3,1}^{(0)} + u_1^{(1)}) + \kappa \bar{e}_{15}^{(0)} \varphi_{,1}^{(0)} \tag{5.49b}$$

$$T_{11}^{(1)} = \bar{c}_{11}^{(2)} u_{1,1}^{(1)} + \bar{c}_{12}^{(2)} u_{2,2}^{(1)} - \bar{\lambda}_{11}^{(2)} \theta^{(1)} \tag{5.49c}$$

$$T_{22}^{(1)} = \bar{c}_{12}^{(2)} u_{1,1}^{(1)} + \bar{c}_{11}^{(2)} u_{2,2}^{(1)} - \bar{\lambda}_{11}^{(2)} \theta^{(1)} \tag{5.49d}$$

$$T_{12}^{(1)} = \bar{c}_{66}^{(2)} (u_{1,2}^{(1)} + u_{2,1}^{(1)}) \tag{5.49e}$$

$$D_1^{(0)} = \kappa \bar{e}_{15}^{(0)} (u_{3,1}^{(0)} + u_1^{(1)}) - \bar{\varepsilon}_{11}^{(0)} \varphi_{,1}^{(0)}, \quad D_2^{(0)} = \kappa \bar{e}_{15}^{(0)} (u_{3,2}^{(0)} + u_2^{(1)}) - \bar{\varepsilon}_{11}^{(0)} \varphi_{,2}^{(0)} \tag{5.50}$$

$$\begin{cases} J_1^{p(0)} = -\bar{\mu}_{11}^{p(0)} \varphi_{,1}^{(0)} - \bar{D}_{11}^{p(0)} p_{,1}^{(0)}, \quad J_2^{p(0)} = -\bar{\mu}_{11}^{p(0)} \varphi_{,2}^{(0)} - \bar{D}_{11}^{p(0)} p_{,2}^{(0)} \\ J_1^{n(0)} = -\bar{\mu}_{11}^{n(0)} \varphi_{,1}^{(0)} + \bar{D}_{11}^{n(0)} n_{,1}^{(0)}, \quad J_2^{n(1)} = -\bar{\mu}_{11}^{n(0)} \varphi_{,2}^{(0)} + \bar{D}_{11}^{n(0)} n_{,2}^{(0)} \end{cases} \tag{5.51}$$

式中，剪切修正系数为

$$\kappa = \sqrt{\pi^2/12} \tag{5.52}$$

弯曲问题对应的场方程为

$$\begin{cases} T_{3\alpha,\alpha}^{(0)} + t_3^{(0)} = \rho^{(0)} \ddot{u}_3^{(0)}, \quad T_{\alpha\beta,\beta}^{(1)} - T_{3\alpha}^{(0)} + t_\alpha^{(1)} = \rho^{(2)} \ddot{u}_\alpha^{(1)} \\ D_{\alpha,\alpha}^{(0)} + d^{(0)} = q^{(0)} (p^{(0)} - n^{(0)}) \\ J_{\alpha,\alpha}^{p(0)} + j^{p(0)} = -q^{(0)} \dot{p}^{(0)}, \quad J_{\alpha,\alpha}^{n(0)} + j^{n(0)} = q^{(0)} \dot{n}^{(0)} \end{cases} \tag{5.53}$$

将式 (5.49)~ 式 (5.51) 代入式 (5.53)，可以得到关于 $u_3^{(0)}$、$u_1^{(1)}$、$u_2^{(1)}$、$\varphi^{(0)}$、$p^{(0)}$、$n^{(0)}$ 的控制方程：

$$
\begin{cases}
\kappa^2 \bar{c}_{44}(u_{3,\alpha\alpha}^{(0)} + u_{\alpha,\alpha}^{(1)}) + \kappa \bar{e}_{15}\varphi_{,\alpha\alpha}^{(0)} + \dfrac{1}{2h}t_3^{(0)} = \ddot{u}_3^{(0)} \\[2mm]
\bar{c}_{11}u_{1,11}^{(1)} + \bar{c}_{66}u_{1,22}^{(1)} + (\bar{c}_{12} + \bar{c}_{66})u_{2,12}^{(1)} - \dfrac{3}{h^2}\kappa^2\bar{c}_{44}(u_{3,1}^{(0)} + u_1^{(1)}) - \dfrac{3}{h^2}\kappa\bar{e}_{15}\varphi_{,1}^{(0)} \\[2mm]
\quad -\bar{\lambda}_{11}\theta_{,1}^{(1)} + \dfrac{3}{2h^3}t_1^{(1)} = \ddot{u}_1^{(1)} \\[2mm]
\bar{c}_{66}u_{2,11}^{(1)} + \bar{c}_{11}u_{2,22}^{(1)} + (\bar{c}_{12} + \bar{c}_{66})u_{1,12}^{(1)} - \dfrac{3}{h^2}\kappa^2\bar{c}_{44}(u_{3,2}^{(0)} + u_2^{(1)}) - \dfrac{3}{h^2}\kappa\bar{e}_{15}\varphi_{,2}^{(0)} \\[2mm]
\quad -\bar{\lambda}_{11}\theta_{,2}^{(1)} + \dfrac{3}{2h^3}t_2^{(1)} = \ddot{u}_2^{(1)} \\[2mm]
-\bar{\varepsilon}_{11}\varphi_{,\alpha\alpha}^{(0)} + \kappa\bar{e}_{15}(u_{3,\alpha\alpha}^{(0)} + u_{\alpha,\alpha}^{(1)}) + \dfrac{1}{2h}d^{(0)} = q(p^{(0)} - n^{(0)}) \\[2mm]
-qp_0\mu_{11}^p\varphi_{,\alpha\alpha}^{(0)} - qD_{11}^p p_{,\alpha\alpha}^{(0)} + \dfrac{j^{p(0)}}{2h} = -q\dot{p}^{(0)} \\[2mm]
-qn_0\mu_{11}^n\varphi_{,\alpha\alpha}^{(0)} + qD_{11}^n n_{,\alpha\alpha}^{(0)} + \dfrac{j^{n(0)}}{2h} = q\dot{n}^{(0)}
\end{cases}
$$

$$(5.54)$$

仅考虑 $\theta^{(1)}(x_1, x_2)$ 时，控制方程可以简化为

$$
\begin{cases}
\kappa^2 \bar{c}_{44}(u_{3,\alpha\alpha}^{(0)} + u_{\alpha,\alpha}^{(1)}) + \kappa \bar{e}_{15}\varphi_{,\alpha\alpha}^{(0)} = 0 \\[2mm]
\bar{c}_{11}u_{1,11}^{(1)} + \bar{c}_{66}u_{1,22}^{(1)} + (\bar{c}_{12} + \bar{c}_{66})u_{2,12}^{(1)} \\[2mm]
\quad -\dfrac{3}{h^2}\kappa^2\bar{c}_{44}(u_{3,1}^{(0)} + u_1^{(1)}) - \dfrac{3}{h^2}\kappa\bar{e}_{15}\varphi_{,1}^{(0)} = \bar{\lambda}_{11}\theta_{,1}^{(1)} \\[2mm]
\bar{c}_{66}u_{2,11}^{(1)} + \bar{c}_{11}u_{2,22}^{(1)} + (\bar{c}_{12} + \bar{c}_{66})u_{1,12}^{(1)} \\[2mm]
\quad -\dfrac{3}{h^2}\kappa^2\bar{c}_{44}(u_{3,2}^{(0)} + u_2^{(1)}) - \dfrac{3}{h^2}\kappa\bar{e}_{15}\varphi_{,2}^{(0)} = \bar{\lambda}_{11}\theta_{,2}^{(1)} \\[2mm]
-\bar{\varepsilon}_{11}\varphi_{,\alpha\alpha}^{(0)} + \kappa\bar{e}_{15}(u_{3,\alpha\alpha}^{(0)} + u_{\alpha,\alpha}^{(1)}) = q(p^{(0)} - n^{(0)}) \\[2mm]
-qp_0\mu_{11}^p\varphi_{,\alpha\alpha}^{(0)} - qD_{11}^p p_{,\alpha\alpha}^{(0)} = 0 \\[2mm]
-qn_0\mu_{11}^n\varphi_{,\alpha\alpha}^{(0)} + qD_{11}^n n_{,\alpha\alpha}^{(0)} = 0
\end{cases}
\tag{5.55}
$$

力学上考虑简支条件，四边绝缘，具体边界条件为

$$
\begin{cases}
u_3^{(0)} = 0, & T_{11}^{(1)} = 0, & u_2^{(1)} = 0, & \varphi^{(0)} = 0, & p^{(0)} = 0, & n^{(0)} = 0, & x_1 = 0,\, a \\[2mm]
u_3^{(0)} = 0, & u_1^{(1)} = 0, & T_{22}^{(1)} = 0, & \varphi^{(0)} = 0, & p^{(0)} = 0, & n^{(0)} = 0, & x_2 = 0,\, b
\end{cases}
$$

$$(5.56)$$

将函数进行如下展开:

$$
\begin{cases}
\{\theta^{(1)}, u_3^{(0)}, \varphi^{(0)}, p^{(0)}, n^{(0)}\} \\
= \sum_{m,n}^{\infty} \{T_{mn}, W_{mn}, \Phi_{mn}, P_{mn}, N_{mn}\} \sin(\xi_m x_1)\sin(\eta_n x_2) \\
u_1^{(1)} = \sum_{m,n}^{\infty} U_{mn} \cos(\xi_m x_1)\sin(\eta_n x_2), \qquad u_2^{(1)} = \sum_{m,n}^{\infty} V_{mn}\sin(\xi_m x_1)\cos(\eta_n x_2) \\
\xi_m = \dfrac{m\pi}{a}, \quad \eta_n = \dfrac{n\pi}{b}
\end{cases}
\tag{5.57}
$$

式中，T_{mn} 已知；W_{mn}、U_{mn}、V_{mn}、Φ_{mn}、P_{mn} 和 N_{mn} 为待定常数。通过验证，式 (5.57) 自动满足边界条件。将式 (5.57) 代入式 (5.55)，可以得到待定常数的线性方程组。数值计算得到的结果与图 5.3 类似，不同点在于此时的载流子浓度扰动沿厚度均匀分布。

5.4 热挠曲电半导体杆的拉伸与弯曲分析

本节对挠曲电半导体杆的热调控问题进行了建模。基于 Bernoulli-Euler 梁理论建立了热挠曲电半导体杆的拉伸与弯曲模型。建立的杆模型包含了挠曲电效应、半导体效应及热应力效应。基于建立的模型，给出了不同温度加载情况下结构中载流子的重分布情况 [2]。

5.4.1 挠曲电半导体杆的拉伸与弯曲方程

基于 Bernoulli-Euler 梁理论以及电势和载流子浓度扰动的一阶近似，基本未知量可以展开为

$$u_1(x_1, x_2, x_3) = u_1^{(0)}(x_1) - x_3 u_{3,1}^{(0)}(x_1) \tag{5.58a}$$

$$u_2(x_1, x_2, x_3) = 0 \tag{5.58b}$$

$$u_3(x_1, x_2, x_3) = u_3^{(0)}(x_1) \tag{5.58c}$$

$$\varphi(x_1, x_2, x_3) = \varphi^{(0)}(x_1) + x_3 \varphi^{(1)}(x_1) \tag{5.58d}$$

$$\Delta p(x_1, x_2, x_3) = p^{(0)}(x_1) + x_3 p^{(1)}(x_1) \tag{5.58e}$$

$$\Delta n(x_1, x_2, x_3) = n^{(0)}(x_1) + x_3 n^{(1)}(x_1) \tag{5.58f}$$

$$\theta(x_1, x_2, x_3, t) = \theta^{(0)}(x_1) + x_3 \theta^{(1)}(x_1) \tag{5.58g}$$

式中，$\theta^{(0)}$ 和 $\theta^{(1)}$ 分别表示轴向和横向的温度变化。注意：由于此处只涉及 x_1-x_3 方向的变形，因此式 (5.58) 中省略了 x_2 方向的展开。

基于式 (5.58a~e)，可以得到应变和应变梯度为

$$S_{11} = u_{1,1}^{(0)} - x_3 u_{3,11}^{(0)} \tag{5.59a}$$

$$\eta_{111} = u_{1,11}^{(0)} - x_3 u_{3,111}^{(0)}, \quad \eta_{113} = -u_{3,11}^{(0)} \tag{5.59b}$$

电场为

$$E_1 = -\varphi_{,1}^{(0)} - x_3 \varphi_{,1}^{(1)}, \quad E_3 = -\varphi^{(1)} \tag{5.60}$$

根据式 (4.38)，可以得到 x_1 方向的场方程：

$$T_{11,1}^{(0)} - \tau_{111,11}^{(0)} + f_1^{(0)} = 0 \tag{5.61a}$$

$$T_{11,1}^{(1)} - T_{13}^{(0)} - \tau_{111,11}^{(1)} + \tau_{113,1}^{(0)} + \tau_{131,1}^{(0)} + f_1^{(1)} = 0 \tag{5.61b}$$

弯曲相关的场方程为

$$T_{31,1}^{(0)} - \tau_{311,11}^{(0)} + f_3^{(0)} = 0 \tag{5.62}$$

根据式 (5.61b)，从式 (5.62) 中消去 $T_{13}^{(0)}$ 可以得到

$$(T_{11}^{(1)} - \tau_{111,1}^{(1)} + \tau_{113}^{(0)})_{,11} + f_3^{(0)} + f_{1,1}^{(1)} = 0 \tag{5.63}$$

式 (5.63) 即为不考虑剪切变形时的弯曲场方程。

同理，可以得到静电学以及载流子浓度扰动分布的零阶和一阶控制方程：

$$\begin{cases} D_{1,1}^{(0)} = q^{(0)}(p^{(0)} - n^{(0)}) \\ J_{1,1}^{p(0)} = 0 \\ J_{1,1}^{n(0)} = 0 \end{cases} \tag{5.64}$$

和

$$\begin{cases} D_{1,1}^{(1)} - D_3^{(0)} = q^{(2)}(p^{(1)} - n^{(1)}) \\ J_{1,1}^{p(1)} - J_3^{p(0)} = 0 \\ J_{1,1}^{n(1)} - J_3^{n(0)} = 0 \end{cases} \tag{5.65}$$

根据式 (4.10)，可以得到一维的本构关系：

$$\begin{cases} T_{11}^{(0)} = \bar{c}_{11}^{(0)} u_{1,1}^{(0)} - \lambda_{11}^{(0)} \theta^{(0)} \\ T_{11}^{(1)} = -\bar{c}_{11}^{(2)} u_{3,11}^{(0)} - \lambda_{11}^{(2)} \theta^{(1)} \\ \tau_{111}^{(0)} = f_{1111}^{(0)} \varphi_{,1}^{(0)} \\ \tau_{111}^{(1)} = f_{1111}^{(2)} \varphi_{,1}^{(1)} \\ \tau_{113}^{(0)} = f_{3113}^{(0)} \varphi^{(1)} \end{cases} \tag{5.66}$$

$$\begin{cases} D_1^{(0)} = -\varepsilon_{11}^{(0)}\varphi_{,1}^{(0)} + f_{1111}^{(0)}u_{1,11}^{(0)} \\ D_1^{(1)} = -\varepsilon_{11}^{(2)}\varphi_{,1}^{(1)} - f_{1111}^{(2)}u_{3,111}^{(0)} \\ D_3^{(0)} = -\varepsilon_{11}^{(0)}\varphi^{(1)} - f_{3113}^{(0)}u_{3,11}^{(0)} \end{cases} \tag{5.67}$$

$$\begin{cases} J_1^{p(0)} = -\mu_{11}^{p(0)}\varphi_{,1}^{(0)} - D_{11}^{p(0)}p_{,1}^{(0)} \\ J_1^{p(1)} = -\mu_{11}^{p(2)}\varphi_{,1}^{(1)} - D_{11}^{p(2)}p_{,1}^{(1)} \\ J_3^{p(0)} = -\mu_{11}^{p(0)}\varphi^{(1)} - D_{11}^{p(0)}p^{(1)} \\ J_1^{n(0)} = -\mu_{11}^{n(0)}\varphi_{,1}^{(0)} + D_{11}^{n(0)}n_{,1}^{(0)} \\ J_1^{n(1)} = -\mu_{11}^{n(2)}\varphi_{,1}^{(1)} + D_{11}^{n(2)}n_{,1}^{(1)} \\ J_3^{n(0)} = -\mu_{11}^{n(0)}\varphi^{(1)} + D_{11}^{n(0)}n^{(1)} \end{cases} \tag{5.68}$$

式中，$\bar{c}_{11}^{(0)}$ 与 $\bar{c}_{11}^{(2)}$ 为应力释放条件修正后的拉伸刚度与弯曲刚度。

将式 (5.66)~ 式 (5.68) 代入式 (5.61a)、式 (5.63)、式 (5.64)、式 (5.65)，可以得到

$$\begin{cases} c_{11}^{(0)}u_{1,11}^{(0)} - f_{1111}^{(0)}\varphi_{,111}^{(0)} = \lambda_{11}^{(0)}\theta_{,1}^{(0)} - f_1^{(0)} \\ -c_{11}^{(2)}u_{3,1111}^{(0)} + f_{3113}^{(0)}\varphi_{,11}^{(1)} - f_{1111}^{(2)}\varphi_{,1111}^{(1)} = \lambda_{11}^{(2)}\theta_{,11}^{(1)} - f_3^{(0)} - f_{1,1}^{(1)} \end{cases} \tag{5.69}$$

$$\begin{cases} -\varepsilon_{11}^{(0)}\varphi_{,11}^{(0)} + f_{1111}^{(0)}u_{1,111}^{(0)} = q^{(0)}(p^{(0)} - n^{(0)}) \\ -\varepsilon_{11}^{(2)}\varphi_{,11}^{(1)} - f_{1111}^{(2)}u_{3,1111}^{(0)} + \varepsilon_{11}^{(0)}\varphi^{(1)} + f_{3113}^{(0)}u_{3,11}^{(0)} = q^{(2)}(p^{(1)} - n^{(1)}) \end{cases} \tag{5.70}$$

$$\begin{cases} -\mu_{11}^{p(0)}\varphi_{,11}^{(0)} - D_{11}^{p(0)}p_{,11}^{(0)} = 0 \\ -\mu_{11}^{p(2)}\varphi_{,11}^{(1)} - D_{11}^{p(2)}p_{,11}^{(1)} + \mu_{11}^{p(0)}\varphi^{(1)} + D_{11}^{p(0)}p^{(1)} = 0 \\ -\mu_{11}^{n(0)}\varphi_{,11}^{(0)} + D_{11}^{n(0)}n_{,11}^{(0)} = 0 \\ -\mu_{11}^{n(2)}\varphi_{,11}^{(1)} + D_{11}^{n(2)}n_{,11}^{(1)} + \mu_{11}^{n(0)}\varphi^{(1)} - D_{11}^{n(0)}n^{(1)} = 0 \end{cases} \tag{5.71}$$

式 (5.69)~ 式 (5.71) 可以被分成两组。第一组关于 $u_1^{(0)}$、$\varphi^{(0)}$、$p^{(0)}$、$n^{(0)}$、$\theta^{(0)}$，描述杆的拉伸问题：

$$c_{11}^{(0)}u_{1,11}^{(0)} - f_{1111}^{(0)}\varphi_{,111}^{(0)} = \lambda_{11}^{(0)}\theta_{,1}^{(0)} - f_1^{(0)} \tag{5.72a}$$

$$-\varepsilon_{11}^{(0)}\varphi_{,11}^{(0)} + f_{1111}^{(0)}u_{1,111}^{(0)} = q^{(2)}(p^{(0)} - n^{(0)}) \tag{5.72b}$$

$$-\mu_{11}^{p(0)}\varphi_{,11}^{(0)} - D_{11}^{p(0)}p_{,11}^{(0)} = 0 \tag{5.72c}$$

$$-\mu_{11}^{n(0)}\varphi_{,11}^{(0)} + D_{11}^{n(0)}n_{,11}^{(0)} = 0 \tag{5.72d}$$

基于式 (4.12)，可以得到拉伸问题的边界条件为

$$T_{11}^{(0)} - \tau_{111,1}^{(0)} = 0 \quad 或 \quad u_1^{(0)} = \bar{u}_1^{(0)} \tag{5.73a}$$

$$\tau_{111}^{(0)} = 0 \quad 或 \quad u_{1,1}^{(0)} = \bar{u}_{1,1}^{(0)} \tag{5.73b}$$

$$D_1^{(0)} = 0 \quad 或 \quad \varphi^{(0)} = \bar{\varphi}^{(0)} \tag{5.73c}$$

$$J_1^{p(0)} = 0 \quad 或 \quad p^{(0)} = 0 \tag{5.73d}$$

$$J_1^{n(0)} = 0 \quad 或 \quad n^{(0)} = 0 \tag{5.73e}$$

第二组包括 $u_3^{(0)}$、$\varphi^{(1)}$、$p^{(1)}$、$n^{(1)}$、$\theta^{(1)}$，表征梁的弯曲变形：

$$-c_{11}^{(2)}u_{3,1111}^{(0)} + f_{3113}^{(0)}\varphi_{,11}^{(1)} - f_{1111}^{(2)}\varphi_{,1111}^{(1)} = \lambda_{11}^{(2)}\theta_{,11}^{(1)} - f_3^{(0)} - f_{1,1}^{(1)} \tag{5.74a}$$

$$-\varepsilon_{11}^{(2)}\varphi_{,11}^{(1)} - f_{1111}^{(2)}u_{3,1111}^{(0)} + \varepsilon_{11}^{(0)}\varphi^{(1)} + f_{3113}^{(0)}u_{3,11}^{(0)} = q^{(2)}(p^{(1)} - n^{(1)}) \tag{5.74b}$$

$$-\mu_{11}^{p(2)}\varphi_{,11}^{(1)} - D_{11}^{p(2)}p_{,11}^{(1)} + \mu_{11}^{p(0)}\varphi^{(1)} + D_{11}^{p(0)}p^{(1)} = 0 \tag{5.74c}$$

$$-\mu_{11}^{n(2)}\varphi_{,11}^{(1)} + D_{11}^{n(2)}n_{,11}^{(1)} + \mu_{11}^{n(0)}\varphi^{(1)} - D_{11}^{n(0)}n^{(1)} = 0 \tag{5.74d}$$

基于式 (4.12)，可以得到弯曲问题的边界条件：

$$T_{11,1}^{(1)} - \tau_{111,11}^{(1)} + \tau_{113,1}^{(0)} = 0 \quad 或 \quad u_3^{(0)} = \bar{u}_3^{(0)} \tag{5.75a}$$

$$T_{11}^{(1)} - \tau_{111,1}^{(1)} + \tau_{113}^{(0)} = 0 \quad 或 \quad u_{3,1}^{(0)} = \bar{u}_{3,1}^{(0)} \tag{5.75b}$$

$$\tau_{111}^{(1)} = 0 \quad 或 \quad u_{3,11}^{(0)} = \bar{u}_{3,11}^{(0)} \tag{5.75c}$$

$$D_1^{(1)} = 0 \quad 或 \quad \varphi^{(1)} = \bar{\varphi}^{(1)} \tag{5.75d}$$

$$J_1^{p(1)} = 0 \quad 或 \quad p^{(1)} = 0 \tag{5.75e}$$

$$J_1^{n(1)} = 0 \quad 或 \quad n^{(1)} = 0 \tag{5.75f}$$

5.4.2 横向温度变化引起的弯曲变形

对于立方晶系 m3m 晶类的材料，考虑 $\theta = \theta^{(1)} x_3$(图 5.4)，且机械载荷均为零。

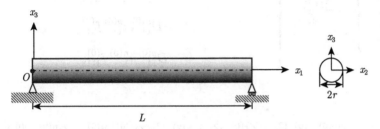

图 5.4 受到横向温度变化的简支梁

绝缘的简支梁弯曲边界条件为

$$u_3^{(0)}\Big|_{x_1=0} = u_3^{(0)}\Big|_{x_1=L} = 0 \tag{5.76a}$$

$$\left(T_{11}^{(1)} - \tau_{111,1}^{(1)} + \tau_{113}^{(0)}\right)\Big|_{x_1=0} = \left(T_{11}^{(1)} - \tau_{111,1}^{(1)} + \tau_{113}^{(0)}\right)\Big|_{x_1=L} = 0 \tag{5.76b}$$

$$\tau_{111}^{(1)}\Big|_{x_1=0} = \tau_{111}^{(1)}\Big|_{x_1=L} = 0 \tag{5.76c}$$

$$D_1^{(1)}\Big|_{x_1=0} = D_1^{(1)}\Big|_{x_1=L} = 0 \tag{5.76d}$$

$$J_1^{p(1)}\Big|_{x_1=0} = J_1^{p(1)}\Big|_{x_1=L} = 0 \tag{5.76e}$$

$$J_1^{n(1)}\Big|_{x_1=0} = J_1^{n(1)}\Big|_{x_1=0} = 0 \tag{5.76f}$$

对式 (5.76b) 积分，可以得到

$$-c_{11}^{(2)} u_{3,11}^{(0)} + f_{3113}^{(0)} \varphi^{(1)} - f_{1111}^{(2)} \varphi_{,11}^{(1)} = \lambda_{11}^{(2)} \theta^{(1)} \tag{5.77}$$

考虑 $u_{3,11}^{(0)}$、$\varphi^{(1)}$、$p^{(1)}$、$n^{(1)}$ 均为常数，则控制方程转化为代数方程：

$$\begin{bmatrix} -c_{11}^{(2)} & f_{3113}^{(0)} & 0 & 0 \\ f_{3113}^{(0)} & \varepsilon_{11}^{(0)} & -q^{(2)} & q^{(2)} \\ 0 & \mu_{11}^{p(0)} & D_{11}^{p(0)} & 0 \\ 0 & \mu_{11}^{n(0)} & 0 & -D_{11}^{n(0)} \end{bmatrix} \left\{ \begin{array}{c} u_{3,11}^{(0)} \\ \varphi^{(1)} \\ p^{(1)} \\ n^{(1)} \end{array} \right\} = \left\{ \begin{array}{c} \lambda_{11}^{(2)} \theta^{(1)} \\ 0 \\ 0 \\ 0 \end{array} \right\} \tag{5.78}$$

求解该方程可以得到

$$
\left\{
\begin{array}{c}
u_{3,11}^{(0)} \\
\varphi^{(1)} \\
p^{(1)} \\
n^{(1)}
\end{array}
\right\}
=
\frac{\lambda_{11}^{(2)}\theta^{(1)}}{\Omega}
\left\{
\begin{array}{c}
-[D_{11}^{n(0)}D_{11}^{p(0)}\varepsilon_{11}^{(0)} + q^{(2)}(D_{11}^{p(0)}\mu_{11}^{n(0)} + D_{11}^{n(0)}\mu_{11}^{p(0)})] \\
D_{11}^{n(0)}D_{11}^{p(0)}f_{3113}^{(0)} \\
-D_{11}^{n(0)}\mu_{11}^{p(0)}f_{3113}^{(0)} \\
D_{11}^{p(0)}\mu_{11}^{n(0)}f_{3113}^{(0)}
\end{array}
\right\}
\tag{5.79}
$$

式中，

$$
\Omega = D_{11}^{n(0)}D_{11}^{p(0)}[\varepsilon_{11}^{(0)}c_{11}^{(2)} + (f_{3113}^{(0)})^2] + q^{(2)}c_{11}^{(2)}(D_{11}^{p(0)}\mu_{11}^{n(0)} + D_{11}^{n(0)}\mu_{11}^{p(0)})
\tag{5.80}
$$

式 (5.79) 的解可以写为

$$
\left\{
\begin{array}{l}
u_{3,11}^{(0)} = -\dfrac{1}{\gamma}\dfrac{\lambda_{11}^{(2)}\theta^{(1)}}{\bar{c}_{11}^{(2)}} \\[3mm]
\varphi^{(1)} = \beta\dfrac{f_{3113}^{(0)}\lambda_{11}^{(2)}\theta^{(1)}}{\varepsilon_{11}^{(0)}\bar{c}_{11}^{(2)}} \\[3mm]
p^{(1)} - n^{(1)} = -\dfrac{q(p_0 + n_0)}{k_B\vartheta}\varphi^{(1)}
\end{array}
\right.
\tag{5.81}
$$

式中，$\bar{c}_{11}^{(2)}$ 为挠曲电效应影响的弯曲刚度；α 为刚度比；β 和 γ 为量纲为 1 的常数。

$$
\left\{
\begin{array}{l}
\tilde{c}_{11}^{(2)} = \bar{c}_{11}^{(2)} + \dfrac{(f_{3113}^{(0)})^2}{\varepsilon_{11}^{(0)}}, \quad \alpha = \dfrac{c_{11}^{(2)}}{\tilde{c}_{11}^{(2)}}, \quad \lambda_D = \sqrt{\dfrac{\varepsilon_{11}k_B\vartheta}{q^2(p_0 + n_0)}} \\[4mm]
\beta = \dfrac{1}{1 + \frac{\alpha I^{(2)}}{\lambda_D^2 I^{(0)}}}, \quad \gamma = 1 + \dfrac{\alpha - 1}{1 + \frac{\lambda_D^2 I^{(0)}}{I^{(2)}}}
\end{array}
\right.
\tag{5.82}
$$

式中，参数 β 表征了掺杂浓度 $p_0 + n_0$ 对电势的影响。可以看出：β 随着 $p_0 + n_0$ 的增加而减小。对于高掺杂浓度，$p_0 + n_0 \to +\infty$，可以得到 $\lambda_D \to 0$，$\beta \to 0$，$\varphi^{(1)} \to 0$。这意味着挠曲电效应导致的电势被完全屏蔽了，并且挠曲电半导体成为导体。

式 (5.82) 中的参数 γ 解释了掺杂浓度对挠曲电半导体梁弯曲刚度的影响：随着 $p_0 + n_0$ 的增加，γ 减小。对于高水平掺杂 $p_0 + n_0 \to +\infty$，有 $\lambda_D \to 0$，$\gamma \to \alpha$，$u_{3,11}^{(0)} = -\dfrac{\lambda_{11}^{(2)}\theta^{(1)}}{\bar{c}_{11}^{(2)}}$。这表明此时不存在挠曲电效应，曲率 $u_{3,11}^{(0)}$ 退化为经典热弹性梁的情况。

当不考虑半导体效应时 $(p_0 + n_0 = 0$、$\lambda_D \to \infty$、$\beta = \gamma = 1)$, 挠曲电半导体梁可以退化成挠曲电电介质梁, 式 (5.81) 中的解变成

$$u_{3,11}^{(0)} = -\frac{\lambda_{11}^{(2)}\theta^{(1)}}{\tilde{c}_{11}^{(2)}}, \quad \varphi^{(1)} = \frac{f_{3113}^{(0)}\lambda_{11}^{(2)}\theta^{(1)}}{\varepsilon_{11}^{(0)}\tilde{c}_{11}^{(2)}} \tag{5.83}$$

在数值计算中, 考虑半径为 r, 材料为硅的圆形截面梁, 计算中假定参数 $r = 50$ nm, $L = 2000$ nm, $p_0 = n_0 = 10^{20}$ m^{-3}, $\theta^{(1)} = \dfrac{1}{2r}$K。

图 5.5 给出了 β 和 γ 与 λ_D 的关系。可见, 当掺杂浓度逐渐降低时, 半导体梁退化为电介质梁。

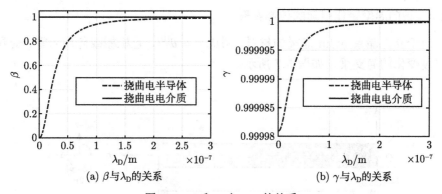

(a) β 与 λ_D 的关系 (b) γ 与 λ_D 的关系

图 5.5 $\quad \beta$ 和 γ 与 λ_D 的关系

根据理论计算的结果, 位移向量和载流子的浓度扰动可以表示为

$$\begin{cases} \boldsymbol{u} = \dfrac{\lambda_{11}^{(2)}\theta^{(1)}}{2\gamma \bar{c}_{11}^{(2)}}[(2x_1 - L)x_3, -x_1(x_1 - L)] \\ \Delta p - \Delta n = -\dfrac{q(p_0 + n_0)}{k_B \vartheta}\dfrac{\beta f_{3113}^{(0)}\lambda_{11}^{(2)}\theta^{(1)}}{\varepsilon_{11}^{(0)}\bar{c}_{11}^{(2)}}x_3 \end{cases} \tag{5.84}$$

图 5.6 给出了挠曲电半导体梁的变形及载流子浓度扰动云图。

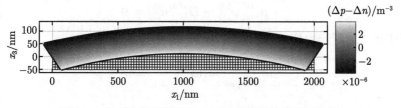

图 5.6 挠曲电半导体梁的变形及载流子浓度扰动云图

挠曲电半导体梁的电荷积累量可以表示为

$$Q^{\mathrm{e}} = q \int_{V_1} (\Delta p - \Delta n)\mathrm{d}V = q \int_0^L \left\{ \int_{-r}^r \left[\int_0^{\sqrt{r^2 - x_2^2}} (p^{(1)} - n^{(1)})x_3 \mathrm{d}x_3 \right] \mathrm{d}x_2 \right\} \mathrm{d}x_1$$
$$= \varUpsilon \theta^{(1)} \tag{5.85}$$

式中，V_1 是梁所占空间的上半部分；系数 $\varUpsilon$ 为

$$\varUpsilon = -\frac{2\beta f_{3113}^{(0)} \lambda_{11}^{(2)} L r^3}{3\lambda_{\mathrm{D}}^2 \tilde{c}_{11}^{(2)} I^{(0)}} \tag{5.86}$$

5.4.3　轴向温度变化引起的拉伸变形

对于立方晶系 m3m 晶类的材料，考虑 $\theta = \theta^{(0)}$，且机械载荷均为零。受到轴向温度变化的简支梁，如图 5.7 所示。

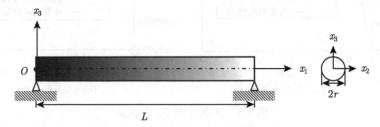

图 5.7　受到轴向温度变化的简支梁

根据式 (5.72)，上述问题的控制方程可以表示为

$$c_{11}^{(0)} u_{1,11}^{(0)} - f_{1111}^{(0)} \varphi_{,111}^{(0)} = \lambda_{11}^{(0)} \theta_{,1}^{(0)} \tag{5.87a}$$

$$-\varepsilon_{11}^{(0)} \varphi_{,11}^{(0)} + f_{1111}^{(0)} u_{1,111}^{(0)} - q^{(0)}(p^{(0)} - n^{(0)}) = 0 \tag{5.87b}$$

$$-\mu_{11}^{p(0)} \varphi_{,11}^{(0)} - D_{11}^{p(0)} p_{,11}^{(0)} = 0 \tag{5.87c}$$

$$-\mu_{11}^{n(0)} \varphi_{,11}^{(0)} + D_{11}^{n(0)} n_{,11}^{(0)} = 0 \tag{5.87d}$$

对于图 5.7 所示的杆，且四边绝缘时，边界条件为

$$u_1^{(0)}\Big|_{x_1=0} = u_1^{(0)}\Big|_{x_1=L} = 0 \tag{5.88a}$$

$$\tau_{111}^{(0)}\Big|_{x_1=0} = \tau_{111}^{(0)}\Big|_{x_1=L} = 0 \tag{5.88b}$$

$$\left. D_1^{(0)} \right|_{x_1=0} = \left. D_1^{(0)} \right|_{x_1=L} = 0 \tag{5.88c}$$

$$\left. J_1^{p(0)} \right|_{x_1=0} = \left. J_1^{p(0)} \right|_{x_1=L} = 0 \tag{5.88d}$$

$$\left. J_1^{n(0)} \right|_{x_1=0} = \left. J_1^{n(0)} \right|_{x_1=L} = 0 \tag{5.88e}$$

将基本未知量 $u_1^{(0)}$、$\varphi^{(0)}$、$p^{(0)}$、$n^{(0)}$ 作级数展开，有

$$\begin{cases} u_1^{(0)} = \sum_{k=0}^{\infty} U_k \sin(\xi_k x_1), \quad \varphi^{(0)} = \sum_{k=0}^{\infty} \Phi_k \cos(\xi_k x_1) \\ p^{(0)} = \sum_{k=0}^{\infty} P_k \cos(\xi_k x_1), \quad n^{(0)} = \sum_{k=0}^{\infty} N_k \cos(\xi_k x_1) \\ \xi_k = \dfrac{k\pi}{L}, \quad k = 0, 1, 2, \cdots \end{cases} \tag{5.89}$$

式 (5.89) 自动满足式 (5.88) 中的边界条件。

温度变化的展开式为

$$\theta^{(0)} = \sum_{k=0}^{\infty} \Theta_k \cos(\xi_k x_1) \tag{5.90}$$

式中，傅里叶系数 Θ_k 有如下的形式：

$$\Theta_k = \begin{cases} \dfrac{1}{L} \int_0^L \theta^{(0)}(x_1)\mathrm{d}x_1, \quad k = 0 \\ \dfrac{2}{L} \int_0^L \theta^{(0)}(x_1)\cos(\xi_k x_1)\mathrm{d}x_1, \quad k \neq 0 \end{cases} \tag{5.91}$$

下面，考虑三种不同的温度变化情况：

$$\theta^{(0)} = \begin{cases} T_0 \cos\left(\dfrac{\pi}{L}x_1\right) \\ T_0 \cos\left(\dfrac{2\pi}{L}x_1\right) \\ \dfrac{T_0 x_1}{L} \end{cases} \tag{5.92}$$

根据式 (5.91)、式 (5.92)，可以确定式 (5.92) 对应的 Θ_k 为

$$\Theta_k = \begin{cases} \Theta_1 = T_0, \quad \Theta_l = 0 \ (l \neq 1) \\ \Theta_2 = T_0, \quad \Theta_l = 0 \ (l \neq 2) \\ \Theta_0 = T_0/2, \quad \Theta_l = 2T_0[(-1)^k - 1]/(k\pi)^2, \quad l \neq 0 \end{cases} \tag{5.93}$$

将式 (5.89) 与式 (5.90) 代入式 (5.87)，可以得到

$$
\begin{bmatrix}
-c_{11}^{(0)}\xi_k^2 & -f_{1111}^{(0)}\xi_k^3 & 0 & 0 \\
-f_{1111}^{(0)}\xi_k^3 & \varepsilon_{11}^{(0)}\xi_k^2 & -q^{(0)} & q^{(0)} \\
0 & \mu_{11}^{p(0)} & D_{11}^{p(0)} & 0 \\
0 & \mu_{11}^{n(0)} & 0 & -D_{11}^{n(0)}
\end{bmatrix}
\begin{Bmatrix}
U_k \\ \Phi_k \\ P_k \\ N_k
\end{Bmatrix}
=
\begin{Bmatrix}
-\xi_k\lambda_{11}^{(0)}\Theta_k \\ 0 \\ 0 \\ 0
\end{Bmatrix}
\tag{5.94}
$$

求解线性方程组 (5.94)，可以得到

$$
\begin{cases}
U_k = \dfrac{\left(1+\dfrac{1}{\xi_k^2\lambda_{\mathrm{D}}^2}\right)\lambda_{11}^{(0)}\Theta_k}{\xi_k c_{11}^{(0)}\left[1+\dfrac{(f_{1111}^{(0)})^2\xi_k^2}{c_{11}^{(0)}\varepsilon_{11}^{(0)}}+\dfrac{1}{\xi_k^2\lambda_{\mathrm{D}}^2}\right]} \\[4mm]
\Phi_k = \dfrac{f_{1111}^{(0)}\lambda_{11}^{(0)}\Theta_k}{\varepsilon_{11}^{(0)}c_{11}^{(0)}\left[1+\dfrac{(f_{1111}^{(0)})^2\xi_k^2}{c_{11}^{(0)}\varepsilon_{11}^{(0)}}+\dfrac{1}{\xi_k^2\lambda_{\mathrm{D}}^2}\right]} \\[4mm]
P_k = \dfrac{-qp_0 f_{1111}^{(0)}\lambda_{11}^{(0)}\Theta_k}{k_{\mathrm{B}}\vartheta\varepsilon_{11}^{(0)}c_{11}^{(0)}\left[1+\dfrac{(f_{1111}^{(0)})^2\xi_k^2}{c_{11}^{(0)}\varepsilon_{11}^{(0)}}+\dfrac{1}{\xi_k^2\lambda_{\mathrm{D}}^2}\right]} \\[4mm]
N_k = \dfrac{qn_0 f_{1111}^{(0)}\lambda_{11}^{(0)}\Theta_k}{k_{\mathrm{B}}\vartheta\varepsilon_{11}^{(0)}c_{11}^{(0)}\left[1+\dfrac{(f_{1111}^{(0)})^2\xi_k^2}{c_{11}^{(0)}\varepsilon_{11}^{(0)}}+\dfrac{1}{\xi_k^2\lambda_{\mathrm{D}}^2}\right]}
\end{cases}
\tag{5.95}
$$

根据式 (5.95)，图 5.8 中给出了三种温度变化情况下的电势分布及载流子浓度扰动分布。

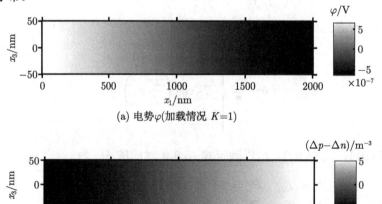

(a) 电势φ(加载情况 $K=1$)

(b) 浓度扰动$\Delta p - \Delta n$(加载情况 $K=1$)

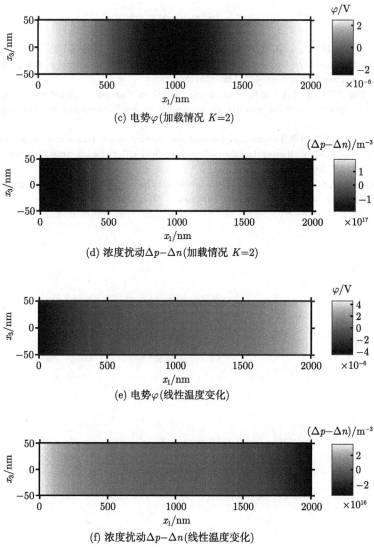

(c) 电势φ(加载情况 $K=2$)

(d) 浓度扰动$\Delta p - \Delta n$(加载情况 $K=2$)

(e) 电势φ(线性温度变化)

(f) 浓度扰动$\Delta p - \Delta n$(线性温度变化)

图 5.8　三种温度变化情况下的电势分布及载流子浓度扰动分布

5.5　本章小结

本章总结了热电半导体的三维方程、梯度关系、线性化的本构关系以及对应的边界条件。以三维线性化的热电半导体的框架为基础，建立了热压电半导体板的拉伸与弯曲理论、热挠曲电半导体梁的拉伸与弯曲理论。基于以上模型分析了不同温度变化情况下结构中载流子的分布问题。

参 考 文 献

[1] QU Y, PAN E, ZHU F, et al. Modeling thermoelectric effects in piezoelectric semiconductors: New fully coupled mechanisms for mechanically manipulated heat flux and refrigeration[J]. International Journal of Engineering Science, 2023, 182: 103775.

[2] QU Y L, ZHANG G Y, GAO X L, et al. A new model for thermally induced redistributions of free carriers in centrosymmetric flexoelectric semiconductor beams[J]. Mechanics of Materials, 2022, 171: 104328.

[3] QU Y L, JIN F, YANG J S. Temperature-induced potential barriers in piezoelectric semiconductor films through pyroelectric and thermoelastic couplings and their effects on currents[J]. Journal of Applied Physics, 2022, 131(9): 094502.

[4] QU Y, JIN F, YANG J. Temperature effects on mobile charges in thermopiezoelectric semiconductor plates[J]. International Journal of Applied Mechanics, 2021, 13(3): 2150037.

第 6 章 半导体复合结构行为的磁调控

本书的第 3、4、5 章建立了压电半导体与挠曲电半导体结构中载流子行为的机械调控理论与热调控理论，除了机械力和温度变化外，半导体材料的行为对磁场也十分敏感 [1]。另外，对于磁性材料和半导体材料的复合结构，施加磁场改变磁性材料行为的同时，半导体复合结构的行为也随之改变。本章中，重点讨论磁场对压磁–半导体复合结构行为的调控，为简单起见，假设磁场仅与压磁介质发生作用而不与半导体发生作用 [2,3]。本章提供的观点可以用于压磁–半导体复合结构设计，然而在实际的器件应用中，建立的模型还应包括磁场与半导体的相互作用。

6.1 含有压磁效应的框架

本节对包含压磁效应的半导体复合结构的理论框架进行总结，与第 5 章热应力问题的讨论类似，本章通常假定磁场已知，而不去求解包含磁场的 Maxwell 方程组。本节给出的理论框架对于描述半导体复合结构在外部磁场的作用下实现变形与载流子的重新分布是足够的。

对于包含应变梯度效应的半导体多场耦合问题，场方程包括运动方程、考虑掺杂和移动电荷的静电学方程、空穴和电子的电荷守恒方程 [2]：

$$T_{ij,j} - \tau_{ijk,jk} + f_i = \rho \ddot{u}_i \tag{6.1a}$$

$$D_{i,i} = q(\Delta p - \Delta n) \tag{6.1b}$$

$$J_{i,i}^p = -q \frac{\partial(\Delta p)}{\partial t} \tag{6.1c}$$

$$J_{i,i}^n = q \frac{\partial(\Delta n)}{\partial t} \tag{6.1d}$$

式中，T_{ij} 为应力张量；τ_{ijk} 为高阶应力张量；f_i 为体力；ρ 为质量密度；u_i 为位移矢量；D_i 为电位移矢量；q 为元电荷；Δn 和 Δp 分别为电子和空穴的浓度扰动；J_i^p 和 J_i^n 分别为空穴和电子的电流密度。

光滑表面上的边界条件为

$$(T_{ij} - \tau_{ijk,k})n_j - (\tau_{ijk}n_k)_{,j} + (\tau_{ijk}n_k n_l)_{,l}n_j = \bar{t}_i \quad \text{或} \quad u_i = \bar{u}_i \tag{6.2a}$$

$$\tau_{ijk} n_j n_k = \bar{q}_i \quad 或 \quad u_{i,l} n_l = \overline{\frac{\partial u_i}{\partial n}} \tag{6.2b}$$

$$D_i n_i = \bar{\omega} \quad 或 \quad \varphi = \bar{\varphi} \tag{6.2c}$$

$$J_i^p n_i = \bar{J}^p \quad 或 \quad \Delta p = 0 \tag{6.2d}$$

$$J_i^n n_i = \bar{J}^n \quad 或 \quad \Delta n = 0 \tag{6.2e}$$

式中，n_j 为单位外法向量；$\bar{t}_i$ 为面力；$\bar{q}_i$ 为高阶面力；$\bar{\omega}$ 为面电荷；$\bar{J}^n$ 与 $\bar{J}^p$ 分别为电子与空穴的面电流。

包含压磁效应的复合结构的本构关系为

$$T_{ij} = c_{ijkl} S_{kl} - e_{kij} E_k - h_{kij} H_k \tag{6.3a}$$

$$\tau_{ijk} = -f_{lijk} E_l \tag{6.3b}$$

$$D_i = e_{ijk} S_{jk} + \varepsilon_{ij} E_j + f_{ijkl} \eta_{jkl} \tag{6.3c}$$

$$J_i^n = q n_0 \mu_{ij}^n E_j + q D_{ij}^n N_j \tag{6.3d}$$

$$J_i^p = q p_0 \mu_{ij}^p E_j - q D_{ij}^p P_j \tag{6.3e}$$

式中，S_{ij} 为应变；E_i 为电场；H_i 为磁场；η_{ijk} 为应变梯度；P_i 和 N_i 分别为电子和空穴浓度扰度的梯度；c_{ijkl} 为弹性常数；e_{ijk} 为压电常数；h_{ijk} 为压磁常数；f_{ijkl} 为挠曲电系数；ε_{ij} 为介电常数；μ_{ij}^p 和 μ_{ij}^n 分别为空穴和电子的迁移率；D_{ij}^p 和 D_{ij}^n 分别为空穴和电子的扩散常数。式 (6.3) 给出了压磁–半导体复合结构的本构关系，在具体模型的分析中，对于半导体材料，不考虑压磁性质，对于压磁材料，则不考虑半导体特性。

梯度关系可以表示为

$$S_{ij} = \frac{1}{2}(u_{i,j} + u_{j,i}), \quad \eta_{ijk} = S_{ij,k}, \quad E_i = -\varphi_{,i}, \quad P_i = (\Delta p)_{,i}, \quad N_i = (\Delta n)_{,i} \tag{6.4}$$

将式 (6.4) 代入式 (6.3)，可以得到用基本未知量表示的本构关系，再将结果代入场方程 (6.1)，可以得到用基本未知量表示的控制方程。

6.2　压磁–半导体复合板的弯曲分析

本节针对压磁 (电介质) 与挠曲电半导体的复合板结构，建立相应的二维结构理论。建立的二维理论主要用于描述厚度方向磁场的作用下结构的弯曲以及半导体层中载流子在厚度方向的重新分布。由于挠曲电效应主要与结构弯曲有关，因此复合结构板的建模以 Kirchhoff-Love 板模型为基础。

6.2.1　复合板弯曲的二维方程

考虑如图 6.1 所示的复合结构 (上下两层为压磁层，中间层为半导体层)。根据物理的基本原理可知：在磁场 $\boldsymbol{H} = (0,0,H)$ 的作用下，一个压磁层发生拉伸变形，而另一个发生压缩变形，整个复合结构板产生弯曲变形，从而半导体层中的载流子在厚度方向重新分布 [2]。本小节将对这类问题进行建模。

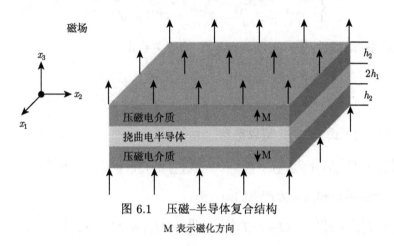

图 6.1　压磁–半导体复合结构

M 表示磁化方向

力学方面，考虑 Kirchhoff-Love 假设，电势和载流子作一阶近似，有

$$
\begin{cases}
u_3(x_1,x_2,x_3,t) \cong u_3^{(0)}(x_1,x_2,t) \\
u_1(x_1,x_2,x_3,t) \cong -u_{3,1}^{(0)} x_3 \\
u_2(x_1,x_2,x_3,t) \cong -u_{3,2}^{(0)} x_3 \\
\varphi(x_1,x_2,x_3,t) \cong \varphi^{(1)}(x_1,x_2,t) x_3 \\
\Delta p(x_1,x_2,x_3,t) \cong p^{(1)}(x_1,x_2,t) x_3 \\
\Delta n(x_1,x_2,x_3,t) \cong n^{(1)}(x_1,x_2,t) x_3
\end{cases}
\tag{6.5}
$$

将式 (6.5) 代入式 (6.4)，得到梯度关系为

$$
\begin{cases}
S_{11} = -u_{3,11}^{(0)} x_3, \quad S_{22} = -u_{3,22}^{(0)} x_3, \quad S_{12} = S_{21} = -u_{3,12}^{(0)} x_3 \\
\eta_{113} = -u_{3,11}^{(0)}, \quad \eta_{223} = -u_{3,22}^{(0)}, \quad \eta_{123} = \eta_{213} = -u_{3,12}^{(0)} \\
E_1 = -\varphi_{,1}^{(1)} x_3, \quad E_2 = -\varphi_{,2}^{(1)} x_3, \quad E_3 = -\varphi^{(1)}
\end{cases}
\tag{6.6}
$$

根据第 4 章中得到的高阶场方程 (4.73)、方程 (4.75)、方程 (4.77a)、方程 (4.77b)，可以得到弯曲、厚度剪切、一阶电势、一阶载流子浓度扰动的场方程，有

$$
T_{11,1}^{(1)} + T_{12,2}^{(1)} - T_{13}^{(0)} + \tau_{113,1}^{(0)} + f_1^{(1)} = -\rho^{(2)} u_{3,1}^{(0)}
\tag{6.7a}
$$

$$T_{12,1}^{(1)} + T_{22,2}^{(1)} - T_{23}^{(0)} + \tau_{223,2}^{(0)} + f_2^{(1)} = -\rho^{(2)} u_{3,2}^{(0)} \tag{6.7b}$$

$$T_{13,1}^{(0)} + T_{23,2}^{(0)} + f_3^{(0)} = \rho^{(0)} \ddot{u}_3^{(0)} \tag{6.7c}$$

$$D_{1,1}^{(1)} + D_{2,2}^{(1)} - D_3^{(0)} + d^{(1)} = q^{(2)}(p^{(1)} - n^{(1)}) \tag{6.8}$$

$$\begin{cases} J_{1,1}^{p(1)} + J_{2,2}^{p(1)} - J_3^{p(0)} + j^{p(1)} = -q^{(2)}\dot{p}^{(1)} \\ J_{1,1}^{n(1)} + J_{2,2}^{n(1)} - J_3^{n(0)} + j^{n(1)} = q^{(2)}\dot{n}^{(1)} \end{cases} \tag{6.9}$$

忽略薄板的转动惯量 $\rho^{(2)}$，可以导出剪力–力矩关系式：

$$\begin{cases} T_{13}^{(0)} = T_{11,1}^{(1)} + T_{12,2}^{(1)} + \tau_{113,1}^{(0)} + f_1^{(1)} \\ T_{23}^{(0)} = T_{12,1}^{(1)} + T_{22,2}^{(1)} + \tau_{223,2}^{(0)} + f_2^{(1)} \end{cases} \tag{6.10}$$

将式 (6.10) 代入式 (6.7c)，可以得到

$$T_{11,11}^{(1)} + 2T_{12,12}^{(1)} + T_{22,22}^{(1)} + \tau_{113,11}^{(0)} + \tau_{223,22}^{(0)} + f_{a,a}^{(1)} + f_3^{(0)} = m^{(0)}\ddot{u}_3^{(0)} \tag{6.11}$$

合并应力产生的矩和高阶力产生的矩，有

$$M_{11} = T_{11}^{(1)} + \tau_{113}^{(0)}, \quad M_{22} = T_{22}^{(1)} + \tau_{223}^{(0)}, \quad M_{12} = M_{21} = T_{12}^{(1)} = T_{21}^{(1)} \tag{6.12}$$

根据式 (6.12)，式 (6.11) 可以改写为

$$M_{\alpha\beta,\alpha\beta} + F_{\alpha,\alpha}^{(1)} + F_3^{(0)} = m^{(0)}\ddot{u}_3^{(0)} \tag{6.13}$$

考虑压磁层的材料为六方晶系 6mm 晶类材料 (如四氧二铁酸钴 $CoFe_2O_4$)，半导体层的材料为三方晶系 m3m 晶类材料 (如硅)，相应的本构矩阵和材料常数见附录 B。

半导体层的本构关系为

$$\begin{cases} T_{11} = -\bar{c}_{11} u_{3,11}^{(0)} x_3 - \bar{c}_{12} u_{3,22}^{(0)} x_3, \quad T_{22} = -\bar{c}_{11} u_{3,22}^{(0)} x_3 - \bar{c}_{12} u_{3,11}^{(0)} x_3 \\ T_{12} = -2\bar{c}_{44} u_{3,12}^{(0)} x_3, \quad \tau_{113} = f_{14}\varphi^{(1)}, \quad \tau_{223} = f_{14}\varphi^{(1)} \end{cases} \tag{6.14}$$

$$\begin{cases} D_1 = -\varepsilon_{11}\varphi_{,1}^{(1)} x_3, \quad D_2 = -\varepsilon_{11}\varphi_{,2}^{(1)} x_3 \\ D_3 = -\varepsilon_{11}\varphi^{(1)} - f_{14} u_{3,11}^{(0)} - f_{14} u_{3,22}^{(0)} \end{cases} \tag{6.15}$$

$$\begin{cases} J_1^p = -qp_0\mu_{11}^p\varphi_{,1}^{(1)} x_3 - qD_{11}^p p_{,1}^{(1)} x_3 \\ J_2^p = -qp_0\mu_{11}^p\varphi_{,2}^{(1)} x_3 - qD_{11}^p p_{,2}^{(1)} x_3 \\ J_3^p = -qp_0\mu_{11}^p\varphi^{(1)} - qD_{11}^p p^{(1)} \end{cases} \tag{6.16}$$

$$\begin{cases} J_1^n = -qn_0\mu_{11}^n\varphi_{,1}^{(1)}x_3 + qD_{11}^n n_{,1}^{(1)}x_3 \\ J_2^n = -qn_0\mu_{11}^n\varphi_{,2}^{(1)}x_3 + qD_{11}^n n_{,2}^{(1)}x_3 \\ J_3^n = -qn_0\mu_{11}^n\varphi^{(1)} + qD_{11}^n n^{(1)} \end{cases} \tag{6.17}$$

经过应力释放条件修正后的材料常数为

$$\bar{c}_{11} = c_{11} - (c_{12})^2/c_{11}, \quad \bar{c}_{12} = c_{12} - (c_{12})^2/c_{11}, \quad \bar{c}_{44} = c_{44} \tag{6.18}$$

对于复合结构上侧的压磁材料，有

$$\begin{cases} T_{11} = -\bar{c}_{11}'u_{3,11}^{(0)}x_3 - \bar{c}_{12}'u_{3,22}^{(0)}x_3 - \bar{h}_{31}'H \\ T_{22} = -\bar{c}_{11}'u_{3,22}^{(0)}x_3 - \bar{c}_{12}'u_{3,11}^{(0)}x_3 - \bar{h}_{31}'H \\ T_{12} = -2\bar{c}_{66}'u_{3,12}^{(0)}x_3 \end{cases} \tag{6.19}$$

$$D_1 = -\varepsilon_{11}'\varphi_{,1}^{(1)}x_3, \quad D_2 = -\varepsilon_{11}'\varphi_{,2}^{(1)}x_3, \quad D_3 = -\varepsilon_{11}'\varphi^{(1)} \tag{6.20}$$

式 (6.19) 中，经过应力释放条件修正后的材料常数为

$$\begin{cases} \bar{c}_{11}' = c_{11}' - (c_{13}')^2/c_{33}', \quad \bar{c}_{12}' = c_{12}' - (c_{13}')^2/c_{33}' \\ \bar{c}_{66}' = c_{66}', \quad \bar{h}_{31}' = h_{31}' - c_{13}'h_{33}'/c_{33}' \end{cases} \tag{6.21}$$

对于复合结构下侧的压磁材料，本构关系与式 (6.19) 和式 (6.20) 类似，仅需改变压磁常数的正负号。

将式 (6.14)~ 式 (6.17)、式 (6.19)、式 (6.20) 代入式 (6.12)，可以得到复合结构的二维本构关系：

$$\begin{cases} M_{11} = -c_{11}^{(2)}u_{3,11}^{(0)} - c_{12}^{(2)}u_{3,22}^{(0)} + f_{14}^{(0)}\varphi^{(1)} - h_{31}^{(1)}H \\ M_{22} = -c_{12}^{(2)}u_{3,11}^{(0)} - c_{11}^{(2)}u_{3,22}^{(0)} + f_{14}^{(0)}\varphi^{(1)} - h_{31}^{(1)}H \\ M_{12} = -2c_{66}^{(2)}u_{3,12}^{(0)} \end{cases} \tag{6.22}$$

$$\begin{cases} D_1^{(1)} = -\varepsilon_{11}^{(2)}\varphi_{,1}^{(1)}, \quad D_2^{(1)} = -\varepsilon_{11}^{(2)}\varphi_{,2}^{(1)} \\ D_3^{(0)} = -\varepsilon_{11}^{(0)}\varphi^{(1)} - f_{14}^{(0)}(u_{3,11}^{(0)} + u_{3,22}^{(0)}) \end{cases} \tag{6.23}$$

$$\begin{cases} J_1^{p(1)} = -\mu_{11}^{p(2)}\varphi_{,1}^{(1)} - D_{11}^{p(2)}p_{,1}^{(1)} \\ J_2^{p(1)} = -\mu_{11}^{p(2)}\varphi_{,2}^{(1)} - D_{11}^{p(2)}p_{,2}^{(1)} \\ J_3^{p(0)} = -\mu_{11}^{p(0)}\varphi^{(1)} - D_{11}^{p(0)}p^{(1)} \end{cases} \tag{6.24}$$

$$\begin{cases} J_1^{n(1)} = -\mu_{11}^{n(2)}\varphi_{,1}^{(1)} + D_{11}^{n(2)}n_{,1}^{(1)} \\ J_2^{n(1)} = -\mu_{11}^{n(2)}\varphi_{,2}^{(1)} + D_{11}^{n(2)}n_{,2}^{(1)} \\ J_3^{n(0)} = -\mu_{11}^{n(0)}\varphi^{(1)} + D_{11}^{n(0)}n^{(1)} \end{cases} \tag{6.25}$$

式 (6.22)~ 式 (6.25) 中，各个常数的定义如下：

$$\begin{cases} c_{11}^{(2)} = \dfrac{2}{3}\{\bar{c}_{11}h_1^3 + \vec{c}_{11}'[(h_1+h_2)^3 - h_1^3]\} \\ c_{12}^{(2)} = -\dfrac{2}{3}\{\bar{c}_{12}h_1^3 + \vec{c}_{12}'[(h_1+h_2)^3 - h_1^3]\} \\ c_{66}^{(2)} = \dfrac{2}{3}\{\bar{c}_{66}h_1^3 + \vec{c}_{66}'[(h_1+h_2)^3 - h_1^3]\} \end{cases} \tag{6.26}$$

$$\begin{cases} h_{31}^{(1)} = 2\bar{h}_{31}'[(h_1+h_2)^2 - h_1^2] \\ f_{14}^{(0)} = 2h_1 f_{14} \\ \varepsilon_{11}^{(0)} = 2h_1\varepsilon_{11} + 2h_2\varepsilon_{11}' \\ \varepsilon_{11}^{(2)} = \dfrac{2}{3}\{\varepsilon_{11}h_1^3 + \varepsilon_{11}'[(h_1+h_2)^3 - h_1^3]\} \end{cases} \tag{6.27}$$

$$\begin{cases} \mu_{11}^{p(0)} = 2h_1 q p_0 \mu_{11}^p, \quad \mu_{11}^{p(2)} = \dfrac{2}{3}h_1^3 q p_0 \mu_{11}^p \\ \\ D_{11}^{p(0)} = 2h_1 q D_{11}^p, \quad D_{11}^{p(2)} = \dfrac{2}{3}h_1^3 q D_{11}^p \\ \\ \mu_{11}^{n(0)} = 2h_1 q n_0 \mu_{11}^n, \quad \mu_{11}^{n(2)} = \dfrac{2}{3}h_1^3 q n_0 \mu_{11}^n \\ \\ D_{11}^{n(0)} = 2h_1 q D_{11}^n, \quad D_{11}^{n(2)} = \dfrac{2}{3}h_1^3 q D_{11}^n \end{cases} \tag{6.28}$$

将式 (6.22)~ 式 (6.25) 代入式 (6.11)、式 (6.8)、式 (6.9)，可以得到关于 $u_3^{(0)}$、$\varphi^{(1)}$、$p^{(1)}$、$n^{(1)}$ 的控制方程，为

$$\begin{aligned} &-c_{11}^{(2)}u_{3,1111}^{(0)} - 2(c_{12}^{(2)} + 2c_{66}^{(2)})u_{3,1122}^{(0)} - c_{11}^{(2)}u_{3,2222}^{(0)} + f_{14}^{(0)}(\varphi_{,11}^{(1)} + \varphi_{,22}^{(1)}) \\ &+[f_{\alpha,\alpha}^{(1)} + f_3^{(0)} - h_{31}^{(1)}(H_{,11} + H_{,22})] = m^{(0)}\ddot{u}_3^{(0)} \end{aligned} \tag{6.29a}$$

$$-\varepsilon_{11}^{(2)}(\varphi_{,11}^{(1)} + \varphi_{,22}^{(1)}) + \varepsilon_{11}^{(0)}\varphi^{(1)} + f_{14}^{(0)}(u_{3,11}^{(0)} + u_{3,22}^{(0)}) + d^{(1)} = q^{(2)}(p^{(1)} - n^{(1)}) \tag{6.29b}$$

$$-\mu_{11}^{p(2)}(\varphi_{,11}^{(1)} + \varphi_{,22}^{(1)}) - D_{11}^{p(2)}(p_{,11}^{(1)} + p_{,22}^{(1)}) + \mu_{11}^{p(0)}\varphi^{(1)} + D_{11}^{p(0)}p^{(1)} + j^{p(1)} = -q^{(2)}\dot{p}^{(1)} \tag{6.29c}$$

$$-\mu_{11}^{n(2)}(\varphi_{,11}^{(1)} + \varphi_{,22}^{(1)}) + D_{11}^{n(2)}(n_{,11}^{(1)} + n_{,22}^{(1)}) + \mu_{11}^{n(0)}\varphi^{(1)} - D_{11}^{n(0)}n^{(1)} + j^{n(1)} = q^{(2)}\dot{n}^{(1)} \tag{6.29d}$$

由式 (6.29a) 可以看出：外加磁场的作用 $(-h_{31}^{(1)}\nabla^2 H)$ 与体力等效。

在二维区域的边界上，需要指定如下的量作为边界条件：

$$T_{n3}^{(0)} + M_{ns,s} \quad \text{或} \quad u_3^{(0)}$$

$$M_{nn} \quad \text{或} \quad u_{3,n}^{(0)}$$

$$D_n^{(1)} \quad \text{或} \quad \varphi^{(1)}$$

$$J_n^{p(1)} \quad \text{或} \quad p^{(1)}$$

$$J_n^{n(1)} \quad \text{或} \quad n^{(1)}$$

6.2.2 均匀磁场分析

考虑任意形状的复合结构板仅加载静态均匀磁场的情况。复合板的边界无载荷且绝缘，边界条件为

$$T_{n3}^{(0)} + M_{ns,s} = 0, \quad M_{nn} = 0, \quad D_n^{(1)} = 0, \quad J_n^{p(1)} = 0, \quad J_n^{n(1)} = 0 \tag{6.30}$$

容易发现，当 $u_{3,\alpha\beta}^{(0)}$、$\varphi^{(1)}$、$p^{(1)}$、$n^{(1)}$ 均为常数时，满足所有的方程和边界条件：

$$\varphi^{(1)} = \frac{2f_{14}^{(0)} h_{31}^{(1)} H}{(c_{11}^{(2)} + c_{12}^{(2)})\hat{\varepsilon}} \tag{6.31a}$$

$$p^{(1)} = -\frac{2\mu_{11}^{p(0)} f_{14}^{(0)} h_{31}^{(1)} H}{D_{11}^{p(0)} (c_{11}^{(2)} + c_{12}^{(2)})\hat{\varepsilon}} \tag{6.31b}$$

$$n^{(1)} = \frac{2\mu_{11}^{n(0)} f_{14}^{(0)} h_{31}^{(1)} H}{D_{11}^{n(0)} (c_{11}^{(2)} + c_{12}^{(2)})\hat{\varepsilon}} \tag{6.31c}$$

式中，

$$\hat{\varepsilon} = \varepsilon_{11}^{(0)} + \frac{2(f_{14}^{(0)})^2}{c_{11}^{(2)} + c_{12}^{(2)}} + q^{(2)} \left(\frac{\mu_{11}^{p(0)}}{D_{11}^{p(0)}} + \frac{\mu_{11}^{n(0)}}{D_{11}^{n(0)}} \right) \tag{6.32}$$

从式 (6.31a) 可以看出，压磁效应和挠曲电效应的耦合可以产生电场，而随着刚度和介电常数的增大，电场减小。

为了研究磁场产生的电荷积累量，定义复合结构中半导体层上半部分每单位面积积累的电荷为

$$Q^{\mathrm{e}} = \int_0^{h_1} q(\Delta p - \Delta n)\mathrm{d}x_3 = \gamma H \tag{6.33}$$

$$\gamma = -\frac{q h_1^2 f_{14}^{(0)} h_{31}^{(1)}}{(c_{11}^{(2)} + c_{12}^{(2)})\hat{\varepsilon}} \left(\frac{\mu_{11}^{p(0)}}{D_{11}^{p(0)}} + \frac{\mu_{11}^{n(0)}}{D_{11}^{n(0)}} \right) \tag{6.34}$$

式中，γ 仅取决于板的几何和物理参数。

　　在数值计算中，假设压磁层的材料为四氧二铁酸钴，半导体层的材料为硅 (四氧二铁酸钴与硅的材料常数见附录 B)。在以下的讨论中，固定总厚度的值为 $h_1 + h_2 = 50$ nm，图 6.2(a) 给出了 h_1 变化时 γ 的变化，可以发现 γ 存在最大值，这是因为：如果 h_1 较小，半导体层较薄，移动电荷较少；h_1 过大时，压磁层较薄，复合结构很难发生较大的变形。图 6.2(a) 与图 6.2(b) 分别给出了不同掺杂浓度和不同挠曲电系数时，γ 随着 h_1 的变化曲线。可以发现，在一定范围内，电荷积累量随着掺杂浓度的提高而提高，也随着挠曲电系数的提高而提高。

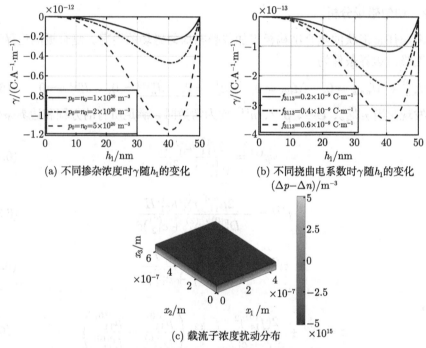

(a) 不同掺杂浓度时 γ 随 h_1 的变化　　　　(b) 不同挠曲电系数时 γ 随 h_1 的变化

(c) 载流子浓度扰动分布

图 6.2　γ 随 h_1 的变化规律与载流子浓度扰动分布

6.2.3　非均匀磁场分析

　　对于有限大的矩形复合结构板 ($0 < x_1 < a$ 和 $0 < x_2 < b$)，在边界处简支且接地，其边界条件可以写为

$$\begin{cases} u_3^{(0)} = 0, & M_{11} = 0, & \varphi^{(1)} = 0, & p^{(1)} = 0, & n^{(1)} = 0, & x_1 = 0, a \\ u_3^{(0)} = 0, & M_{22} = 0, & \varphi^{(1)} = 0, & p^{(1)} = 0, & n^{(1)} = 0, & x_2 = 0, b \end{cases} \quad (6.35)$$

考虑以下的级数展开：

$$
\begin{cases}
\{H, u_3^{(0)}, \varphi^{(1)}, p^{(1)}, n^{(1)}\} = \displaystyle\sum_{m,n=1}^{\infty} \{H_{mn}, U_{mn}, \Phi_{mn}, P_{mn}, N_{mn}\} \sin(\xi_m x_1)\sin(\eta_n x_2) \\
\xi_m = \dfrac{m\pi}{a}, \quad \eta_n = \dfrac{n\pi}{b}
\end{cases}
$$

$$(6.36)$$

式中，H_{mn} 已知；U_{mn}、Φ_{mn}、P_{mn}、N_{mn} 为待定常数。将式 (6.36) 代入式 (6.29) 并忽略惯性效应，可以得到关于待定常数的线性方程组。

在数值分析中，设 $a=$ 1600 nm，$b=$ 1000 nm，$h_1=$ 25 nm，$h_2=$ 25 nm，$p_0 = n_0 = 10^{20}$ m^{-3}。H 的幅值为 100 A·m^{-1}。图 6.3 给出了不同磁场分布时的载流子浓度扰动云图。

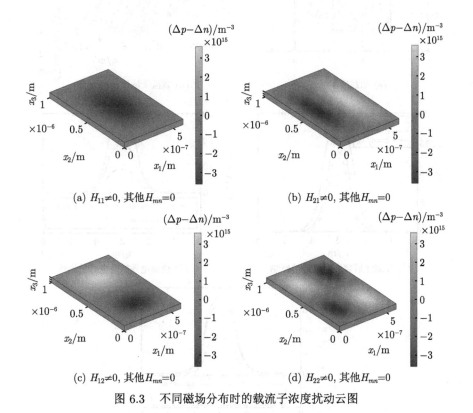

(a) $H_{11}\neq0$，其他$H_{mn}=0$ (b) $H_{21}\neq0$，其他$H_{mn}=0$

(c) $H_{12}\neq0$，其他$H_{mn}=0$ (d) $H_{22}\neq0$，其他$H_{mn}=0$

图 6.3　不同磁场分布时的载流子浓度扰动云图

下面，考虑如图 6.4(a) 所示的局部加载，在加载区域内，磁场的大小为 $\overline{H}$，则式 (6.36) 中的 H_{mn} 可以表示为

$$H_{mn} = \frac{4}{ab} \frac{\bar{H}}{\xi_m \eta_n} \left\{ \cos\left[\xi_m(x_0 - c)\right] - \cos\left[\xi_m(x_0 + c)\right] \right\}$$

$$\times \left\{ \cos\left[\eta_n(y_0 - d)\right] - \cos\left[\eta_n(y_0 + d)\right] \right\} \tag{6.37}$$

在数值分析中，考虑 $\bar{H} = 100 \text{ A·m}^{-1}$, $a = 600 \text{ nm}$, $b = 1000 \text{ nm}$, $x_0 = a/2$, $y_0 = b/2$, $c = a/10$, $d = b/10$。图 6.4(b) 给出了载流子浓度扰动分布云图，图 6.4(c)～(e) 给出了不同加载区域宽度、不同挠曲电系数、不同掺杂浓度时中线上的一阶电势分布。

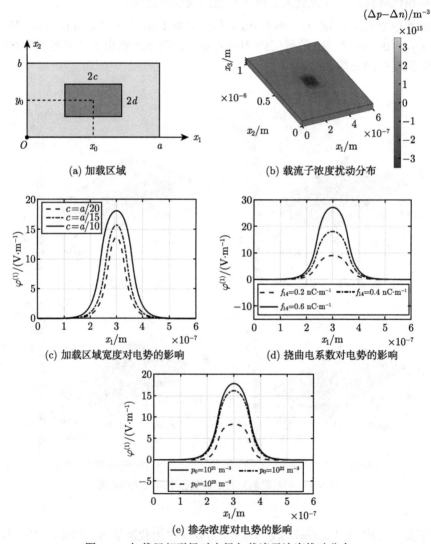

图 6.4　加载局部磁场时电场与载流子浓度扰动分布

6.2.4 时谐磁场分析

若图 6.3(a) 所示的磁场是时谐的，即 $\boldsymbol{H} = (0,0,H\exp(\mathrm{i}\omega t))$。考虑以下的三角级数展开：

$$\{u_3^{(0)}, \varphi^{(1)}, p^{(1)}, n^{(1)}\} = \{U_{11}, \Phi_{11}, P_{11}, N_{11}\}\sin(\xi_1 x_1)\sin(\eta_1 x_2)\exp(\mathrm{i}\omega t) \quad (6.38)$$

将式 (6.38) 代入式 (6.29)，可以得到关于待定常数的线性方程组。

在计算中，将实际弹性常数乘以 $1+0.01\mathrm{i}$ 表征材料阻尼。在时谐振动的情况下，同样可以定义电荷积累量：

$$Q^{\mathrm{e}} = \int_0^a \mathrm{d}x_1 \int_0^b \mathrm{d}x_2 \int_0^{h_1} q(\Delta p - \Delta n)\mathrm{d}x_3 = \gamma H \quad (6.39)$$

此时，γ 表征动态的耦合强度。当层合板的总厚度固定时，γ 的绝对值与厚度 h_1 和振动频率 ω 的关系如图 6.5 所示。在图 6.5 中，除了存在类似于图 6.2 中所示的最佳厚度比之外，γ 还表现出强烈的频率依赖性。

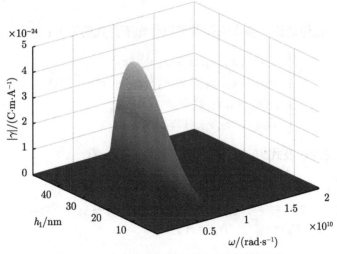

图 6.5　γ 与振动频率及半导体层厚度的关系

6.3　压磁–半导体复合杆的二阶拉伸分析

本节针对压磁 (电介质) 与挠曲电半导体的复合结构，建立相应的一维结构理论。建立的一维理论主要用于描述厚度方向磁场作用下结构的翘曲以及半导体层中载流子在轴向的重新分布。复合杆的建模以 Mindlin-Medick 二阶拉伸模型为基础。

6.3.1 复合杆翘曲的一维方程

考虑如图 6.6 所示的复合结构,上下两层为压磁层 (六方晶系 6mm 晶类),中间层为半导体层 (三方晶系 m3m 晶类)。根据物理的基本原理可知:在磁场 $\boldsymbol{H} = (H,0,0)$ 的作用下,一个压磁层发生顺时针剪切变形,而另一个发生逆时针剪切变形,整个复合结构产生翘曲变形,翘曲变形引起的轴向挠曲电极化迫使载流子在轴向重新分布[3]。本小节将对这类问题进行建模。

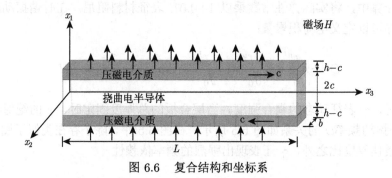

图 6.6 复合结构和坐标系

根据二阶拉伸理论,基本未知量可以作如下形式的近似:

$$\begin{cases} u_1(x_1,x_2,x_3,t) \cong x_1 u_1^{(1)}(x_3) \\ u_3(x_1,x_2,x_3,t) \cong u_3^{(0)}(x_3) + x_1^2 u_3^{(2)}(x_3) \\ \varphi(x_1,x_2,x_3,t) \cong \varphi^{(0)}(x_3) \\ \Delta p(x_1,x_2,x_3,t) \cong p^{(0)}(x_3) \end{cases} \tag{6.40}$$

根据式 (6.40) 及式 (6.4),可以得到梯度关系,有

$$\begin{cases} S_{11} = u_1^{(1)}, \quad S_{33} = u_{3,3}^{(0)} + x_1^2 u_{3,3}^{(2)}, \quad 2S_{13} = x_1(u_{1,3}^{(1)} + 2u_3^{(2)}) \\ \eta_{113} = u_{1,3}^{(1)}, \quad \eta_{331} = 2x_1 u_{3,3}^{(2)}, \quad \eta_{333} = u_{3,33}^{(0)} + x_1^2 u_{3,33}^{(2)}, \quad 2\eta_{131} = (u_{1,3}^{(1)} + 2u_3^{(2)}) \\ E_3 = -\varphi_{,3}^{(0)}, \quad P_3 = p_{,3}^{(0)}, \quad N_3 = n_{,3}^{(0)} \end{cases} \tag{6.41}$$

在后续的推导中,将仅保留应变梯度项中的η_{131}(用于表征翘曲变形)。

根据式 (4.8),对于 p 型半导体,基本未知量的一维场方程为

$$\begin{cases} (T_{13}^{(1)} + \tau_{131}^{(0)})_{,3} - T_{11}^{(0)} + f_1^{(1)} = 0 \\ T_{33,3}^{(0)} + f_3^{(0)} = 0 \\ T_{33,3}^{(2)} - 2(T_{13}^{(1)} + \tau_{131}^{(0)}) + f_3^{(2)} = 0 \\ D_{3,3}^{(0)} = q^{(0)} p^{(0)} \\ J_{3,3}^{p(0)} = 0 \end{cases} \tag{6.42}$$

有

$$[q^{(n)}, T_{ij}^{(n)}, \tau_{ijk}^{(n)}, D_i^{(n)}, J_i^{p(n)}, f_i^{(n)}] = \int_A x_1^n (q, T_{ij}, \tau_{ijk}, D_i, J_i^p, f_i) \mathrm{d}A \qquad (6.43)$$

这里需要说明的是，式 (6.41) 中，由于不涉及面外变形，只保留了一个上指标。不考虑边界载荷时，在边界处指定以下量作为边界条件：

$$T_{13}^{(1)} + \tau_{131}^{(0)} = 0 \quad \text{或} \quad u_1^{(1)} = \bar{u}_1^{(1)} \qquad (6.44\text{a})$$

$$T_{33}^{(0)} = 0 \quad \text{或} \quad u_3^{(0)} = \bar{u}_3^{(0)} \qquad (6.44\text{b})$$

$$T_{33}^{(2)} = 0 \quad \text{或} \quad u_3^{(2)} = \bar{u}_3^{(2)} \qquad (6.44\text{c})$$

$$D_3^{(0)} = 0 \quad \text{或} \quad \varphi^{(0)} = \bar{\varphi}^{(0)} \qquad (6.44\text{d})$$

$$J_3^{p(0)} = 0 \quad \text{或} \quad p^{(0)} = 0 \qquad (6.44\text{e})$$

复合结构上侧压磁材料的三维本构关系可以写成：

$$\begin{cases} T_{11} = c'_{11}S_{11} + c'_{12}S_{22} + c'_{13}S_{33} \\ T_{22} = c'_{12}S_{11} + c'_{11}S_{22} + c'_{13}S_{33} \\ T_{33} = c'_{13}S_{11} + c'_{13}S_{22} + c'_{33}S_{33} \\ T_{13} = 2c'_{44}S_{13} - q'_{15}H \\ D_3 = \varepsilon'_{33}E_3 \end{cases} \qquad (6.45)$$

基于应力释放条件 $T_{22} \cong 0$，得到平面应力形式的本构关系为

$$\begin{cases} T_{11} = \bar{c}_{11}S_{11} + \bar{c}_{13}S_{33} \\ T_{33} = \bar{c}_{13}S_{11} + \bar{c}_{33}S_{33} \\ T_{13} = 2\bar{c}_{44}S_{13} - \bar{q}_{15}H \\ D_3 = \bar{\varepsilon}_{33}E_3 \end{cases} \qquad (6.46)$$

其中修正的材料常数为

$$\begin{cases} \bar{c}_{11} = c'_{11} - \dfrac{c'^2_{12}}{c'_{11}}, \quad \bar{c}_{13} = c'_{13} - \dfrac{c'_{12}c'_{13}}{c'_{11}}, \quad \bar{c}_{33} = c'_{33} - \dfrac{c'^2_{13}}{c'_{11}} \\ \bar{c}_{44} = c'_{44}, \quad \bar{q}_{15} = q'_{15}, \quad \bar{\varepsilon}_{33} = \varepsilon'_{33} \end{cases} \qquad (6.47)$$

复合结构下侧压磁材料的应力需要修正为

$$T_{13} = 2\bar{c}_{44}S_{13} + \bar{q}_{15}H \qquad (6.48)$$

　　挠曲电半导体材料的三维本构关系为

$$
\begin{cases}
T_{11} = c_{11}S_{11} + c_{12}S_{22} + c_{12}S_{33} \\
T_{22} = c_{12}S_{11} + c_{11}S_{22} + c_{12}S_{33} \\
T_{33} = c_{12}S_{11} + c_{12}S_{22} + c_{11}S_{33} \\
T_{13} = 2c_{44}S_{13} \\
\tau_{131} = -f_{3131}E_3 \\
D_3 = \varepsilon_{11}E_3 + 2f_{3131}\eta_{131} \\
J_3^p = qp_0\mu_{11}^p E_3 - qD_{11}^p(\Delta p)_{,3}
\end{cases}
\tag{6.49}
$$

经过应力释放条件修正后的本构关系为

$$
\begin{cases}
T_{11} = \hat{c}_{11}S_{11} + \hat{c}_{12}S_{33} \\
T_{33} = \hat{c}_{12}S_{11} + \hat{c}_{11}S_{33} \\
T_{13} = 2\hat{c}_{44}S_{13} \\
\tau_{131} = -\hat{f}_{3131}E_3 \\
D_3 = \hat{\varepsilon}_{11}E_3 + 2\hat{f}_{3131}\eta_{131} \\
J_3^p = qp_0\mu_{11}^p E_3 - qD_{11}^p(\Delta p)_{,3}
\end{cases}
\tag{6.50}
$$

式 (6.50) 中的有效材料常数定义如下:

$$
\begin{cases}
\hat{c}_{11} = c_{11} - \dfrac{c_{12}^2}{c_{11}}, \quad \hat{c}_{12} = c_{12} - \dfrac{c_{12}^2}{c_{11}}, \quad \hat{c}_{44} = c_{44} \\
\hat{f}_{3131} = f_{3131}, \quad \hat{\varepsilon}_{11} = \varepsilon_{11}
\end{cases}
\tag{6.51}
$$

　　基于以上三维本构关系, 一维本构关系可以通过积分获得:

$$
\begin{cases}
T_{11}^{(0)} = c_{11}^{(0)}u_1^{(1)} + c_{13}^{(0)}u_{3,3}^{(0)} + c_{13}^{(2)}u_{3,3}^{(2)} \\
T_{33}^{(0)} = c_{13}^{(0)}u_1^{(1)} + c_{33}^{(0)}u_{3,3}^{(0)} + c_{33}^{(2)}u_{3,3}^{(2)} \\
T_{13}^{(1)} = c_{44}^{(2)}(u_{1,3}^{(1)} + 2u_3^{(2)}) + q_{15}^{(1)}H \\
T_{33}^{(2)} = c_{13}^{(2)}u_1^{(1)} + c_{33}^{(2)}u_{3,3}^{(0)} + c_{33}^{(4)}u_{3,3}^{(2)} \\
\tau_{131}^{(0)} = f_{3131}^{(0)}\varphi_{,3}^{(0)} \\
D_3^{(0)} = f_{3131}^{(0)}(u_{1,3}^{(1)} + 2u_3^{(2)}) - \varepsilon_{33}^{(0)}\varphi_{,3}^{(0)} \\
J_3^{p(0)} = -\mu_{11}^{p(0)}\varphi_{,3}^{(0)} - D_{11}^{p(0)}p_{,3}^{(0)}
\end{cases}
\tag{6.52}
$$

式中，

$$
\begin{cases}
c_{11}^{(0)} = 2b[\hat{c}_{11}c + \bar{c}_{11}(h-c)], \quad c_{13}^{(0)} = 2b[\hat{c}_{12}c + \bar{c}_{13}(h-c)] \\[2mm]
c_{33}^{(0)} = 2b[\hat{c}_{11}c + \bar{c}_{33}(h-c)], \quad c_{33}^{(2)} = \dfrac{2b}{3}[\hat{c}_{11}c^3 + \bar{c}_{33}(h^3-c^3)] \\[2mm]
c_{13}^{(2)} = \dfrac{2b}{3}[\hat{c}_{12}c^3 + \bar{c}_{13}(h^3-c^3)], \quad c_{44}^{(2)} = \dfrac{2b}{3}[\hat{c}_{44}c^3 + \bar{c}_{44}(h^3-c^3)] \\[2mm]
c_{33}^{(4)} = \dfrac{2b}{5}[\hat{c}_{11}c^5 + \bar{c}_{33}(h^5-c^5)], \quad q_{15}^{(1)} = b\bar{q}_{15}(c^2-h^2) \\[2mm]
\varepsilon_{33}^{(0)} = 2b[\hat{\varepsilon}_{11}c + \bar{\varepsilon}_{33}(h-c)], \quad f_{3131}^{(0)} = 2b(\hat{f}_{3131}c) \\[2mm]
\mu_{33}^{p(0)} = 2b(qp_0\mu_{33}^p c), \quad D_{33}^{p(0)} = 2b(qD_{33}^p c)
\end{cases}
\tag{6.53}
$$

将式 (6.43) 代入式 (6.42)，可以得到用基本未知量 $u_1^{(1)}$、$u_3^{(0)}$、$u_3^{(2)}$、$\varphi^{(0)}$ 和 $p^{(0)}$ 表示的控制方程：

$$
\begin{cases}
c_{44}^{(2)}(u_{1,33}^{(1)} + 2u_{3,3}^{(2)}) - (c_{11}^{(0)}u_1^{(1)} + c_{13}^{(0)}u_{3,3}^{(0)} + c_{13}^{(2)}u_{3,3}^{(2)}) \\[2mm]
\quad + f_{3131}^{(0)}\varphi_{,33}^{(0)} + q_{15}^{(1)}H_{,3} + f_1^{(1)} = 0 \\[2mm]
c_{13}^{(0)}u_{1,3}^{(1)} + c_{33}^{(0)}u_{3,33}^{(0)} + c_{33}^{(2)}u_{3,33}^{(2)} + f_3^{(0)} = 0 \\[2mm]
(c_{13}^{(2)} - 2c_{44}^{(2)})u_{1,3}^{(1)} + c_{33}^{(2)}u_{3,33}^{(0)} + c_{33}^{(4)}u_{3,33}^{(2)} \\[2mm]
\quad - 2(2c_{44}^{(2)}u_3^{(2)} + f_{3131}^{(0)}\varphi_{,3}^{(0)} + q_{15}^{(1)}H) + f_3^{(2)} = 0 \\[2mm]
f_{3131}^{(0)}(u_{1,33}^{(1)} + 2u_{3,3}^{(2)}) - \varepsilon_{33}^{(0)}\varphi_{,33}^{(0)} = q^{(0)}p^{(0)} \\[2mm]
-\mu_{11}^{p(0)}\varphi_{,33}^{(0)} - D_{11}^{p(0)}p_{,33}^{(0)} = 0
\end{cases}
\tag{6.54}
$$

当复合结构的两端绝缘，允许发生自由厚度伸缩但轴向位移固定时，边界条件可以写为

$$
T_{13}^{(1)} + \tau_{131}^{(0)} = 0, \quad u_3^{(0)} = 0, \quad u_3^{(2)} = 0, \quad D_3^{(0)} = 0, \quad J_3^{p(0)} = 0, \quad x_3 = 0, L
\tag{6.55}
$$

对于方程 (6.54) 与边界条件 (6.55)，考虑如下形式的级数展开：

$$
\begin{cases}
\{H, u_3^{(0)}, u_3^{(2)}\} = \displaystyle\sum_{n=1}^{\infty}\{H_n, U_n^{(0)}, U_n^{(2)}\}\sin(\xi_n x_3) \\[2mm]
\{u_1^{(1)}, \varphi^{(0)}, p^{(0)}\} = \displaystyle\sum_{n=1}^{\infty}\{W_n^{(1)}, \Phi_n^{(0)}, P_n^{(0)}\}\cos(\xi_n x_3) \\[2mm]
\xi_n = \dfrac{n\pi}{L}, \quad n = 1, 2, 3, \cdots
\end{cases}
\tag{6.56}
$$

式中，H_n 已知，由加载磁场的形式决定；$W_n^{(1)}$、$U_n^{(0)}$、$U_n^{(2)}$、$\Phi_n^{(0)}$、$P_n^{(0)}$ 为待定常数。容易发现，式 (6.56) 自动满足边界条件 (6.55)，将式 (6.56) 代入控制方程 (6.54)，可以得到关于待定常数的线性方程组。

6.3.2　全域磁场分析

在数值计算中，假设压磁层的材料为四氧二铁酸钴，半导体层的材料为硅 (四氧二铁酸钴与硅的材料常数见附录 B)，结构的几何尺寸为 $h = 10$ nm，$b = 3h$，$L = 40\ h$，$c = 0.4h$，掺杂浓度为 $p_0 = 10^{20}$ m^{-3}，磁场的幅值为 10^6 A·m^{-1}。图 6.7 和图 6.8 分别给出了不同磁场作用下复合结构的变形以及半导体层中空穴浓度扰动的分布。

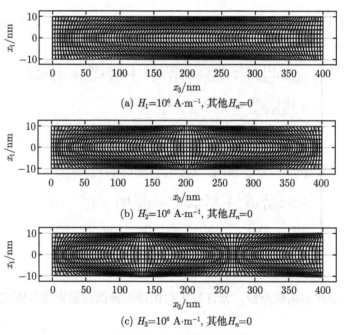

(a) $H_1 = 10^6$ A·m^{-1}，其他$H_n = 0$

(b) $H_2 = 10^6$ A·m^{-1}，其他$H_n = 0$

(c) $H_3 = 10^6$ A·m^{-1}，其他$H_n = 0$

图 6.7　不同磁场作用下复合结构的变形

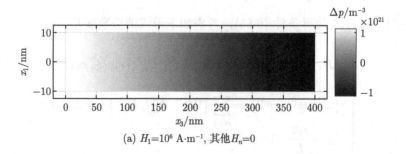

(a) $H_1 = 10^6$ A·m^{-1}，其他$H_n = 0$

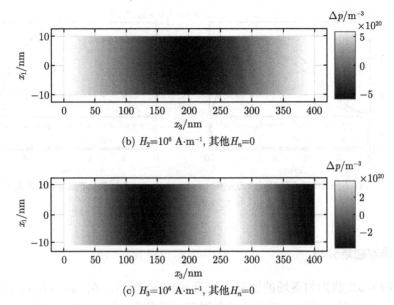

(b) $H_2{=}10^6$ A·m^{-1}, 其他$H_n{=}0$

(c) $H_3{=}10^6$ A·m^{-1}, 其他$H_n{=}0$

图 6.8 不同磁场作用下复合结构半导体层中的空穴浓度扰动分布

对于图 6.7(a) 中的电荷分布情况，纤维左半部分的电荷积累为

$$Q^{\mathrm{e}} = b\int_0^{\frac{L}{2}}\mathrm{d}x_3\int_{-c}^{c}q\Delta p\mathrm{d}x_1 = \gamma h_0 \tag{6.57}$$

式中，

$$\gamma = -\frac{f_{3131}^{(0)}\varepsilon_{33}^{(0)}q_{15}^{(1)}}{\left(\frac{\pi}{L}\right)^2\lambda_D^2[(f_{3131}^{(0)})^2+\varepsilon_{33}^{(0)}(c_{44}^{(2)}+\eta)]+\varepsilon_{33}^{(0)}(c_{44}^{(2)}+\eta)} \tag{6.58}$$

$$\begin{cases}\eta=\dfrac{c_{33}^{(2)}(c_{11}^{(0)}c_{33}^{(2)}-c_{13}^{(0)}c_{13}^{(2)})+c_{13}^{(2)}(c_{13}^{(2)}c_{33}^{(0)}-c_{13}^{(0)}c_{33}^{(2)})+c_{33}^{(4)}(c_{13}^{(0)}c_{13}^{(0)}-c_{11}^{(0)}c_{33}^{(0)})\left(\frac{\pi}{L}\right)^2}{4(c_{13}^{(0)}c_{13}^{(0)}+c_{11}^{(0)}c_{33}^{(0)})+4\left(\frac{\pi}{L}\right)^2(c_{13}^{(0)}c_{33}^{(2)}+c_{33}^{(0)}c_{13}^{(2)})+\left(\frac{\pi}{L}\right)^4(c_{33}^{(2)}c_{33}^{(2)}-c_{33}^{(0)}c_{33}^{(4)})}\\[2mm]\lambda_{\mathrm{D}}^2=\dfrac{\varepsilon_{33}^{(0)}k_BT}{2bcq^2p_0}\end{cases} \tag{6.59}$$

方程 (6.57) 中，耦合系数γ 表示单位磁场产生的电荷积累，用于衡量磁场与电荷积累相互作用的强弱。图 6.9 给出了不同挠曲电系数及不同掺杂浓度条件下γ 和半导体层厚度c 的关系。

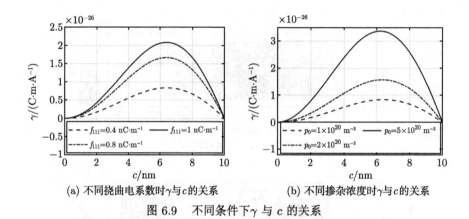

(a) 不同挠曲电系数时 γ 与 c 的关系　　　(b) 不同掺杂浓度时 γ 与 c 的关系

图 6.9　不同条件下 γ 与 c 的关系

6.3.3　局部磁场分析

考虑局部加载均匀磁场的情况，如图 6.10(a) 所示，在 $(x_0 - l,\ x_0 + l)$ 施加大小为 h_0 的磁场，此时，磁场的级数展开式系数为

$$H_n = \frac{2h_0}{n\pi} \left\{ \cos\left[\xi_n(x_0 - l)\right] - \cos\left[\xi_n(x_0 + l)\right] \right\} \tag{6.60}$$

图 6.10(b)~(d) 给出了局部加载时复合结构的变形、电势分布以及半导体层中的载流子浓度扰动分布。

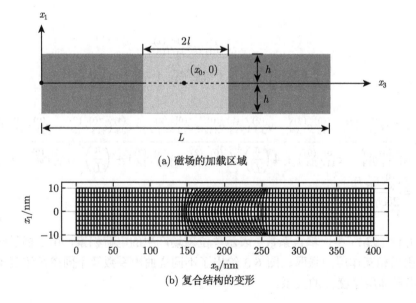

(a) 磁场的加载区域

(b) 复合结构的变形

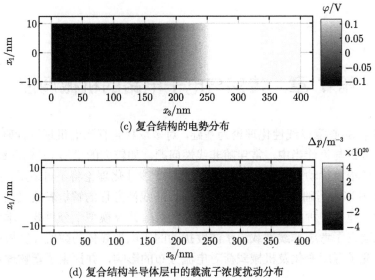

(c) 复合结构的电势分布

(d) 复合结构半导体层中的载流子浓度扰动分布

图 6.10　加载局部磁场时的变形、电势及载流子浓度扰动分布

6.4　本 章 小 结

本章总结了包含压磁效应的半导体复合结构的三维框架。基于三维框架，对磁场调控的压磁–挠曲电半导体复合板结构的弯曲问题、磁场调控的复合杆结构的翘曲问题进行了建模。分析了不同磁场作用下复合结构的变形以及复合结构半导体层中电荷的重分布问题。本章为压磁–半导体复合结构在磁传感及电子电路的磁调控等方面的应用提供了理论基础。

参 考 文 献

[1] SZE S M, NG K K. Physics of Semiconductor Devices[M]. New Jersey: John Wiley & Sons, 2007.

[2] QU Y L, ZHANG G Y, GAO X L, et al. A new model for thermally induced redistributions of free carriers in centrosymmetric flexoelectric semiconductor beams[J]. Mechanics of Materials, 2022, 171: 104328.

[3] ZHANG G Y, GUO Z W, QU Y L, et al. Global and local flexotronic effects induced by external magnetic fields in warping of a semiconducting composite fiber[J]. Composite Structures, 2022, 295: 115711.

第 7 章 传感与电子电路的机械调控

本书第 3~6 章以线性化理论为基础,对多场耦合行为的机理进行研究。在真实的器件分析与设计当中,常伴随非线性问题,如较大的变形 (几何非线性)、较大的载流子浓度扰动 (物理非线性) 等。此时,线性化理论将不再适用,必须使用以第 2 章内容为基础的非线性模型。然而,非线性方程的解析表达式通常无法获得,因此,建立一种能够求解非线性问题的数值计算模型十分重要。本章基于有限单元法建立了考虑非线性载流子浓度扰动的压电半导体的数值计算模型。以此为基础研究了温度变化及机械载荷对电流分布的影响,并探索了新物理现象的潜在应用。

7.1 温 度 传 感

本节主要研究局部温度变化对压电半导体薄膜中电流密度分布的影响。本节中,仅考虑温度变化引起的热压电效应 (压电与热释电) 对电流的作用而不考虑电流的 Joule 热效应、Seebeck 效应、Peltier 效应等。因此,本节的分析以压电半导体理论为基础,将温度变化等效成附加的机械力和附加电荷。

根据 5.2 节的内容,对于放置在 x_1-x_3 平面内的氧化锌压电半导体薄膜 (c 轴沿着 x_3 方向),考虑热应力与热释电效应时,其二维控制方程为 [1]

$$
\begin{cases}
\bar{c}_{11}u_{1,11} + \bar{c}_{44}u_{1,33} + (\bar{c}_{13} + \bar{c}_{44})u_{3,13} + (\bar{e}_{31} + \bar{e}_{15})\varphi_{,13} - \bar{\lambda}_{11}(\Delta\vartheta)_{,1} = 0 \\
(\bar{c}_{13} + \bar{c}_{44})u_{1,13} + \bar{c}_{44}u_{3,11} + \bar{c}_{33}u_{3,33} + \bar{e}_{15}\varphi_{,11} + \bar{e}_{33}\varphi_{,33} - \bar{\lambda}_{33}(\Delta\vartheta)_{,3} = 0 \\
(\bar{e}_{15} + \bar{e}_{31})u_{1,13} + \bar{e}_{15}u_{3,11} + \bar{e}_{33}u_{3,33} - \bar{\varepsilon}_{11}\varphi_{,11} - \bar{\varepsilon}_{33}\varphi_{,33} \\
\quad + \bar{p}_3(\Delta\vartheta)_{,3} = q(p - n + N_D^+ - N_A^-) \\
(-p\mu_{11}^p\varphi_{,1} - D_{11}^p p_{,1})_{,1} + (-p\mu_{33}^p\varphi_{,3} - D_{33}^p p_{,3})_{,3} = 0 \\
(-n\mu_{11}^n\varphi_{,1} + D_{11}^n n_{,1})_{,1} + (-n\mu_{33}^n\varphi_{,3} + D_{33}^n n_{,3})_{,3} = 0
\end{cases}
$$

$$(7.1)$$

薄膜的四边均固定,在 $x_3 = 0$ 处电压为 0,在 $x_3 = b$ 处电压为 V,并且假设 $x_3 = 0$ 和 b 处均为欧姆接触。同时,$x_1 = 0$ 和 a 处为电开路。因此边界条件可以写成

$$\begin{cases} u_1 = 0, & u_3 = 0, & D_1 = 0, & J_1^p = 0, & x_1 = 0, a \\ u_1 = 0, & u_3 = 0, & \varphi = 0, & p = p_0 = N_A^-, & x_3 = 0 \\ u_1 = 0, & u_3 = 0, & \varphi = \bar{\varphi}, & p = p_0 = N_A^-, & x_3 = b \end{cases} \quad (7.2)$$

由于方程 (7.1) 中存在非线性项, 因此很难获得结果的解析表达。本节基于商用的多物理场耦合仿真软件 COMSOL 建立方程 (7.1) 对应的有限元模型并进行数值计算与分析。数值计算中采用的参数为 $a = b = 1000$ nm, $h = 50$ nm, $x_0 = z_0 = 500$ nm, $c = d = 100$ nm, $p_0 = 10^{18}$ m^{-3}, $\Theta = 35$ K, $\bar{\varphi} = 0.3$ V, 图 7.1(a) 给出了此时电流密度的分布, 显然, 当没有局部温度变化时, 电流密度的分布是均匀的。基于 5.2 节得到的结论, 可以发现: 图 7.1(a) 中的空穴电流可以通过加载区上半部分的势阱, 但被加载区下半部分的势垒阻挡。图 7.1(b)~(f) 给出了参数变化时的空穴电流密度分布 (每次只改变一个参数, 其他参数保持不变)。

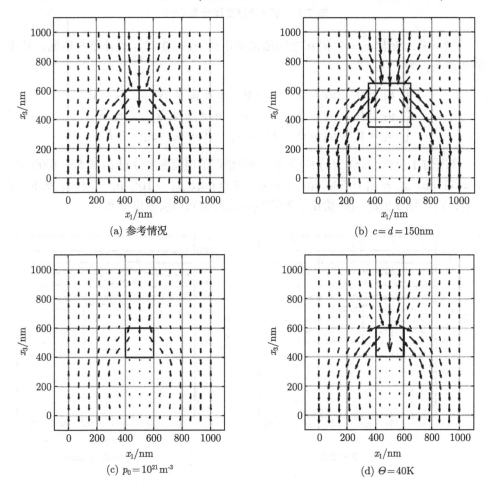

(a) 参考情况

(b) $c = d = 150$nm

(c) $p_0 = 10^{21}$ m^{-3}

(d) $\Theta = 40$K

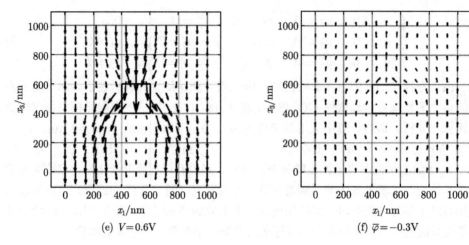

(e) $V=0.6\mathrm{V}$ (f) $\bar{\varphi}=-0.3\mathrm{V}$

图 7.1　空穴电流密度分布 (一)

接下来，考虑 $x_1=0$ 和 a 之间施加电压而 $x_3=0$ 和 b 是开路的情况，具体的边界条件为

$$
\begin{cases}
u_1=0, & u_3=0, & \varphi=0, & p=p_0=N_\mathrm{A}^-, & x_1=0 \\
u_1=0, & u_3=0, & \varphi=\bar{\varphi}, & p=p_0=N_\mathrm{A}^-, & x_1=a \\
u_1=0, & u_3=0, & D_3=0, & J_3^p=0, & x_3=0,b
\end{cases}
\tag{7.3}
$$

与图 7.1 类似, 图 7.2(a) 中给出了参考情况的电流密度分布 ($a=b=1000$ nm, $h=50$ nm, $x_0=z_0=500$ nm, $c=d=100$ nm, $p_0=10^{18}$ m^{-3}, $\Theta=35$ K, $\bar{\varphi}=0.3$ V), 图 7.2(b)~(f) 给出了参数变化时的空穴电流密度分布。

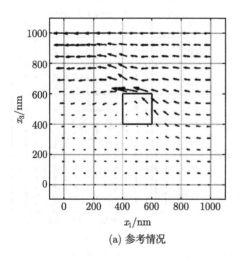

(a) 参考情况

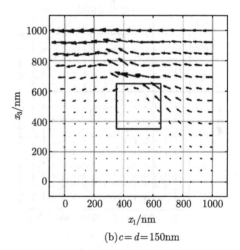

(b)$c=d=150$nm

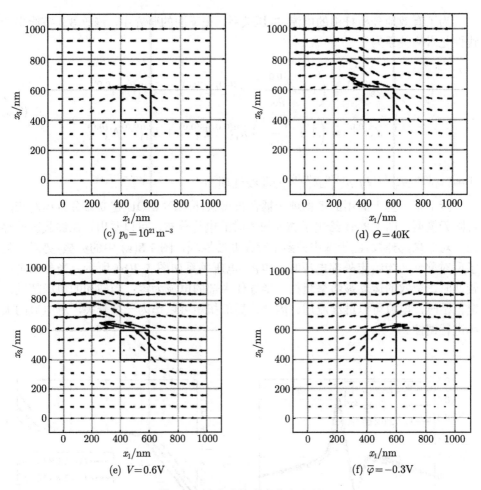

图 7.2 空穴电流密度分布 (二)

7.2 扭矩对压电半导体杆中电流的调控

压电半导体常被用作开关元件，元件的电流–电压关系以及其受机械载荷的调控是设计器件的基础。本节以 3.3 节的理论为基础，研究扭矩对压电半导体杆中电流的调控作用 [2]。

考虑一根长为 L 的杆，两端可以自由翘曲或产生面内剪切变形，但不能产生旋转。在杆的中间施加分布扭矩 F_θ。杆的右端接地，左端电压恒定。相应的边界条件可以写为

$$
\begin{cases}
\theta = 0, \quad T_{33}^{(1,1)} = 0, \quad M_s = 0, \quad p^{(0,0)} = 0, \quad \varphi^{(0,0)} = \bar{\varphi}^{(0,0)}, \quad x_3 = 0 \\
\theta = 0, \quad T_{33}^{(1,1)} = 0, \quad M_s = 0, \quad p^{(0,0)} = 0, \quad \varphi^{(0,0)} = 0, \quad x_3 = L
\end{cases}
\tag{7.4}
$$

为了有效地分析杆中的电流–电压关系，在下面的研究中，修改 3.3 节给出的线性化本构关系为

$$
\begin{cases}
J_3^{p(0,0)} = \left(1 + \dfrac{p^{(0,0)}}{p_0}\right)\mu_{11}^{p(0,0)} E_3^{(0,0)} - D_{11}^{p(0,0)} P_3^{(0,0)} \\[3mm]
J_3^{n(0,0)} = \left(1 + \dfrac{n^{(0,0)}}{n_0}\right)\mu_{11}^{n(0,0)} E_3^{(0,0)} + D_{11}^{n(0,0)} N_3^{(0,0)}
\end{cases}
\tag{7.5}
$$

式中，$p^{(0,0)} E_3^{(0,0)}$ 与 $n^{(0,0)} E_3^{(0,0)}$ 为非线性项。

接下来，基于商用的多物理场耦合仿真软件 COMSOL 建立微分方程对应的有限元模型。图 7.3(a) 给出了施加扭矩时的电势分布，可以看出，在加载区域存在一对势垒/势阱。由于本构关系中存在非线性项，图 7.3(a) 中的势垒/势阱丧失了反对称性。当给定外部电压时，电流–电压关系如图 7.3(b) 所示。当外部电压较低时，空穴的运动被势垒阻挡，半导体内部的电流为零；当施加的电压超过一定范围时，电流可以继续流通。因此，局部扭矩可以作为一个开关，对电流的大小进行调控。

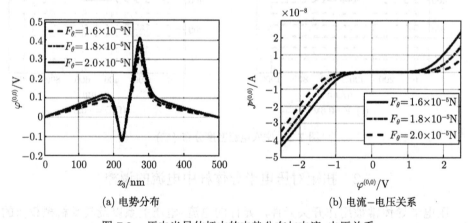

(a) 电势分布   (b) 电流–电压关系

图 7.3　压电半导体杆中的电势分布与电流–电压关系

7.3　复合结构中的电流调控

本节以 3.8 节推导的压电半导体复合结构的理论为基础，研究压电半导体复合结构在弯曲时的电流分布[3]。与 7.2 节类似，为了准确分析电流的行为，零阶本构关系需要修正为

$$\begin{cases} J_i^{p(0)} = \left(1 + \dfrac{p^{(0,0)}}{p_0}\right) \mu_{ij}^{p(0)} E_j^{(0)} - D_{ij}^{p(0)} P_j^{(0)} \\ J_i^{n(0)} = \left(1 + \dfrac{n^{(0,0)}}{n_0}\right) \mu_{ij}^{n(0)} E_j^{(0)} + D_{ij}^{n(0)} N_j^{(0)} \end{cases} \tag{7.6}$$

对于简支板，$x_2 = 0$ 和 b 处开路，$x_1 = 0$ 处电压给定，$x_1 = a$ 处接地。相应的边界条件为

$$\begin{cases} D_2^{(0)} = 0, \quad J_2^{p(0)} = 0, \quad x_2 = 0, b \\ \varphi^{(0)} = \bar{\varphi}^{(0)}, \quad p^{(0)} = 0, \quad x_1 = 0 \\ \varphi^{(0)} = 0, \quad p^{(0)} = 0, \quad x_1 = a \end{cases} \tag{7.7}$$

在数值计算中，施加的电压为 $\bar{\varphi}^{(0)} = 1.796 \times 10^{-7}$V，图 7.4(a) 中横向载荷 $t_3^{(0)} = 800$N $\cdot$ m^{-2}。图 7.4(b)~(d) 分别给出了挠度、电势、电流密度分布。

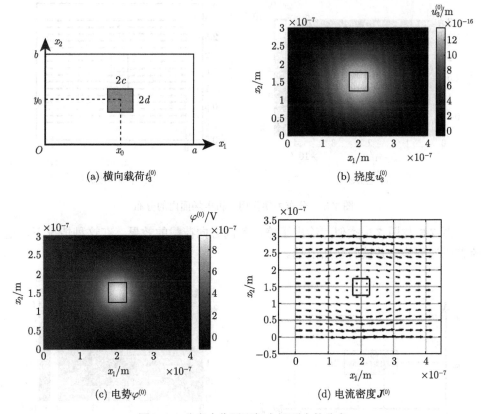

(a) 横向载荷 $t_3^{(0)}$ (b) 挠度 $u_3^{(0)}$

(c) 电势 $\varphi^{(0)}$ (d) 电流密度 $\boldsymbol{J}^{(0)}$

图 7.4   分布力作用下机电场面内的分布

图 7.5(a) 中，$t_3^{(0)} = \pm 800$N $\cdot$ m^{-2}，分别作用于图 7.5(a) 中靠近板中心的两个小矩形区域。该载荷在静力学上与力偶等效，在图 7.5(b) 中产生偏转，在图 7.5(c)

中产生一对势垒/势阱。图 7.5(b)~(d) 分别给出了力偶作用时挠度、电势、电流密度分布。

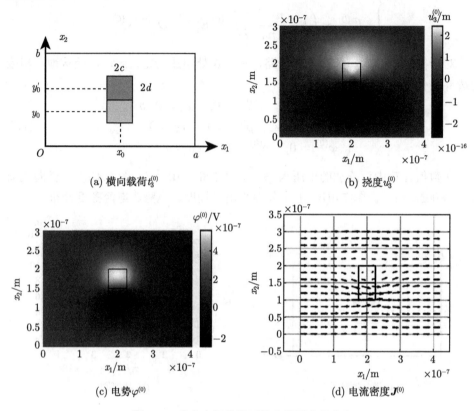

(a) 横向载荷 $t_3^{(0)}$ (b) 挠度 $u_3^{(0)}$

(c) 电势 $\varphi^{(0)}$ (d) 电流密度 $\boldsymbol{J}^{(0)}$

图 7.5   分布力偶作用下机电场面内的分布

图 7.6 与图 7.5 类似，给出了施加不同方向荷载的效果，在这种情况下，电流首先遇到势垒并被势垒所阻挡。

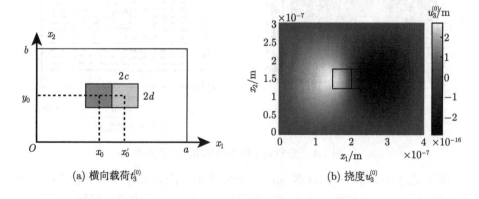

(a) 横向载荷 $t_3^{(0)}$ (b) 挠度 $u_3^{(0)}$

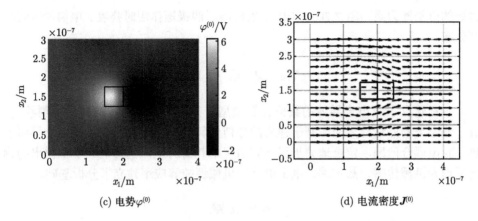

(c) 电势$\varphi^{(0)}$ (d) 电流密度$\boldsymbol{J}^{(0)}$

图 7.6 分布局部力偶作用下机电场面内的分布

在板的中心施加如图 7.7(a) 中所示的横向载荷,$t_3^{(0)} = \pm 800\mathrm{N}\cdot\mathrm{m}^{-2}$(相邻位置施加不同方向的载荷),这种加载在静力学上与四极矩等效,表示一种无合力和合

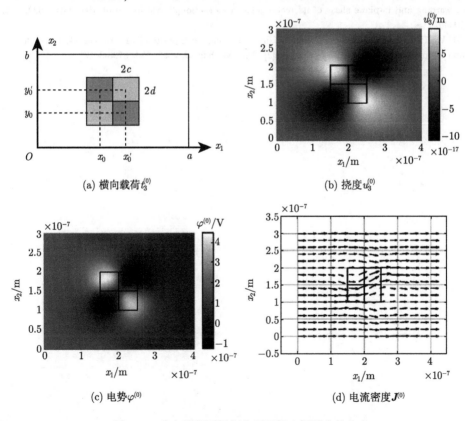

(a) 横向载荷$t_3^{(0)}$ (b) 挠度$u_3^{(0)}$

(c) 电势$\varphi^{(0)}$ (d) 电流密度$\boldsymbol{J}^{(0)}$

图 7.7 分布局部四极矩作用下机电场面内的分布

力矩的自平衡力系。图 7.7(b)~(d) 分别给出了四极矩作用时挠度、电势、电流密度分布。

7.4 本 章 小 结

本章建立了压电半导体的数值计算模型，其中，考虑了本构关系中漂移–扩散电流带来的非线性效应。基于建立的数值计算模型，本章研究了压电半导体的热–力–电耦合问题，定量地分析了不同情况下载荷对电流的影响。本章提出的物理原理为机械传感、热传感、电子电路的机械调控等应用建立了分析基础。

参 考 文 献

[1] QU Y, JIN F, YANG J. Temperature-induced potential barriers in piezoelectric semiconductor films through pyroelectric and thermoelastic couplings and their effects on currents[J]. Journal of Applied Physics, 2022, 131(9): 094502.

[2] QU Y, JIN F, YANG J. Torsion of a piezoelectric semiconductor rod of cubic crystals with consideration of warping and in-plane shear of its rectangular cross section[J]. Mechanics of Materials, 2022, 172: 104407.

[3] QU Y, JIN F, YANG J. Electromechanical interactions in a composite plate with piezoelectric dielectric and nonpiezoelectric semiconductor layers[J]. Acta Mechanica, 2022, 233: 3795-3812.

第 8 章 结论与展望

8.1 结 论

本书以连续介质力学、连续介质热力学以及静电学为基础，建立了热力学自洽的弹性半导体的连续介质物理理论，为弹性半导体结构的力–电–热–磁–载流子分布等多个物理场的耦合问题分析建立了数学模型。本书所发展的理论为压电电子学 (挠曲电电子学) 器件设计、柔性电子器件设计以及 MEMS/NEMS 传感和驱动问题提供了坚实的理论基础和仿真依据。本书的主要研究内容如下。

(1) 以连续介质物理基本律为基础 (包括质量守恒、电荷守恒、静电学高斯定律、动量定理、动量矩定理、能量守恒、热力学第二定律)，建立了弹性半导体连续介质空间与物质形式的场方程，并推导了弹性半导体的耗散不等式。基于耗散不等式及 Coleman-Noll 过程，得到了第一和第二吉布斯关系、Maxwell 关系、熵平衡方程等。在客观性等本构公理的限制下，建立了热力学自洽的本构关系。在熵平衡方程中，得到了半导体 Joule 热效应的表达式。另外，为了满足约化的耗散不等式，引入了广义菲克定律，得出了半导体的漂移–扩散方程、Seebeck 效应、Peltier 效应以及傅里叶热传导定律。

(2) 以线性化的压电半导体理论为基础，基于 Mindlin 的双幂级数方法，建立了压电半导体纤维结构的一维理论。应用一维结构的高阶理论，分析了压电半导体纤维结构在拉伸、弯曲、剪切、扭转、翘曲、失稳等变形下的多物理场耦合问题。通过分析发现：在机械载荷的作用下，半导体内部的载流子因压电极化而重新分布，具体的分布形式与机械变形及压电耦合模式相关。对于 c 轴沿着杆轴向的压电半导体，当发生扭转变形时或扭转波传播的过程中，面内剪切变形会诱导出轴向的电偶极子，并导致载流子沿着杆的轴向重新分布。

(3) 以线性化的压电半导体理论为基础，建立了压电半导体薄膜结构的二维结构理论。应用二维结构的简化理论，分析了压电半导体薄膜在拉伸、厚度伸缩、弯曲、剪切、失稳等变形下的多物理场耦合问题。类似地，机械加载时，薄膜中的载流子受到压电极化的作用而重新分布。此外，应用二维理论研究了压电电介质与非压电半导体复合结构中的多物理场耦合问题，为压电电子学器件的设计提供了新的思路。通过调控复合结构的厚度比，可以在一定范围内调控电荷的积累量。

　　(4) 以线性化的挠曲电半导体理论为基础，建立了挠曲电半导体纤维结构的一维结构理论。应用一维结构的简化理论，分析了挠曲电半导体纤维结构在拉伸、弯曲、剪切、扭转、翘曲、失稳等变形下的多物理场耦合问题。在拉伸变形中，载流子沿着杆的轴向重新分布；在弯曲变形及失稳时，载流子沿着梁的厚度方向重新分布；在方形截面杆扭转时，载流子在杆的截面内重新分布。

　　(5) 以线性化的挠曲电半导体模型为基础，建立了挠曲电半导体薄膜结构的二维结构理论。应用二维结构的简化理论，分析了挠曲电半导体薄膜在弯曲、失稳等变形下的多物理场耦合问题。在薄膜弯曲及失稳的情况下，载流子沿着薄膜的厚度重新分布。

　　(6) 在三维热电半导体理论框架的基础上，建立了热压电半导体薄膜的拉伸与弯曲模型、热挠曲电半导体的梁的拉伸与弯曲模型，并分析了不同温度变化情况下载流子的重分布问题。

　　(7) 基于压磁和半导体理论，对磁场调控的压磁–挠曲电半导体复合板结构的弯曲问题、磁场调控的复合杆结构的翘曲问题进行了建模。分析了不同磁场作用下复合结构的变形以及复合结构半导体层中电荷的重分布问题。

　　(8) 基于有限元模型，研究了纤维结构和薄膜结构在外接电源及机械载荷的共同作用下，变形对结构中电流的影响。在机械加载区域内，由机械变形及压电效应诱导的极化电荷形成势垒或势阱，电流被势垒所阻挡，向势阱区域流动。由此建立了压电半导体的传感机理与机械载荷对电子电路的调控机理。

8.2　展　　望

　　基于上述研究内容与结果，在理论层面与多物理场耦合机理方面还有以下几个方面可以展开更深入的探究：

　　(1) 从理论模型的角度讲，当前的理论模型并未包含磁体力、磁体力偶、电流的磁效应、霍尔效应等概念，当磁场与半导体的相互作用不可忽略时，还需要建立包含磁效应的更加完善的非线性连续介质理论。另外，本书的连续介质模型以静电场理论为基础，并没有考虑电磁波的传播等电动力学特性，当需要描述电磁天线等器件的行为时，还需要以电动力学理论为基础，完善当前的连续介质模型。

　　(2) 从多物理场耦合机理研究的角度讲，本书的讨论多针对线性问题，使用了无穷小应变以及线性的应力–应变关系。对于柔性电子器件中的多物理场耦合机理研究，还需要考虑几何非线性及本构非线性。

　　(3) 本书对半导体多物理场耦合机理的研究主要以线性化的结构理论为基础，通过求解偏微分方程研究机械载荷对电荷分布的影响。当面对非线性问题或存在复杂的几何构型时，一般无法得到问题的精确解。因此，基于当前的非线性连续介质理论，开展相关的计算研究十分必要，如有限元程序开发、等几何方法的研究、有限元耦合边界元的研究等。

固体力学内容...（顶部文字较模糊，部分不可读）

附　　录

附录 A　弹性半导体的热力学第一定律

式 (2.17) 中, 给出了弹性半导体材料的热力学第一定律, 下面, 对热力学第一定律积分形式到微分形式的推导进行证明 [1]。

积分形式的热力学第一定律 (能量守恒方程) 为

$$
\begin{aligned}
&\frac{\mathrm{D}}{\mathrm{D}t}\left\{\int_{P_t}\left[\rho\left(e+\frac{1}{2}\boldsymbol{v}^2\right)\right]\mathrm{d}v-\int_{P_t}\left(\frac{\epsilon_0}{2}\boldsymbol{E}\cdot\boldsymbol{E}\right)\mathrm{d}v+\int_{P_t}(\rho^{\mathrm{e}}\varphi-\boldsymbol{E}\cdot\boldsymbol{P})\mathrm{d}v\right\}\\
&=\int_{P_t}(\rho\boldsymbol{f}\cdot\boldsymbol{v})\mathrm{d}v+\int_{\partial P_t}(\boldsymbol{t}\cdot\boldsymbol{v})\mathrm{d}a+\int_{\partial P_t}[(\boldsymbol{D}\cdot\boldsymbol{n})\dot{\varphi}]\mathrm{d}a-\int_{\partial P_t}(\boldsymbol{q}\cdot\boldsymbol{n})\mathrm{d}a+\int_{P_t}(\gamma)\mathrm{d}v\\
&\quad-\int_{\partial P_t}(\mu^n\boldsymbol{j}^n\cdot\boldsymbol{n})\mathrm{d}a-\int_{\partial P_t}(\mu^p\boldsymbol{j}^p\cdot\boldsymbol{n})\mathrm{d}a
\end{aligned}
\tag{A.1}
$$

下面, 对式 (A.1) 中的每一项分别展开计算。

(1) 内能及动能密度的物质时间导数为

$$
\frac{\mathrm{D}}{\mathrm{D}t}\int_{P_t}\rho\left(e+\frac{1}{2}\boldsymbol{v}^2\right)\mathrm{d}v=\int_{P_t}\rho(\dot{e}+\ddot{\boldsymbol{u}}\cdot\boldsymbol{v})\mathrm{d}v
\tag{A.2}
$$

(2) 电场能量的物质时间导数为

$$
\begin{aligned}
&\frac{\epsilon_0}{2}\frac{\mathrm{D}}{\mathrm{D}t}\int_{P_t}(\boldsymbol{E}\cdot\boldsymbol{E})\mathrm{d}v\\
&=\frac{\epsilon_0}{2}\frac{\mathrm{D}}{\mathrm{D}t}\int_{P_0}(jC_{IJ}^{-1}W_IW_J)\mathrm{d}V\\
&=\epsilon_0\int_{P_0}\left\{-\left[jF_{Kk}^{-1}F_{Ll}^{-1}\left(E_kE_l-\frac{1}{2}E_mE_m\delta_{kl}\right)\right]\dot{G}_{KL}+(jF_{Ll}^{-1}E_l)\dot{W}_L\right\}\mathrm{d}V\\
&=\epsilon_0\int_{P_0}\left\{-\left(E_kE_l-\frac{1}{2}E_mE_m\delta_{kl}\right)(F_{Kk}^{-1}F_{Ll}^{-1}\dot{G}_{KL})+E_lF_{Ll}^{-1}\left[\frac{\mathrm{D}}{\mathrm{D}t}\left(\frac{\partial\varphi}{\partial x_k}\frac{\partial x_k}{\partial X_L}\right)\right]\right\}j\mathrm{d}V\\
&=\int_{P_0}(-\sigma_{kl}^{MS}d_{kl}+\epsilon_0E_k\dot{E}_k+\epsilon_0E_kE_lv_{k,l})j\mathrm{d}V
\end{aligned}
$$

$$= \int_{P_t} [(\epsilon_0 \boldsymbol{E} \otimes \boldsymbol{E} - \sigma^{\mathrm{MS}}) : \boldsymbol{L} + \epsilon_0 \boldsymbol{E} \cdot \dot{\boldsymbol{E}}] \mathrm{d}v \tag{A.3}$$

(3) 极化与电场乘积的物质时间导数为

$$\frac{\mathrm{D}}{\mathrm{D}t} \int_{P_t} (\boldsymbol{E} \cdot \boldsymbol{P}) \mathrm{d}v = \frac{\mathrm{D}}{\mathrm{D}t} \int_{P_t} (E_i \pi_i \rho) \mathrm{d}v$$

$$= \int_{P_0} \tilde{\rho} (\dot{E}_i \pi_i + E_i \dot{\pi}_i) \mathrm{d}V = \int_{P_t} (\boldsymbol{P} \cdot \dot{\boldsymbol{E}} + \rho \boldsymbol{E} \cdot \dot{\boldsymbol{\pi}}) \mathrm{d}v \tag{A.4}$$

(4) 外力功率的计算:

$$\int_{\partial P_t} [(\boldsymbol{\sigma} + \boldsymbol{\sigma}^{\mathrm{M}}) \cdot \boldsymbol{n}] \cdot \boldsymbol{v} \mathrm{d}a = \int_{P_t} [\mathrm{div}(\sigma + \sigma^{\mathrm{M}}) \cdot \boldsymbol{v} + (\boldsymbol{\sigma} + \boldsymbol{\sigma}^{\mathrm{M}}) : \boldsymbol{L}] \mathrm{d}v \tag{A.5}$$

(5) 表面自由电荷功率的计算:

$$\int_{\partial P_t} (\boldsymbol{D} \cdot \boldsymbol{n}) \dot{\varphi} \mathrm{d}a = \int_{P_t} \left(D_{i,i} \dot{\varphi} + D_i \frac{\partial \dot{\varphi}}{\partial x_i} \right) \mathrm{d}v$$

$$= \int_{P_t} \left[D_{i,i} \dot{\varphi} + D_i \left(\frac{\partial \dot{\varphi}}{\partial X_L} \frac{\partial X_L}{\partial x_i} \right) \right] \mathrm{d}v$$

$$= \int_{P_t} \left\{ D_{i,i} \dot{\varphi} + D_i \left[\frac{\partial X_L}{\partial x_i} \frac{\mathrm{D}}{\mathrm{D}t} \left(\frac{\partial \varphi}{\partial x_k} \frac{\partial x_k}{\partial X_L} \right) \right] \right\} \mathrm{d}v$$

$$= \int_{P_t} \left\{ D_{i,i} \dot{\varphi} - D_i \left[F_{Li}^{-1} \frac{\mathrm{D}}{\mathrm{D}t} (E_k F_{kL}) \right] \right\} \mathrm{d}v$$

$$= \int_{P_t} (D_{i,i} \dot{\varphi} - D_i \dot{E}_i - E_i D_k v_{i,k}) \mathrm{d}v$$

$$= \int_{P_t} [\mathrm{div}(\boldsymbol{D}) \dot{\varphi} - \boldsymbol{D} \cdot \dot{\boldsymbol{E}} - \boldsymbol{E} \otimes \boldsymbol{D} : \boldsymbol{L}] \mathrm{d}v \tag{A.6}$$

(6) 热流密度的计算:

$$\int_{\partial P_t} (\boldsymbol{q} \cdot \boldsymbol{n}) \mathrm{d}a = \int_{P_t} \mathrm{div}(\boldsymbol{q}) \mathrm{d}v \tag{A.7}$$

(7) 与载流子的能量及能流有关的计算:

$$\frac{\mathrm{D}}{\mathrm{D}t}\int_{P_t}(\rho^{\mathrm{e}}\varphi)\mathrm{d}v+\int_{\partial P_t}(\mu^n\boldsymbol{j}^n\cdot\boldsymbol{n})\mathrm{d}a+\int_{\partial P_t}(\mu^p\boldsymbol{j}^p\cdot\boldsymbol{n})\mathrm{d}a$$

$$=\int_{P_t}q\rho[(p-n+N_{\mathrm{D}}^+-N_{\mathrm{A}}^-)\dot\varphi]\mathrm{d}v+\int_{P_t}q\rho[(\dot p-\dot n)\varphi]\mathrm{d}v+\int_{P_t}[\boldsymbol{j}^n\cdot\mathrm{grad}(\mu^n)]\mathrm{d}v$$

$$+\int_{P_t}[\mu^n\mathrm{div}(\boldsymbol{j}^n)]\mathrm{d}v+\int_{P_t}[\boldsymbol{j}^p\cdot\mathrm{grad}(\mu^p)]\mathrm{d}v+\int_{P_t}[\mu^p\mathrm{div}(\boldsymbol{j}^p)]\mathrm{d}v$$

$$=\int_{P_t}q\rho[(p-n+N_{\mathrm{D}}^+-N_{\mathrm{A}}^-)\dot\varphi]\mathrm{d}v+\int_{P_t}[\rho(q\varphi-\mu^n)\dot p]\mathrm{d}v-\int_{P_t}[\rho(q\varphi+\mu^p)\dot n]\mathrm{d}v$$

$$+\int_{P_t}[\boldsymbol{j}^n\cdot\mathrm{grad}(\mu^n)]\mathrm{d}v+\int_{P_t}[(\boldsymbol{j}^p\cdot\mathrm{grad}(\mu^p)]\mathrm{d}v$$

$$(\mathrm{A}.8)$$

将式 (A.2)~ 式 (A.8) 的计算结果代入式 (A.1)，可以得到热力学第一定律的微分形式：

$$\rho\dot e=\boldsymbol{\sigma}:\boldsymbol{L}+\rho\boldsymbol{E}\cdot\dot{\boldsymbol{\pi}}-\mathrm{div}(\boldsymbol{q})+\gamma$$
$$+(\mu^n+q\varphi)\rho\dot n+(\mu^p-q\varphi)\rho\dot p-\boldsymbol{j}^n\cdot\mathrm{grad}(\mu^n)-\boldsymbol{j}^p\cdot\mathrm{grad}(\mu^p)$$
$$(\mathrm{A}.9)$$

当忽略半导体效应时，式 (A.9) 退化为电介质的能量守恒方程：

$$\rho\dot e=\boldsymbol{\sigma}:\boldsymbol{L}+\rho\boldsymbol{E}\cdot\dot{\boldsymbol{\pi}}-\mathrm{div}(\boldsymbol{q})+\gamma \qquad (\mathrm{A}.10)$$

式 (A.1) 给出了整个系统的能量守恒方程，因此，不涉及式 (1.43) 中的电体力、电体力偶、电功率。如果能量守恒方程的对象仅针对材料本身而不包含电场，则需要考虑电场对材料的作用。这里以电介质为例，相应的能量守恒方程需要改写为 [2]

$$\frac{\mathrm{D}}{\mathrm{D}t}\int_{P_t}\rho\left(e+\frac{1}{2}\boldsymbol{v}^2\right)\mathrm{d}v=\int_{P_t}[(\rho\boldsymbol{f}+\boldsymbol{f}^{\mathrm{e}})\cdot\boldsymbol{v}+\rho\boldsymbol{E}\cdot\dot{\boldsymbol{\pi}}]\mathrm{d}v$$

$$+\int_{P_t}(\gamma)\mathrm{d}v+\int_{\partial P_t}[(\boldsymbol{\sigma}\cdot\boldsymbol{n})\cdot\boldsymbol{v}]\mathrm{d}a-\int_{\partial P_t}(\boldsymbol{q}\cdot\boldsymbol{n})\mathrm{d}a$$
$$(\mathrm{A}.11)$$

对式 (A.11) 进行类似的推导，同样可以得到式 (A.10) 中的结论。

从物理上讲，针对整个系统所列写的能量守恒方程与单独针对介质所列写的能量守恒方程得到的结论应具有等价性 [3]。在该问题中，式 (A.11) 中所包含的电体力、电体力偶、电功率的表达式由更细观的模型 (混合物连续介质模型) 推导得到，而式 (A.1) 中回避了这些困难。

附录 B 本构矩阵与材料常数

附录 B 对本书涉及的本构矩阵和材料常数进行归纳。

B.1 本构矩阵

为了得到本构张量的矩阵形式, 首先将电位移、电场、应力、应变、高阶应力、应变梯度记为如下的列向量形式:

$$
\begin{cases}
\{D_i\}_{3\times 1} = \{D_1, D_2, D_3\}^{\mathrm{T}} \\
\{E_i\}_{3\times 1} = \{E_1, E_2, E_3\}^{\mathrm{T}} \\
\{T_p\}_{6\times 1} = \{T_1, T_2, T_3, T_4, T_5, T_6\}^{\mathrm{T}} = \{T_{11}, T_{22}, T_{33}, T_{32}, T_{31}, T_{21}\}^{\mathrm{T}} \\
\{S_p\}_{6\times 1} = \{S_1, S_2, S_3, S_4, S_5, S_6\}^{\mathrm{T}} = \{S_{11}, S_{22}, S_{33}, 2S_{32}, 2S_{31}, 2S_{21}\}^{\mathrm{T}} \\
\{\tau_m\}_{18\times 1} = \{\tau_{111}, \tau_{112}, \tau_{113}, \tau_{221}, \tau_{222}, \tau_{223}, \tau_{331}, \tau_{332}, \tau_{333}, \\
\qquad\qquad \tau_{121}, \tau_{122}, \tau_{123}, \tau_{131}, \tau_{132}, \tau_{133}, \tau_{231}, \tau_{232}, \tau_{233}\}^{\mathrm{T}} \\
\{\eta_m\}_{18\times 1} = \{\eta_{111}, \eta_{112}, \eta_{113}, \eta_{221}, \eta_{222}, \eta_{223}, \eta_{331}, \eta_{332}, \eta_{333}, \\
\qquad\qquad 2\eta_{121}, 2\eta_{122}, 2\eta_{123}, 2\eta_{131}, 2\eta_{132}, 2\eta_{133}, 2\eta_{231}, 2\eta_{232}, 2\eta_{233}\}^{\mathrm{T}}
\end{cases}
$$

$$(B.1)$$

注意, 在附录 B 中, 指标 i 和 j 的取值范围为 1~3; 指标 p 与 q 的取值范围为 1~6; 指标 m 与 n 的取值范围为 1~18。另外, 对于式 (B.1) 中列出的物理量, 如电流密度矢量等, 均可以根据式 (B.1) 中的规则表达为一列向量的形式。

对于六方晶系 6mm 晶类的材料 (如氧化锌、四氧二铁酸钴), 其弹性常数、热弹性常数、介电常数、电子的迁移率、电子的扩散常数、压电常数、压磁常数的矩阵形式为 [4,5]

$$
\begin{cases}
[c_{pq}] = \begin{bmatrix}
c_{11} & c_{12} & c_{13} & 0 & 0 & 0 \\
c_{12} & c_{11} & c_{13} & 0 & 0 & 0 \\
c_{13} & c_{13} & c_{33} & 0 & 0 & 0 \\
0 & 0 & 0 & c_{44} & 0 & 0 \\
0 & 0 & 0 & 0 & c_{44} & 0 \\
0 & 0 & 0 & 0 & 0 & c_{66} \equiv \dfrac{c_{11} - c_{12}}{2}
\end{bmatrix} \\
[\lambda_{ij}] = \begin{bmatrix}
\lambda_{11} & 0 & 0 \\
0 & \lambda_{11} & 0 \\
0 & 0 & \lambda_{33}
\end{bmatrix}
\end{cases}
$$

$$
\left\{
\begin{aligned}
[\varepsilon_{ij}] &=
\begin{bmatrix}
\varepsilon_{11} & 0 & 0 \\
0 & \varepsilon_{11} & 0 \\
0 & 0 & \varepsilon_{33}
\end{bmatrix}, \quad
[\mu_{ij}^{n}] =
\begin{bmatrix}
\mu_{11}^{n} & 0 & 0 \\
0 & \mu_{11}^{n} & 0 \\
0 & 0 & \mu_{33}^{n}
\end{bmatrix} \\
[D_{ij}^{n}] &=
\begin{bmatrix}
D_{11}^{n} & 0 & 0 \\
0 & D_{11}^{n} & 0 \\
0 & 0 & D_{33}^{n}
\end{bmatrix} \\
[e_{ip}] &=
\begin{bmatrix}
0 & 0 & 0 & 0 & e_{15} & 0 \\
0 & 0 & 0 & e_{15} & 0 & 0 \\
e_{31} & e_{31} & e_{33} & 0 & 0 & 0
\end{bmatrix} \\
[q_{ip}] &=
\begin{bmatrix}
0 & 0 & 0 & 0 & q_{15} & 0 \\
0 & 0 & 0 & q_{15} & 0 & 0 \\
q_{31} & q_{31} & q_{33} & 0 & 0 & 0
\end{bmatrix}
\end{aligned}
\right.
\tag{B.2}
$$

对于立方晶系 43m 晶类的材料 (如砷化镓)，其弹性常数、热弹性常数、介电常数、电子的迁移率、电子的扩散常数、压电常数、压磁常数的矩阵形式为 [4,5]

$$
\left\{
\begin{aligned}
[c_{pq}] &=
\begin{bmatrix}
c_{11} & c_{12} & c_{12} & 0 & 0 & 0 \\
c_{12} & c_{11} & c_{12} & 0 & 0 & 0 \\
c_{12} & c_{12} & c_{11} & 0 & 0 & 0 \\
0 & 0 & 0 & c_{44} & 0 & 0 \\
0 & 0 & 0 & 0 & c_{44} & 0 \\
0 & 0 & 0 & 0 & 0 & c_{44}
\end{bmatrix}, \quad
[\lambda_{ij}] =
\begin{bmatrix}
\lambda_{11} & 0 & 0 \\
0 & \lambda_{11} & 0 \\
0 & 0 & \lambda_{11}
\end{bmatrix} \\
[\varepsilon_{ij}] &=
\begin{bmatrix}
\varepsilon_{11} & 0 & 0 \\
0 & \varepsilon_{11} & 0 \\
0 & 0 & \varepsilon_{11}
\end{bmatrix}, \quad
[\mu_{ij}^{n}] =
\begin{bmatrix}
\mu_{11}^{n} & 0 & 0 \\
0 & \mu_{11}^{n} & 0 \\
0 & 0 & \mu_{11}^{n}
\end{bmatrix} \\
[D_{ij}^{n}] &=
\begin{bmatrix}
D_{11}^{n} & 0 & 0 \\
0 & D_{11}^{n} & 0 \\
0 & 0 & D_{11}^{n}
\end{bmatrix} \\
[e_{ip}] &=
\begin{bmatrix}
0 & 0 & 0 & e_{14} & 0 & 0 \\
0 & 0 & 0 & 0 & e_{14} & 0 \\
0 & 0 & 0 & 0 & 0 & e_{14}
\end{bmatrix}, \quad
[q_{ip}] =
\begin{bmatrix}
0 & 0 & 0 & q_{14} & 0 & 0 \\
0 & 0 & 0 & 0 & q_{14} & 0 \\
0 & 0 & 0 & 0 & 0 & q_{14}
\end{bmatrix}
\end{aligned}
\right.
\tag{B.3}
$$

对于立方晶系 m3m 晶类的材料 (如硅)，其压电常数与压磁常数为零，弹性常数、热弹性常数、介电常数、电子的迁移率、电子的扩散常数、挠曲电系数的

矩阵形式为 [4,5,8,9]

$$
\left\{
\begin{aligned}
& [c_{pq}] = \begin{bmatrix}
c_{11} & c_{12} & c_{12} & 0 & 0 & 0 \\
c_{12} & c_{11} & c_{12} & 0 & 0 & 0 \\
c_{12} & c_{12} & c_{11} & 0 & 0 & 0 \\
0 & 0 & 0 & c_{44} & 0 & 0 \\
0 & 0 & 0 & 0 & c_{44} & 0 \\
0 & 0 & 0 & 0 & 0 & c_{44}
\end{bmatrix}, \quad
[\lambda_{ij}] = \begin{bmatrix}
\lambda_{11} & 0 & 0 \\
0 & \lambda_{11} & 0 \\
0 & 0 & \lambda_{11}
\end{bmatrix} \\
& [\varepsilon_{ij}] = \begin{bmatrix}
\varepsilon_{11} & 0 & 0 \\
0 & \varepsilon_{11} & 0 \\
0 & 0 & \varepsilon_{11}
\end{bmatrix}, \quad
[\mu_{ij}^n] = \begin{bmatrix}
\mu_{11}^n & 0 & 0 \\
0 & \mu_{11}^n & 0 \\
0 & 0 & \mu_{11}^n
\end{bmatrix} \\
& [D_{ij}^n] = \begin{bmatrix}
D_{11}^n & 0 & 0 \\
0 & D_{11}^n & 0 \\
0 & 0 & D_{11}^n
\end{bmatrix} \\
& [f_{im}] = \begin{bmatrix}
f_{1111} & 0 & 0 & f_{3113} & 0 & 0 & f_{3113} & 0 & 0 \\
0 & f_{3113} & 0 & 0 & f_{1111} & 0 & 0 & f_{3113} & 0 \\
0 & 0 & f_{3113} & 0 & 0 & f_{3113} & 0 & 0 & f_{1111} \\
& f_{1133} & 0 & 0 & 0 & f_{1133} & 0 & 0 & 0 \\
\cdots\cdots & f_{1133} & 0 & 0 & 0 & 0 & 0 & 0 & f_{1133} \\
& 0 & 0 & 0 & f_{1133} & 0 & 0 & 0 & f_{1133} & 0
\end{bmatrix}
\end{aligned}
\right.
\tag{B.4}
$$

注意，以上只给出了电子的漂移常数与扩散常数，空穴的漂移常数与扩散常数与电子的矩阵形式完全一致。

B.2 材料常数

以下所列出的材料常数来自于参考文献 [5]~[10]。

(1)PZT-4(横观各向同性，与六方晶系 6mm 晶类一致)[5]。

质量密度：$\rho = 7600 \text{kg} \cdot \text{m}^{-3}$。

弹性常数：$[c_{pq}] = \begin{bmatrix}
138.5 & 77.37 & 73.64 & 0 & 0 & 0 \\
77.37 & 138.5 & 73.64 & 0 & 0 & 0 \\
73.64 & 73.64 & 114.8 & 0 & 0 & 0 \\
0 & 0 & 0 & 25.6 & 0 & 0 \\
0 & 0 & 0 & 0 & 25.6 & 0 \\
0 & 0 & 0 & 0 & 0 & 30.6
\end{bmatrix} \times 10^9 \text{N} \cdot \text{m}^{-2}$。

介电常数：$[\varepsilon_{ij}] = \begin{bmatrix} 13.06 & 0 & 0 \\ 0 & 13.06 & 0 \\ 0 & 0 & 11.15 \end{bmatrix} \times 10^{-9} \text{F} \cdot \text{m}^{-1}$。

压电常数：$[e_{ip}] = \begin{bmatrix} 0 & 0 & 0 & 0 & 12.72 & 0 \\ 0 & 0 & 0 & 12.72 & 0 & 0 \\ -5.2 & -5.2 & 15.08 & 0 & 0 & 0 \end{bmatrix} \text{C} \cdot \text{m}^{-2}$。

(2) 氧化锌 (六方晶系 6mm 晶类)[5]。

质量密度：$\rho = 5680 \text{kg} \cdot \text{m}^{-3}$。

弹性常数：$[c_{pq}] = \begin{bmatrix} 209.7 & 121.1 & 105.1 & 0 & 0 & 0 \\ 121.1 & 209.7 & 105.1 & 0 & 0 & 0 \\ 105.1 & 105.1 & 210.9 & 0 & 0 & 0 \\ 0 & 0 & 0 & 42.47 & 0 & 0 \\ 0 & 0 & 0 & 0 & 42.47 & 0 \\ 0 & 0 & 0 & 0 & 0 & 44.3 \end{bmatrix} \times 10^9 \text{N} \cdot \text{m}^{-2}$。

介电常数：$[\varepsilon_{ij}] = \begin{bmatrix} 8.55 & 0 & 0 \\ 0 & 8.55 & 0 \\ 0 & 0 & 10.2 \end{bmatrix} \times 8.85 \times 10^{-12} \text{F} \cdot \text{m}^{-1}$。

压电常数：$[e_{ip}] = \begin{bmatrix} 0 & 0 & 0 & 0 & -0.48 & 0 \\ 0 & 0 & 0 & -0.48 & 0 & 0 \\ -0.573 & -0.573 & 1.32 & 0 & 0 & 0 \end{bmatrix} \text{C} \cdot \text{m}^{-2}$。

(3) 四氧二铁酸钴 (六方晶系 6mm 晶类)[6]。

质量密度：$\rho = 5300 \text{kg} \cdot \text{m}^{-3}$。

弹性常数：$[c_{pq}] = \begin{bmatrix} 286 & 173 & 170 & 0 & 0 & 0 \\ 173 & 286 & 170 & 0 & 0 & 0 \\ 170 & 170 & 269.5 & 0 & 0 & 0 \\ 0 & 0 & 0 & 45.3 & 0 & 0 \\ 0 & 0 & 0 & 0 & 45.3 & 0 \\ 0 & 0 & 0 & 0 & 0 & 56.5 \end{bmatrix} \times 10^9 \text{N} \cdot \text{m}^{-2}$。

介电常数：$[\varepsilon_{ij}] = \begin{bmatrix} 0.08 & 0 & 0 \\ 0 & 0.08 & 0 \\ 0 & 0 & 0.093 \end{bmatrix} \times 10^{-9} \text{C}^2 \cdot \text{N}^{-1} \cdot \text{m}^{-2}$。

压磁常数：$[q_{ip}] = \begin{bmatrix} 0 & 0 & 0 & 0 & 550 & 0 \\ 0 & 0 & 0 & 550 & 0 & 0 \\ 580.3 & 580.3 & 699.7 & 0 & 0 & 0 \end{bmatrix}$ N·A^{-1}·m^{-1}。

(4) 砷化镓 (立方晶系 $\overline{4}$3m 晶类)[7,8]。

质量密度：$\rho = 5307$kg·m^{-3}。

弹性常数：$[c_{pq}] = \begin{bmatrix} 118.8 & 53.8 & 53.8 & 0 & 0 & 0 \\ 53.8 & 118.8 & 53.8 & 0 & 0 & 0 \\ 53.8 & 53.8 & 118.8 & 0 & 0 & 0 \\ 0 & 0 & 0 & 59.4 & 0 & 0 \\ 0 & 0 & 0 & 0 & 59.4 & 0 \\ 0 & 0 & 0 & 0 & 0 & 59.4 \end{bmatrix} \times 10^9$N·m^{-2}。

介电常数：$[\varepsilon_{ij}] = \begin{bmatrix} 12.5 & 0 & 0 \\ 0 & 12.5 & 0 \\ 0 & 0 & 12.5 \end{bmatrix} \times 8.85 \times 10^{-12}$F·m^{-1}。

压电常数：$[e_{ip}] = \begin{bmatrix} 0 & 0 & 0 & 0.154 & 0 & 0 \\ 0 & 0 & 0 & 0 & 0.154 & 0 \\ 0 & 0 & 0 & 0 & 0 & 0.154 \end{bmatrix}$ C·m^{-2}。

空穴的迁移率：$[\mu_{ij}^p] = \begin{bmatrix} 400 & 0 & 0 \\ 0 & 400 & 0 \\ 0 & 0 & 400 \end{bmatrix} \times 10^{-4}$m^2·V^{-1}·s^{-1}。

电子的迁移率：$[\mu_{ij}^n] = \begin{bmatrix} 8000 & 0 & 0 \\ 0 & 8000 & 0 \\ 0 & 0 & 8000 \end{bmatrix} \times 10^{-4}$m^2·V^{-1}·s^{-1}。

(5) 硅 (立方晶系 m3m 晶类)[5,8−10]。

质量密度：$\rho = 2332$kg·m^{-3}。

弹性刚度：$[c_{pq}] = \begin{bmatrix} 165.7 & 63.9 & 63.9 & 0 & 0 & 0 \\ 63.9 & 165.7 & 63.9 & 0 & 0 & 0 \\ 63.9 & 63.9 & 165.7 & 0 & 0 & 0 \\ 0 & 0 & 0 & 79.56 & 0 & 0 \\ 0 & 0 & 0 & 0 & 79.56 & 0 \\ 0 & 0 & 0 & 0 & 0 & 79.56 \end{bmatrix} \times 10^9$N·m^{-2}。

介电常数：$[\varepsilon_{ij}] = \begin{bmatrix} 11.7 & 0 & 0 \\ 0 & 11.7 & 0 \\ 0 & 0 & 11.7 \end{bmatrix} \times 8.85 \times 10^{-12} \text{F} \cdot \text{m}^{-1}$。

挠曲电系数：$[f_{im}] = \begin{bmatrix} 1.3 & 0 & 0 & 0.4 & 0 & 0 & 0.4 & 0 & 0 \\ 0 & 0.4 & 0 & 0 & 1.3 & 0 & 0 & 0.4 & 0 \\ 0 & 0 & 0.4 & 0 & 0 & 0.4 & 0 & 0 & 1.3 \end{bmatrix} \cdots$

$$\cdots \begin{bmatrix} 0 & 0.4 & 0 & 0 & 0 & 0.4 & 0 & 0 & 0 \\ 0.4 & 0 & 0 & 0 & 0 & 0 & 0 & 0 & 0.4 \\ 0 & 0 & 0 & 0.4 & 0 & 0 & 0 & 0.4 & 0 \end{bmatrix} \times 10^{-9} \text{C} \cdot \text{m}^{-1}。$$

空穴的迁移率：$[\mu_{ij}^p] = \begin{bmatrix} 500 & 0 & 0 \\ 0 & 500 & 0 \\ 0 & 0 & 500 \end{bmatrix} \times 10^{-4} \text{m}^2 \cdot \text{V}^{-1} \cdot \text{s}^{-1}$。

电子的迁移率：$[\mu_{ij}^n] = \begin{bmatrix} 1450 & 0 & 0 \\ 0 & 1450 & 0 \\ 0 & 0 & 1450 \end{bmatrix} \times 10^{-4} \text{m}^2 \cdot \text{V}^{-1} \cdot \text{s}^{-1}$。

参 考 文 献

[1] QU Y, PAN E, ZHU F, et al. Modeling thermoelectric effects in piezoelectric semiconductors: New fully coupled mechanisms for mechanically manipulated heat flux and refrigeration[J]. International Journal of Engineering Science, 2023, 182: 103775.

[2] YANG J. An Introduction to the Theory of Piezoelectricity[M]. New York: Springer, 2005.

[3] MOON F C. Magneto-Solid Mechanics[M]. New York: John Wiley & Sons, 1984.

[4] 陈纲, 廖理几, 郝伟. 晶体物理学基础 [M]. 北京: 科学出版社, 1992.

[5] YANG J. Analysis of Piezoelectric Semiconductor Structures[M]. New York: Springer, 2020.

[6] WANG Y, XU R, DING H. Axisymmetric bending of functionally graded circular magneto-electro-elastic plates[J]. European Journal of Mechanics-A/Solids, 2011, 30(6): 999-1011.

[7] AULD B A. Acoustic Fields and Waves in Solids[M]. New York: John Wiley & Sons, 1973.

[8] SZE S M, NG K K. Physics of Semiconductor Devices[M]. New Jersey: John Wiley & Sons, 2007.

[9] SHU L, WEI X, PANG T, et al. Symmetry of flexoelectric coefficients in crystalline medium[J]. Journal of Applied Physics, 2011, 110(10): 104106.

[10] WANG L, LIU S, FENG X, et al. Flexoelectronics of centrosymmetric semiconductors[J]. Nature Nanotechnology, 2020, 15(8): 661-667.